计算机
基础项目教程

JISUANJI JICHU XIANGMU JIAOCHENG

主　编◎邓　莉　李建红　练容玲
副主编◎陈明莹　冯平平　黄木妹

重庆大学出版社

图书在版编目(CIP)数据

计算机基础项目教程 / 邓莉,李建红,练容玲主编
.-- 重庆 : 重庆大学出版社,2020.9
ISBN 978-7-5689-1902-9

Ⅰ.①计… Ⅱ.①邓… ②李… ③练… Ⅲ.①电子计算机—中等专业学校—教材 Ⅳ.①TP3

中国版本图书馆 CIP 数据核字(2019)第 274094 号

计算机基础项目教程

主 编 邓 莉 李建红 练容玲
副主编 陈明莹 冯平平 黄木妹
策划编辑:杨 漫
责任编辑:陈 力 郭 飞 版式设计:杨 漫
责任校对:张红梅 责任印制:赵 晟

*

重庆大学出版社出版发行
出版人:饶帮华
社址:重庆市沙坪坝区大学城西路 21 号
邮编:401331
电话:(023) 88617190 88617185(中小学)
传真:(023) 88617186 88617166
网址:http://www.cqup.com.cn
邮箱:fxk@ cqup.com.cn (营销中心)
全国新华书店经销
重庆俊蒲印务有限公司印刷

*

开本:787mm×1092mm 1/16 印张:20.25 字数:494 千
2020 年 9 月第 1 版 2020 年 9 月第 1 次印刷
ISBN 978-7-5689-1902-9 定价:49.00 元

前言

“计算机基础项目教程”是一门必修课程，教材中的实训内容往往满足不了课堂需求，老师在教学中常常需要根据情况对学生的实训内容进行补充。本书内容是编者多年教学经验的累积，是每位参与编写老师的教学资源。通过多次教研活动的探讨研究，编者采用集体备课的方式，整合资源，保证了实训内容的统一，使学生的实践活动得以充分开展。

本书力求做到内容丰富、实用，以信息社会为时代背景，从应用的角度，列举了大量典型案例，介绍了计算机基础知识、Windows 操作系统的使用、Internet 的基础知识、Word 文字处理软件、演示文稿及电子表格 Excel 的使用等。

本书强调理论教学与实践教学并重，并高度重视实践环节。书中所有的案例都是由多位有教学经验的老师从多年积累的教学经验中精选出来的，具有很强的实用性和可操作性。整个环节中我们大力改革实践教学的形式和内容，鼓励开设综合性、创新性实践，设计的实训尽量做到有用、有吸引力，使学生能学到实际技能。

模块一、三由陈明莹编写，模块二由李建红编写，模块四的项目一、二由邓莉编写，模块四的项目三、五由冯平平编写，模块四的项目四由李建红编写，模块五的项目一由邓莉编写，模块五的项目二由练容玲编写，模块六由黄木妹编写。

由于编者水平有限，书中难免存在疏漏之处，敬请广大读者批评指正。

编　者

2020 年 6 月

目录

计算机基础知识

计算机的面世不仅改变了人们的生活和工作方式,也加快了社会发展的进程。随着计算机技术、网络技术和多媒体技术的飞速发展,计算机及其应用已广泛渗透社会各个领域。

因此,了解计算机知识、了解计算机系统组成及工作原理、了解计算机的主要技术指标及其对性能的影响,具备娴熟的计算机操作技能,会基本的计算机操作是 21 世纪对高素质人才的基本要求。

知识目标

- 了解计算机的产生与发展;
- 熟悉并掌握计算机的组成;
- 熟悉常用的硬件设备及其参数;
- 熟悉计算机常用的接口名称;
- 熟悉计算机软件系统的基本组成。

能力目标

- 熟练、正确地进行开关机操作;
- 具有连接计算机与外部设备的能力;
- 具有识别硬件设备参数的能力;
- 具有识别不同软件功能的能力。

学习模块

项目一　对计算机的认知

项目二　认识计算机系统

项目一　对计算机的认知

项目目标

- 了解计算机的产生与发展；
- 掌握计算机的应用与特点；
- 熟悉并掌握计算机的组成。

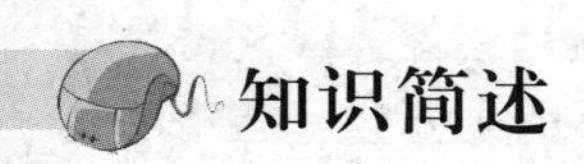

知识简述

一、计算机的产生与发展

1946年,世界上第一台电子计算机ENIAC(Electronic Numerical Integrator and Calculator)问世,伴随着计算机网络技术的飞速发展和微型计算机的普及,计算机及其应用已经迅速地融入社会的各个领域。

从20世纪90年代起,随着Internet的出现,人类开始进入信息化时代。在这样的信息化时代中,计算机应用技术的掌握已成为人才素质和知识结构中不可或缺的组成部分。

1.第一台计算机的诞生

1946年2月14日,世界上第一台计算机ENIAC在美国宾夕法尼亚大学诞生。

ENIAC是一个庞然大物:占地面积达170平方米,差不多相当于10间普通房间的大小。它的耗电量也很惊人,功率为150千瓦。工作时,常常因为电子管烧坏而不得不停机检修。尽管如此,在人类计算工具发展史上,它仍然是一座不朽的里程碑。自它以后,人类在智力解放的道路上开始突飞猛进。

ENIAC的最大特点就是采用了电子线路来执行算术运算、逻辑运算和信息储存。

2.计算机的发展过程

(1)第一代计算机:电子管计算机(1946—1957)

这一阶段计算机的主要特征是采用电子管元件作基本器件,用光屏管或汞延时电路作存储器,输入与输出主要采用穿孔卡片或纸带,体积大、耗电量大、速度慢、存储容量小、可靠性差、维护困难且价格昂贵。通常使用机器语言或者汇编语言来编写应用程序,这一阶段的计算机主要用于科学计算。只在科学研究部门或其他重要部门使用。

(2)第二代计算机:晶体管计算机(1958—1964)

20 世纪 50 年代中期,全部采用晶体管作为电子器件,其运算速度比第一代计算机的速度提高了近百倍,体积为原来的几十分之一。在软件方面开始使用计算机算法语言。这一代计算机不仅用于科学计算,还用于数据处理和事务处理及工业控制。

(3)第三代计算机:中小规模集成电路计算机(1965—1971)

20 世纪 60 年代中期,随着半导体工艺的发展,成功制造了集成电路。这一时期的计算机的主要特征是以中、小规模集成电路为电子器件,并且出现操作系统,使计算机的功能越来越强大,应用范围越来越广。它们不仅用于科学计算,还用于文字处理、企业管理、自动控制等领域,出现了计算机技术与通信技术相结合的信息管理系统,可用于生产管理、交通管理、情报检索等领域。

(4)第四代计算机:大规模和超大规模集成电路计算机(1971—2015)

随着大规模集成电路的成功制作并用于计算机硬件生产过程,计算机的体积进一步缩小,性能进一步优化。集成更高的大容量半导体存储器作为内存储器,发展了并行技术和多机系统,出现了精简指令集计算机(RISC),软件系统工程化、理论化、程序设计自动化。计算机发展进入了以计算机网络为特征的时代。

(5)第五代计算机

第五代计算机是具有人工智能的新一代计算机,具有推理、联想、判断、决策、学习等功能。在当今的智能社会中,计算机、网络、通信技术会三位一体化。新世纪的计算机将把人从重复、枯燥的信息处理中解脱出来,从而改变人们的工作、生活和学习方式,给人类和社会拓展了更大的生存和发展空间。

3.计算机的发展趋势

从第一台计算机产生至今的半个多世纪里,计算机的应用得到不断拓展,计算机类型不断分化,这就决定计算机的发展也朝不同的方向延伸。当今计算机技术正朝着巨型化、微型化、网络化和智能化方向发展,在未来更有一些新技术会融入计算机的发展中去。

• 巨型化:计算机具有极高的运算速度、大容量的存储空间、更加强大和完善的功能,主要用于航空航天、军事、气象、人工智能、生物工程等学科领域。

图 1-1-1

• 微型化:大规模及超大规模集成电路发展的必然。从第一块微处理器芯片问世以来，发展速度与日俱增。计算机芯片的集成度每 18 个月翻一番,而价格则减一半,这就是信息技术发展功能与价格比的摩尔定律。计算机芯片集成度越来越高,所完成的功能越来越强大,使计算机微型化的进程和普及率越来越高。

• 网络化:计算机技术和通信技术紧密结合的产物。尤其是进入 20 世纪 90 年代以来，随着 Internet 的飞速发展,计算机网络已广泛应用于政府、学校、企业、科研、家庭等领域,越来越多的人接触并了解了计算机网络的概念。计算机网络将不同地理位置上具有独立功能的不同计算机通过通信设备和传输介质互连起来,在通信软件的支持下,实现网络中的计算机之间的共享资源、交换信息、协同工作。计算机网络的发展水平已成为衡量国家现代化程度的重要指标,在社会经济发展中发挥着极其重要的作用。

图 1-1-2

图 1-1-3

• 智能化:让计算机能够模拟人类的智力活动,如学习、感知、理解、判断、推理等能力。具备理解自然语言、声音、文字和图像的能力,具有说话的能力,使人机能够用自然语言直接对话。它可以利用已有的和不断学习到的知识,进行思维、联想、推理,并得出结论,能解决复杂问题,具有汇集记忆、检索有关知识的能力。

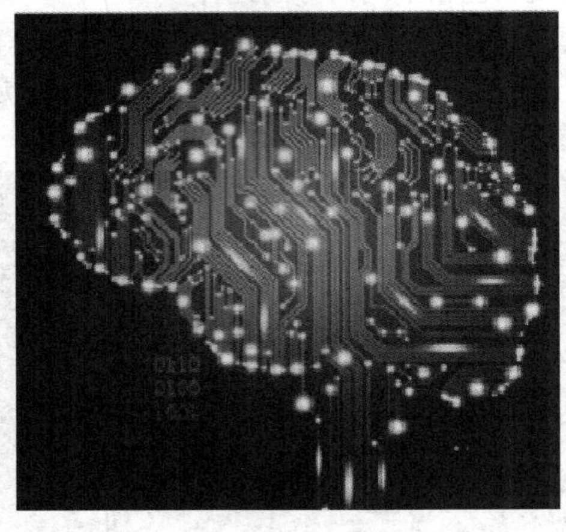

图 1-1-4

从电子计算机的产生及发展可以看到,目前计算机技术的发展都是以电子技术的发展为基础的,集成电路芯片是计算机的核心部件。随着高新技术的研究和发展,我们有理由相

信计算机技术也将拓展到其他新兴的技术领域，计算机新技术的开发和利用必将成为未来计算机发展的新趋势。

从目前计算机的研究情况可以看到，未来计算机将有可能在光子计算机、生物计算机、量子计算机等方面的研究领域上取得重大突破。

4.计算机的特点

计算机自问世以来，已经成为改变人类生活的伟大发明之一。作为一种智能工具，它有以下特点：

①运算速度快。计算机的运算速度从最初的每秒几千次提高到了现在的几百亿次，甚至更高。以前人工需要几十年才能完成的科学计算，如今使用计算机只需要几天、几个小时甚至几分钟就能完成。因为计算机运算速度不断提升，其在航空航天、气象预报、军事等领域发挥了越来越重要的作用。

②运算速度高。使用计算机进行数值计算可以精确到小数点后几十位、几百位甚至更多位，运算非常精确。

③具有存储与记忆能力。随着计算机中存储器容量越来越大，可以存储的信息量也越来越大。如今用一个 U 盘就可以将整个大英博物馆的藏书全部保存起来。

④具有逻辑判断能力。计算机既可以进行算术运算又可以进行逻辑运算，可以对文字、符号、大小、异同等进行比较、判断和推理。

⑤具有自动执行程序的能力。计算机可以按照人们事先编制的程序自动进行工作，不需人工参与。

二、计算机的应用

信息技术日新月异地飞速发展，计算机应用已经从科学计算、数据处理、实时控制等发展到办公自动化、生产自动化、人工智能等领域，逐渐成为人类不可缺少的重要工具。

1.科学计算

进行科学计算是发明计算机的初衷，世界上第一台计算机就是为了进行复杂的科学计算而研制的。科学计算的特点是计算量大、运算精度高、结果可靠，可以解决烦琐且复杂，甚至人工难以完成的各种科学计算问题。科学计算在国防安全、空间技术、气象预报、能源研究等尖端科学中占有重要地位。

2.数据处理

数据处理又称信息处理，是目前计算机应用的主要领域。信息处理是指用计算机对各种形式的数据进行计算、存储、加工、分析和传输的过程。数据处理不仅拥有日常事务处理的功能，还支持科学管理与决策，广泛地应用于企业管理、情报检索、档案管理、办公自动化等方面。数据处理贯穿社会生产和社会生活的各个领域。数据处理技术的发展及其应用的广度和深度，极大地影响着人类社会发展的进程。

3.实时控制

实时控制也称过程控制,是指用计算机作为控制部件对单台设备或整个生产过程进行控制。利用计算机高速运算和超强的逻辑判断功能,及时地采集数据、分析数据、制订方案,进行自动控制。实时控制在极大地提高自动控制水平、提高产品质量的同时,既降低了生产成本,又减轻了劳动强度。因此,实时控制在军事、冶金、电力、化工以及各种自动化部门均得到了广泛的应用。

4.计算机辅助系统

计算机辅助系统的应用可以提高产品设计、生产和测试过程的自动化水平,降低成本、缩短生产周期、改善工作环境、提高产品质量、获得更高的经济效益。其主要包含计算机辅助设计(CAD)、计算机辅助制造(CAM)、计算机辅助教学(CAI)和计算机辅助测试(CAT)。

5.网络与通信

计算机技术与现代通信技术的结合构成了计算机网络,利用计算机网络进行通信是计算机应用最广泛的领域之一。通过 Internet,人们可以利用如电子邮件、QQ 聊天、MSN、微信、拨打 IP 电话等软件在世界的任何地方进行通信。

6.人工智能

人工智能(Artificial Intelligence),英文缩写为 AI。它是研究、开发用于模拟、延伸和扩展人的智能的理论、方法、技术及应用系统的一门新的技术科学。人工智能是计算机科学的一个分支,它企图了解智能的实质,并生产出一种新的能以人类智能相似的方式做出反应的智能机器,该领域的研究包括机器人、语言识别、图像识别、自然语言处理和专家系统等。人工智能从诞生以来,理论和技术日益成熟,应用领域也不断扩大,可以设想,未来人工智能带来的科技产品,将会是人类智慧的“容器”。

7.电子商务

电子商务是以信息网络技术为手段,以商品交换为中心的商务活动。这种电子交易不仅方便快捷,而且现金的流通量也随之减少,还避免了货币交易的风险和麻烦。

8.文化教育与休闲娱乐

随着计算机的飞速发展和应用领域的不断扩大,在各级学校的教学中,已经把计算机应用作为“文化基础”课程安排在教学计划中。利用计算机网络实现了多媒体、远距离、双向交互式的教学方式,改变了传统的教师课堂传授、学生被动学习的方式,使学习的内容和形式更加丰富灵活。

三、认识计算机组成

1.从外围看计算机的组成

计算机的组成如图 1-1-5 所示。

图 1-1-5

2.开机、关机的顺序

开机顺序是先打开外部设备(如打印机、扫描仪等),若显示器电源没与主机相连,还要先打开显示器,再打开主机。

关机顺序则相反,先关掉主机,再关掉外部设备。原因是当主机在通电时,关闭外部设备的瞬间,会对主机产生较强的冲击电流,从而对主机造成损害。

3.使用计算机的过程中的注意事项

①Windows 系统不能任意开关,应先关闭所有程序,再按正常关机顺序退出。如果死机,应先设法“软启动”,再“冷启动(也称复位启动)”(按“Reset”键),实在不行再“冷关机”(按电源开关数秒钟)。

②在电脑运行过程中,机器的各种设备不要随便移动,不要插拔各种接口卡,也不要装卸外部设备和主机之间的信号电缆。如果需要作上述改动的话,则必须在关机且断开电源线的情况下进行。

③不要频繁地开关机器。关机后立即通电会使电源装置产生突发的大冲击电流,造成电源装置中的器件被损坏,也可能造成硬盘驱动突然加速,使盘片被磁头划伤。因此,如果要重新启动机器,则应该在关闭机器后等待 10 秒以上。在一般情况下用户不要擅自打开机器,如果机器出现异常情况,应该及时与专业维修部门联系。

知识点链接

- 正常退出系统:

①关闭所有的窗口和正在运行的应用程序。

②执行【开始】菜单,单击【关机】按钮,选择【关机】,然后按【确定】按钮。

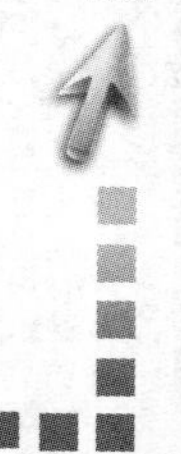

● 冷启动:主机处于断电的状态下,通过接通主机电源,启动系统。

● 复位启动:计算机“死机”时,即按键盘、鼠标都无响应的情况下可使用复位启动。

● Windows 任务管理器:当计算机“死机”时,即进程无响应,键盘还有效时,可按“CTRL+ALT+DEL”选择【启动任务管理器】,选中无响应的进程,单击【结束任务】按钮,即可退出无响应的进程。

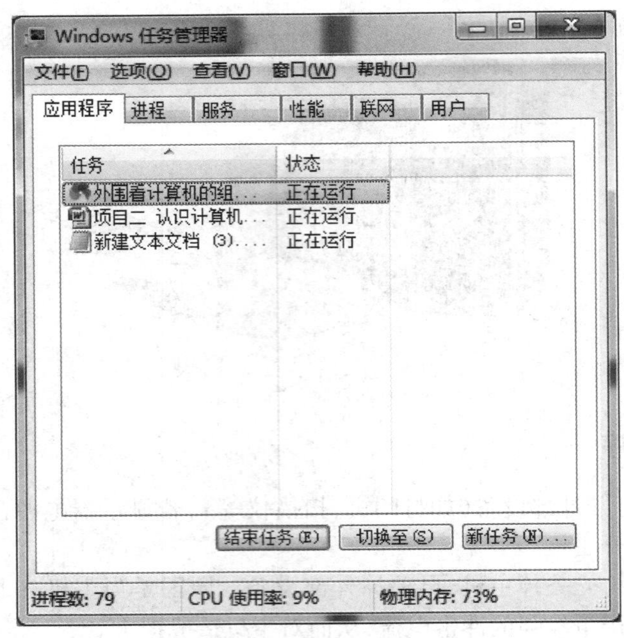

图 1-1-6

项目检测

一、选择题

1.(　　)年,世界上第一台计算机在美国诞生。

A.1946　　B.1956　　C.1945　　D.1966

2.计算机已经应用于各行各业,而计算机的最早设计主要针对(　　)。

A.数据处理　　B.科学计算　　C.辅助设计　　D.过程控制

3.在计算机的机箱上一般都有一个 Reset 按钮,它的作用是(　　)。

A.暂时关闭显示器　　B.锁定对软盘驱动器的操作

C.重新启动计算机　　D.锁定对硬盘驱动器的操作

4.开启计算机的顺序是(　　),关闭计算机的顺序是(　　)。

A.先开主机后开外设　　B.先开外设后开主机

C.先关主机后关外设　　D.先关外设后关主机

5.“铁路联网售票系统”,按计算机应用的分类,它属于(　　)。

A.科学计算　　B.辅助设计　　C.实时控制　　D.信息处理

6.在目前的许多消费电子产品(数码相机、数字电视机等)中都使用了不同功能的微处理器来完成特定的处理任务,计算机的这种应用属于(　　)。

A.科学计算　　B.实时控制　　C.嵌入式系统　　D.辅助设计

7.现代微型计算机中所采用的电子器件是(　　)。

A.电子管　　B.晶体管

C.小规模集成电路　　D.大规模和超大规模集成电路

二、简答题

1.从整机外围看,计算机的基本组成有哪些?

2.请写出你当前使用的台式计算机前端面板的接口和按钮。

3.写出鼠标的基本操作。

4.计算机的特点有哪些?

5.计算机的发展经历了哪几代?每一代计算机以什么元器件为主?都有什么特点?

项目二　认识计算机系统

项目目标

- 了解计算机系统的组成；
- 熟悉常用的硬件设备及其参数；
- 掌握计算机的接口名称；
- 熟悉计算机软件系统的基本组成。

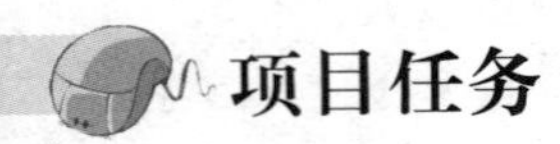

项目任务

任务一　认识计算机硬件系统
任务二　认识计算机软件系统

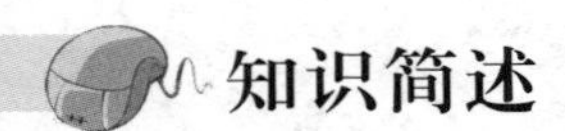

知识简述

一、计算机系统的组成

完整的计算机系统包括两部分，即硬件系统和软件系统。所谓硬件，是指构成计算机的物理设备，即由机械、电子器件的具有输入、存储、计算、控制和输出功能的实体部件。软件也称“软设备”，广义地说软件是指系统中的程序以及开发、使用和维护程序所需的所有文档的集合。平时提及的“计算机”，都是指含有硬件和软件的计算机系统。

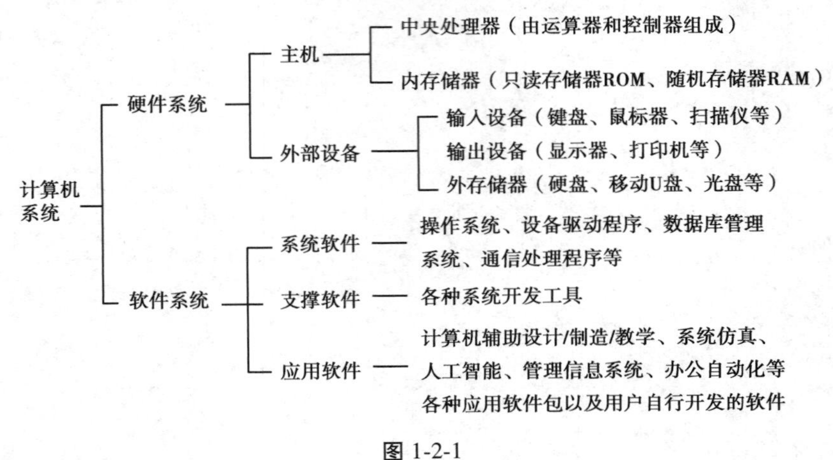

图 1-2-1

计算机由运算器、控制器、存储器、输入设备和输出设备 5 个基本部分组成，也称计算机的五大部件，其结构如图 1-2-2 所示。

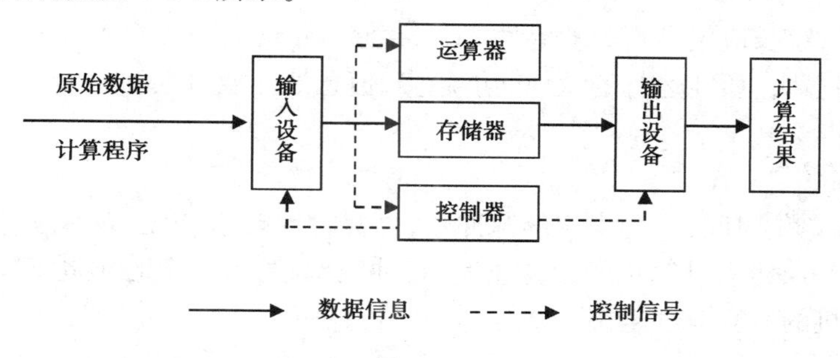

图 1-2-2

● 运算器：又称算数逻辑单元（简称"ALU"），是计算机对数据进行加工处理的部件，它的主要功能是对二进制数码进行加、减、乘、除等算数运算和与、或、非等基本逻辑运算，实现逻辑判断。运算器在控制器的控制下实现其功能，运算结果由控制器指挥送到内存储器中。

● 控制器：主要由指令寄存器、译码器、程序计数器和操作控制器等组成，控制器是用来控制计算机各部件协调工作，并使整个处理过程有条不紊地进行。它的基本功能就是从内存中取指令和执行指令，即控制器按程序计数器指出的指令地址从内存中取出该指令进行译码，然后根据该指令功能向有关部件发出控制命令，执行该指令。另外，控制器在工作过程中还要接受各部件反馈回来的信息。

● 存储器：具有记忆功能，用来保存信息，如数据、指令和运算结果。存储器可分为内存储器与外存储器两种。

● 输入/输出设备：简称 I/O（Input/Output）设备。用户通过输入设备将程序和数据输入计算机，输出设备将计算机处理的结果（如数字、字母、符号和图形）显示或打印出来。

二、计算机的主要技术指标

一台计算机的好坏是由多方面的指标决定的，而主要的技术性能指标包含字长、存储容量、主频、运算速度、存取周期、兼容性、可靠性和可维护性等。

1.字长

字长是直接用二进制代码指令表达的计算机语言，指令是用 0 和 1 组成的一串代码，它们有一定的位数，并分成若干字长段，各段的编码表示不同的含义，例如某台计算机字长为 16 位，即有 16 个二进制数合成一条指令或其他信息。字长决定了计算机的运算精度，字长越长，运算精度越高，运算速度也就越快。微型计算机的字长主要有 32 位、64 位，表示其能处理的最大二进制数为 2^{32}、2^{64}。

2.存储容量

存储容量是指存储器中所能容纳的总字节数。字节（Byte）是计算机信息技术用于计量存储容量和传输容量的一种计量单位，通常以 8 个二进制数作为一个字节，简记为 B。常见

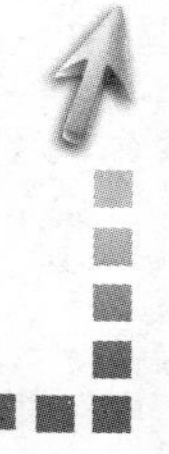

的单位还有 KB、MB、GB、TB。它们之间的换算关系为 1 024 B＝1 KB，1 024 KB＝1 MB，1 024 MB＝1 GB，1 024 GB＝1 TB。

在计算机中，字长决定了指令的寻址能力，存储容量的大小决定了存储数据和程序量的多少。存储容量越大，所能运行的软件功能越多，信息处理能力也就越强。

3.主频

主频是指在单位时间（s）内发出的脉冲数，也称时钟频率，单位为赫兹（Hz）。在很大程度上，CPU 的主频决定着计算机的运算速度，时钟频率越高，一个时钟周期里完成的指令数也越多，即计算机的运算速度越快。

4.运算速度

运算速度是衡量计算机性能的一项重要指标。通常所说的计算机运算速度（平均运算速度），是单字长定点指令平均执行速度 MIPS（Million Instructions Per Second）的缩写，每秒处理的百万级的机器语言指令数。这是衡量 CPU 速度的一个指标。

5.存取周期

存储器完成一次读\写信息所需要的时间称为存储器的存取时间，其连续进行读/写操作所允许的最短时间间隔称为存取周期。存取周期是反映存储器性能的一个重要技术指标，存取周期越短，则存取速度越快。

6.兼容性、可靠性和可维护性

兼容性是协调性，包括硬件上的兼容和软件上的兼容，决定了计算机是否能很好地协调运作。可靠性是指在一定时间内，计算机系统能正常运转的能力。可维护性是指计算机的维护效率。

三、认识微型计算机的常用硬件设备

通常，微型计算机（微机）的常用硬件设备有 CPU、主板、内存、硬盘、显卡、显示器、光驱、键盘、鼠标、打印机、扫描仪等。

目前个人计算机硬件系统的配置大多数是积木式结构，在基本的配置基础上，可以根据用户的需要进行扩充。从宏观上讲，计算机可以分为主机箱、显示器、键盘、鼠标、音箱等几部分。

1.中央处理器 CPU

图 1-2-3

CPU（Central Processing Unit）：中央处理器，是计算机的核心部件，是电脑的指挥中心，相当于人的大脑，具有运算和控制功能，计算机所执行的每一件工作，都是在它的指挥和干预下完成的。

CPU 从雏形出现到发展壮大的今天，由于制造技术越来越先进，其集成度也越来越高，内部的晶体管数达到几百万个。CPU 的

性能大致能反映它所配置的那部微机的性能,因此 CPU 的性能指标十分重要。

知识点链接

①CPU 一般由逻辑运算单元(计算器)、控制单元(控制器)和存储单元组成,它是计算机的核心元件。

②CPU 生产厂商比较著名的有 Intel 公司、AMD 公司。

③CPU 主要参数有主频、外频、倍频、字长、Cache 等。

④主频用于表示 CPU 的运算速度,单位 MHz(GHz)。

思考题　如何查看本机的 CPU 参数?

2.主板

主板,又称主机板、系统板、逻辑板、母板、底板等,是构成复杂电子系统(例如电子计算机)的中心或者主电路板。

主板一般为矩形电路板,上面安装了组成计算机的主要电路系统,一般有 BIOS 芯片、I/O 控制芯片、键盘和面板控制开关接口、指示灯插接件、扩充插槽、主板及插卡的直流电源供电接插件等元件。

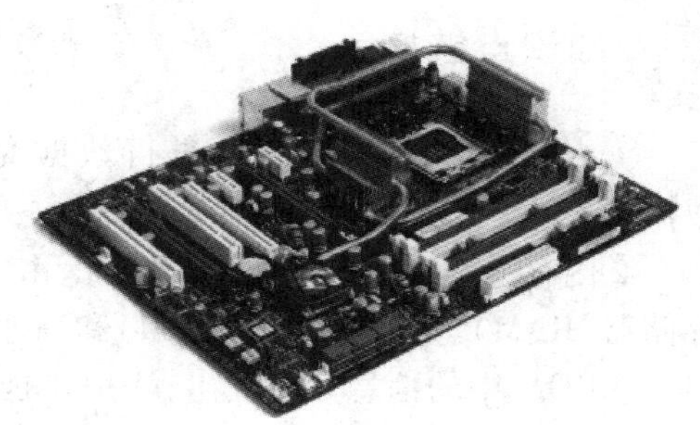

图 1-2-4

主板采用了开放式结构。主板上大都有 6~15 个扩展插槽,供 PC 机外围设备的控制卡(适配器)插接。通过更换这些插卡,可以对微机的相应子系统进行局部升级,使厂家和用户在配置机型方面有更大的灵活性。主板在整个微机系统中扮演着举足轻重的角色。主板的类型和档次决定着整个微机系统的类型和档次。主板的性能影响着整个微机系统的性能。

知识点链接

①主板常见品牌有技嘉、华硕、微星、七彩虹、映泰、昂达等。

②主板常见的参数如下:

主芯片组:Intel Z87	CPU 插槽:LGA 1150
CPU 类型:Corei7/Core i5/Core i3/Pentium/Celeron	USB 接口:8×USB 2.0 接口(6 内置+2 背板);6×USB3.0 接口(2 内置+4 背板)
集成芯片:声卡/网卡	显示芯片:CPU 内置显示芯片(需要 CPU 支持)
主板板型:ATX 板型	内存类型:DDR3
SATA 接口:6×SATA Ⅲ接口	PCI 插槽:2×PCI 插槽
显卡插槽:PCI-E 3.0	标准网卡芯片:板载 Realtek RTL8111GR 千兆网卡

3.内存

内存(Memory),也称为内存储器,其作用是用于暂时存放 CPU 中的运算数据,以及与硬盘等外部存储器交换的数据。内存是与 CPU 进行沟通的桥梁,是计算机中重要的部件之一。只要计算机在运行中,CPU 就会把需要运算的数据调到内存中进行运算,当运算完成后 CPU 再将结果传送出来,内存的运行也决定了计算机的稳定运行。计算机中所有程序的运行都是在内存中进行的,内存的大小在较大程度上决定了计算机运行的速度和系统的整体性能。

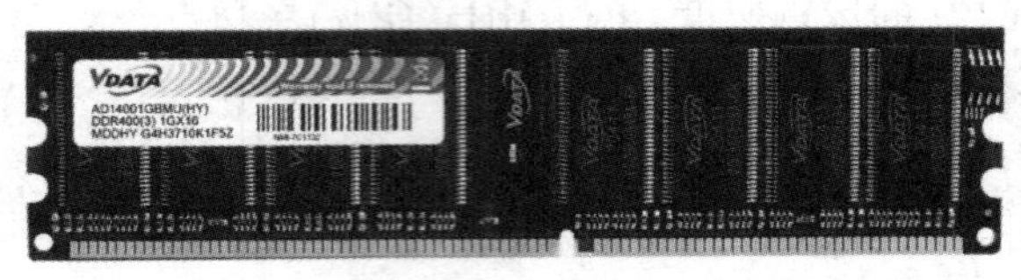

图 1-2-5

知识点链接

①内存能够直接与 CPU 进行数据交换,内存主要用来存放当前运行所需的程序和数据。

②内存一般采用半导体存储单元,由内存芯片、电路板、金手指等部分组成的,包括随机存储器(RAM)、只读存储器(ROM)和高速缓存(Cache)。

③ROM 中的信息只能读出,一般不能写入,即使机器掉电,数据也不会丢失,即只读不能写。

④RAM 中的信息可以读取,也可以写入(即可读可写)。当电源关闭时,存于其中的数据就会丢失。

⑤内存常见的品牌有金邦、金士顿、影驰、海盗船等。

⑥容量的基本单位是字节 GB,目前主流的内存容量是 8 GB、4 GB。

思考题 如何查看本机的内存容量?

4.外部存储器(外存)

外部存储器是指除计算机内存及 CPU 缓存以外的存储器,此类存储器一般断电后仍然能保存数据。主要存放长期使用的系统文件、应用程序、用户程序、文档和数据等。外存不能直接与 CPU 交换信息。与内存比较,外存容量一般都比较大,但存取速度慢。微机常用的外存有硬盘、软盘、光盘、U 盘等。

(1)硬盘

硬盘是计算机非常重要的外存储器,它由一个盘片组和硬盘驱动器组成,每个盘片的每一面都有一个读写磁头,用于磁盘信息的读写。硬盘的精密度高,存储容量大,存取速度快。一般计算机都配有硬盘。系统程序、用户程序、数据等信息通常保存在硬盘上,处理时系统将其读入内存,需要保存时再保存到硬盘。

计算机一旦启动,其硬盘就不停地高速运转,所以,当需要搬动机器或从机器上拆卸硬

盘时,必须关闭计算机,然后进行拆卸。

图 1-2-6

知识点链接

①硬盘是计算机最重要的外部存储设备,用于存储数据、程序及数据的交换与暂存。硬盘是一种外部存储器,断电后其中存储的数据不会丢失。

②硬盘的性能指标,包括硬盘容量、硬盘转速、平均访问时间、传输速率、缓存等。

• 硬盘容量:作为计算机系统的数据存储器,容量是硬盘最主要的参数。硬盘的容量以兆字节(MB)或千兆字节(GB)为单位,1 GB=1 024 MB。但硬盘厂商在标称硬盘容量时通常取 1 G=1 000 MB,因此在 BIOS 中或在格式化硬盘时看到的容量会比厂家的标称值要小。

• 硬盘转速:转速是硬盘内电机主轴的旋转速度,也就是硬盘盘片在一分钟内所能完成的最大转数。转速的快慢是标示硬盘档次的重要参数之一,硬盘的转速越快,硬盘寻找文件的速度也就越快,相对硬盘的传输速度也就得到了提高。

• 平均访问时间:是指磁头从起始位置到达目标磁道位置,并且从目标磁道上找到要读写的数据扇区所需的时间。平均访问时间体现了硬盘的读写速度,它包括了硬盘的寻道时间和等待时间,即:平均访问时间=平均寻道时间+平均等待时间。平均等待时间为盘片旋转一周所需的时间的一半,一般应在 4 ms 以下。

• 传输率:硬盘的数据传输率是指硬盘读写数据的速度,单位为兆字节每秒(MB/s)。硬盘数据传输率又包括了内部数据传输率和外部数据传输率。

• 缓存:与主板上的高速缓存(RAM Cache)一样,硬盘缓存的目的是解决系统前后级读写速度不匹配的问题,以提高硬盘的读写速度。目前,大多数 SATA 硬盘的缓存为 8M,而 Seagate 的"酷鱼"系列则使用了 32 M Cache。

③硬盘分区实质上是对硬盘的一种格式化,然后才能使用硬盘保存各种信息。创建分区时,就已经设置好了硬盘的各项物理参数,指定了硬盘主引导记录(Master Boot Record,MBR)和引导记录备份的存放位置。硬盘分区之后,会形成三种形式的分区状态:主分区、扩展分区和非 DOS 分区。

④硬盘的容量单位级别为 GB。

⑤硬盘常见的品牌有希捷、西部数据、东芝、HGST 、三星。

思考题　如何查看本机使用了哪些外存储设备,容量分别是多少?

(2)光盘

光盘即高密度光盘(Compact Disc)是近代发展起来不同于完全磁性载体的光学存储介质(例如:磁光盘也是光盘),用聚焦的氢离子激光束处理记录介质的方法存储和再生信息,又称激光光盘。根据光盘结构,光盘主要分为 CD、DVD、蓝光光盘等几种类型,这几种类型

的光盘，在结构上有所区别，但主要结构原理是一致的。而只读的 CD 光盘和可记录的 CD 光盘在结构上没有区别，它们主要区别在材料的应用和某些制造工序的不同，DVD 也是同样的道理。

图 1-2-7

蓝光光盘（Blu-ray Disc，BD）是 DVD 之后的下一代光盘格式之一，用以存储高品质的影音以及高容量的数据存储。蓝光光盘的命名是由于其采用波长 405 nm 的蓝色激光光束来进行读写操作（DVD 采用 650 nm 波长的红光读写器，CD 则是采用 780 nm 波长）。一个单层的蓝光光盘的容量为 25 GB 或 27 GB，足够录制一个长达 4 h 的高解析影片。蓝光光盘使用 YCbCr 的色与空间，采用 4∶2∶0的色度抽样，色彩深度为 8 bit。

（3）U 盘

U 盘（图 1-2-8）全称 USB 闪存盘，英文名“USB flash disk”。它是一种使用 USB 接口的无须物理驱动器的微型高容量移动存储产品，通过 USB 接口与电脑连接，实现即插即用。U 盘最早来源于朗科科技生产的一种新型存储设备，名曰“优盘”，使用 USB 接口进行连接。U 盘连接到电脑的 USB 接口后，资料可与计算机交换。而之后生产的类似技术的设备由于朗科已进行专利注册，而不能再称之为“优盘”，而改称谐音“U 盘”，是移动存储设备之一。现在市面上出现了许多支持多种端口的 U 盘，即三通 U 盘（USB 电脑端口、iOS 苹果接口、安卓接口）。

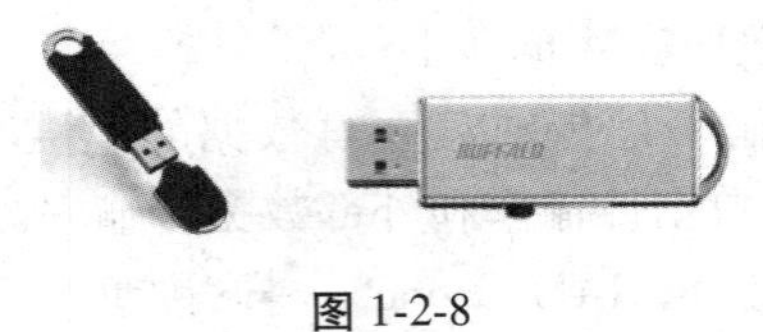

图 1-2-8

知识点链接

①U 盘是一种可移动的存储设备，使用 USB 接口，读取速度较快。

②U 盘是可便携的，它具有以下优点：

小巧，便于携带、存储容量大、价格便宜、性能可靠。U 盘体积很小，质量极轻，一般在 15 g 左右，特别适合随身携带。U 盘中无任何机械式装置，抗震性能极强。另外，闪存盘还具有防潮防磁、耐高低温等特性，安全，可靠性很好。

5.输入设备

输入设备（Input Device）是指向计算机输入数据和信息的设备，它是用户和计算机系统之间进行信息交换的主要装置之一。键盘、鼠标、摄像头、扫描仪、光笔、手写输入板、游戏杆、语音输入装置等都属于输入设备。计算机能够接收各种各样的数据，既可以是数值型的

数据，也可以是各种非数值型的数据，如图形、图像、声音等都可以通过不同类型的输入设备输入到计算机中，进行存储、处理和输出。

计算机的输入设备按功能可分为下列几类：

- 字符输入设备：键盘；
- 光学阅读设备：光学标记阅读机，光学字符阅读机；
- 图形输入设备：鼠标器、操纵杆、光笔；
- 图像输入设备：摄像机、扫描仪、传真机；
- 模拟输入设备：语言模数转换识别系统。

接下来就介绍三个常用的输入设备，具体如下：

(1)键盘

键盘是用于操作设备运行的一种指令和数据输入装置，也指经过系统安排操作一台机器或设备的一组功能键(如打字机、电脑键盘)。键盘也是组成键盘乐器的一部分，也可以指使用键盘的乐器，如钢琴、数位钢琴或电子琴等。键盘有助于练习打字。

图 1-2-9

键盘是最常用也是最主要的输入设备，通过键盘可以将英文字母、数字、标点符号等输入到计算机中，从而向计算机发出命令、输入数据等。起初这类键盘多用于品牌机，如 HP、联想等品牌机都率先采用了这类键盘，并受到广泛的好评，曾一度被视为品牌机的特色。随着时间的推移，市场上也出现独立的具有各种快捷功能的产品单独出售，并带有专用的驱动和设定软件，在兼容机上也能实现个性化的操作。

常用功能按键如下：

- Esc：退出键。
- Tab：表格键。按“Shift+Tab”组合键则反向跳动；按“Alt+Tab”组合键是快速切换当前打开的窗口。
- Caps Lock：大写锁定键。
- Shift：转换键。
- Ctrl：控制键。例如：“Ctrl+空格”是中英文切换、“Ctrl+C”复制、“Ctrl+X”剪切、“Ctrl+V”粘贴、“Ctrl+Z”撤销。
- Alt：可选(切换)键。它需要和其他键配合使用来达到某一操作目的。例如：计算机热启动快捷操作—同时按住 Ctrl+ Alt+Del 完成，Alt+F4 是退出。
- Pause break：暂停键。
- Delete：和 Del 键相同，删除键。
- Backspace 键：后退格键。
- Enter 键：回车键，也称确认键。
- Space 键：空格键。

● Num Lock 数字开关键：Num Lock 键和它上面的 Num Lock 指示小灯亮起来时，数字键才起作用，如果不亮，就起编辑键区的功能。

(2)鼠标

鼠标是计算机的一种输入设备，也是计算机显示系统纵横坐标定位的指示器，因形似老鼠而得名“鼠标”。鼠标的标准称呼应该是“鼠标器”，英文名 Mouse，鼠标的使用是为了使计算机的操作更加简便快捷，以代替键盘烦琐的指令。

鼠标有以下几种：

● 滚球鼠标：橡胶球传动至光栅轮带发光二极管及光敏三极管之晶元脉冲信号传感器。

● 光电鼠标：红外线散射的光斑照射粒子带发光半导体及光电感应器的光源脉冲信号传感器。

● 无线鼠标：利用 DRF 技术把鼠标在 X 轴或 Y 轴上的移动、按键按下或抬起的信息转换成无线信号并发送给主机。

● 鼠标的基本操作包含：移动、指向、单击、双击、右击、拖动、推轮。

(3)扫描仪

扫描仪(Scanner)是利用光电技术和数字处理技术，以扫描方式将图形或图像信息转换为数字信号的装置。扫描仪通常被用于计算机外部仪器设备，通过捕获图像并将之转换成计算机可以显示、编辑、存储和输出的数字化输入设备。照片、文本页面、图纸、美术图画、照相底片、菲林软片，甚至纺织品、标牌面板、印制板样品等三维对象都可作为扫描对象。扫描仪广泛应用在标牌面板、印制板、印刷行业等。

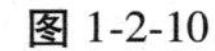

图 1-2-10

图 1-2-11

扫描仪的类型有滚筒式扫描仪和平面扫描仪，近几年出现了笔式扫描仪、便携式扫描仪、馈纸式扫描仪、胶片扫描仪、底片扫描仪和名片扫描仪。

知识点链接

(1)扫描仪的核心部件是光学读取装置和模数(A/D)转换器。常用的光学读取装置有两种：CCD 和 CIS。

(2)扫描仪的技术指标有分辨率、灰度级、色彩数、扫描速度、扫描幅面。

(3)扫描仪常见品牌有惠普、松下和佳能等。

(4)扫描仪使用技巧：①确定合适的扫描方式；②优化扫描仪分辨率；③设置好扫描参数；④设置好文件的大小；⑤存储曲线并装入扫描软件；⑥根据需要的效果放置好扫描对象；⑦在玻璃平板上找到最佳扫描区域；⑧使用透明片配件来获得最佳扫描效果；⑨使扫描图像色域最大化；⑩使用无网花技术来扫描印刷品。

(5)扫描仪的维护：①要保护好光学部件；②做好定期的保洁工作。

6.输出设备

输出设备(Output Device)是计算机硬件系统的终端设备,用于接收计算机数据的输出显示、打印、声音、控制外围设备操作等,也是把各种计算结果数据或信息以数字、字符、图像、声音等形式表现出来。常见的输出设备有显示器、打印机、绘图仪、影像输出系统、语音输出系统、磁记录设备等。

常用的输出设备:

(1)显示器

显示器(Display)通常也被称为监视器。显示器是属于计算机的I/O设备,即输入输出设备。它是一种将一定的电子文件通过特定的传输设备显示到屏幕上再反射到人眼的显示工具。

图 1-2-12

知识点链接

①显示器,也称为监视器或屏幕,是用户与计算机之间对话的主要信息窗口。

②显示器的常见种类:CRT 显示器、LCD 显示器、LED 显示器、3D 显示器。

③显示器的主要性能指标有分辨率、屏幕尺寸、点间距、刷新频率等。

④分辨率:显示器所显示的字符和图形由一个个小光点组成,这些小光点称为像素。理论上显示器分辨率越高,显示越清晰,但实际显示效果还与显卡的性能有关。

⑤屏幕尺寸:一般用屏幕区域对角线的长度表示,单位为英寸。

⑥常见品牌有三星、戴尔、AOC、LG 等。

思考题　如何查看显示屏的分辨率?

(2)打印机

打印机(Printer) 是计算机的输出设备之一,用于将计算机处理结果打印在相关介质上。衡量打印机好坏的指标有 3 项:打印分辨率、打印速度和噪声。

图 1-2-13

打印机的种类很多,按打印元件对纸是否有击打动作,分为击打式打印机与非击打式打印机。按打印字符结构,分为全形字打印机和点阵字符打印机。按一行字在纸上形成的方式,分为串式打印机与行式打印机。按所采用的技术,分为柱形、球形、喷墨式、热敏式、激光式、静电式、磁式、发光二极管式等打印机。

注意事项:

①万一打印机产生发热、冒烟、有异味、有异常声音等情况,请马上切断电源,与信息人员联系。

②打印机长时间不用时,请把电源插头从电源插座中拔出。

③打印纸及色带盒未设置时,禁止打印,否则打印头和打印辊会受到损伤。

④请勿触摸打印电缆接头及打印头的金属部分。打印头工作的时候,不可触摸打印头。

⑤打印头工作的时候,禁止切断电源。

⑥在确保打印机电源正常、数据线和计算机连接时方可开机。

⑦打印机在打印的时候请勿搬动、拖动、关闭打印机电源。

⑧在打印量过大时,应让打印量保持在30份以内,使打印机休息5~10分钟,以免打印机因过热而损坏。

7.主板集成常用适配器接口

现在市场上流行的主板集成常用适配接口如图1-2-14所示。

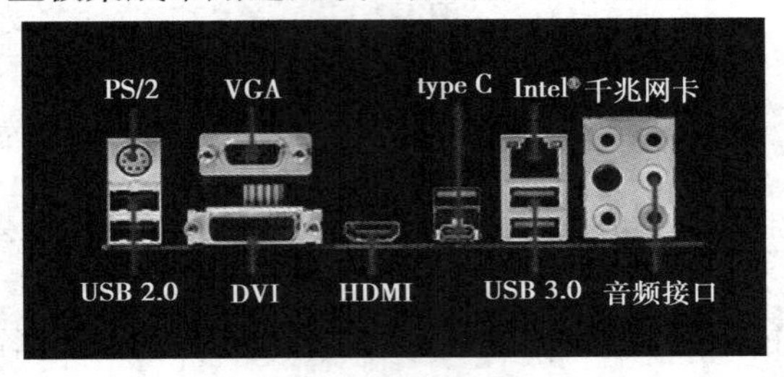

图 1-2-14

8.主机箱

拆开主机箱侧边板后,里面的主板、电源、光驱和风扇等器件在主机里的位置。

图 1-2-15

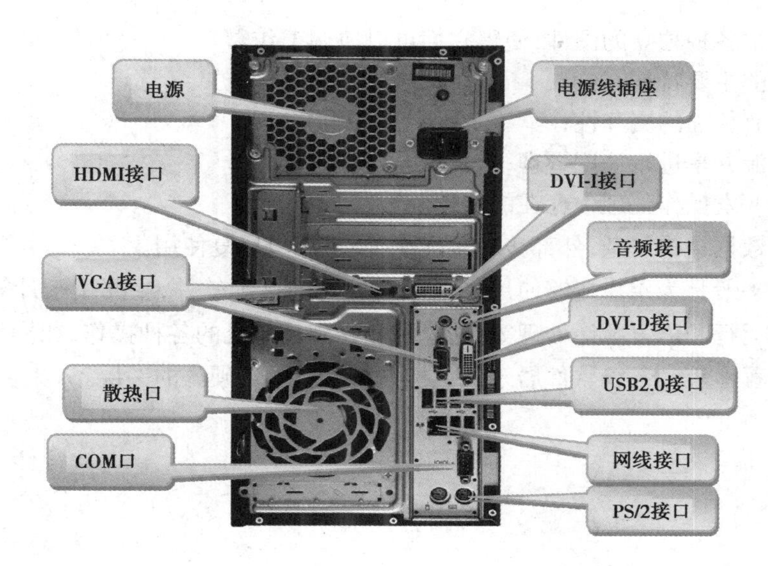

图 1-2-16

9.主机箱后面的接口

在主机的后面是常用的外置接口，一般用来连接电源、显示器、鼠标键盘、U 盘和音箱等设备。

四、计算机软件系统

软件系统(Software Systems)是指由系统软件、支撑软件和应用软件组成的计算机软件系统，它是计算机系统中由软件组成的部分。只有硬件的计算机称为裸机，还不能使用，配上各种软件后才被称为计算机系统，才可以用来完成信息处理任务。

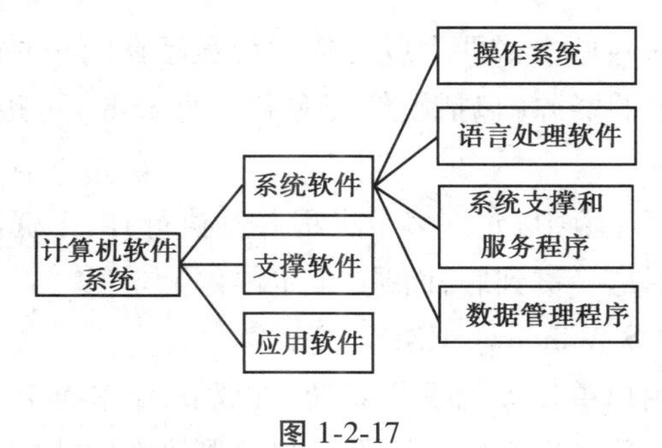

图 1-2-17

1.系统软件

系统软件包括操作系统和一系列基本的工具(比如编译器、数据库管理、存储器格式化、文件系统管理、用户身份验证、驱动管理、网络连接等方面的工具)，是支持计算机系统正常运行并实现用户操作的那部分软件。它的主要功能是调度、监控和维护计算机系统，负责管

理计算机系统中各种独立的硬件，使得它们可以协调工作。

系统软件的主要特征有：

- 与硬件有很强的交互性；
- 能对资源共享进行调度管理；
- 能解决并发操作处理中存在的协调问题；
- 其中的数据结构复杂，外部接口多样化，便于用户反复使用。

系统软件一般是为用户能够使用计算机而提供的基本软件，主要用于计算机内部的管理、维护、控制运行和语言翻译处理等，它管理和控制计算机的各种操作，如操作系统及其中各设备的驱动程序等。系统软件居于计算机系统中最靠近硬件的一层。

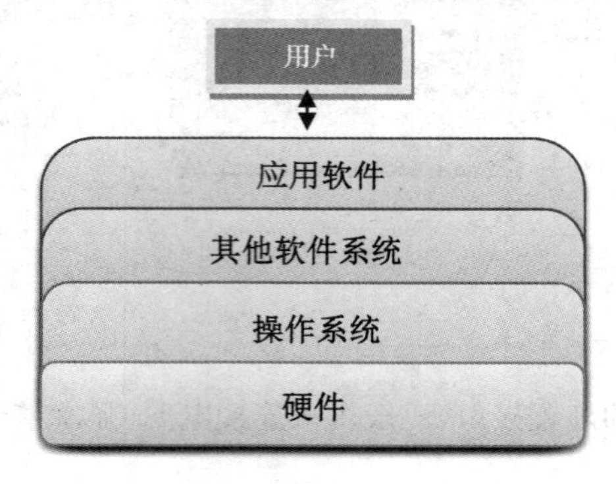

图 1-2-18

（1）操作系统

操作系统（Operation System，OS）是用户使用计算机的界面，是位于底层的系统软件，其他系统软件和应用软件都是在操作系统上运行的。其功能是管理计算机的硬件资源和软件资源，为用户提供高效、周到的服务。也可以说，操作系统是硬件与软件的接口。

操作系统的主要特性：

- 并发性（Concurrence）：两个或两个以上的运行程序在同一时间间隔段内同时执行。
- 共享性：操作系统中的资源（包括硬件资源和信息资源）可被多个并发执行的进程所使用。
- 异步性：在多道程序环境中，允许多个进程并发执行，由于资源有限而进程众多，因此多数情况下，进程的执行不是一贯到底，而是“走走停停”。

常用的操作系统有 DOS、Windows、UNIX、IOS 等。

- DOS 操作系统：单用户单任务的操作系统，非常适合作为个人计算机的操作系统，它为用户提供了良好的接口，具有交互的字符界面和很强的文件和磁盘管理功能。
- Windows 操作系统：Microsoft 公司开发的图形用户界面操作系统，具有多任务处理、大内存管理、统一的用户界面和一致的操作方式等特点。
- UNIX 操作系统：多用户、多任务、交互式的分时操作系统，具有结构紧凑、功能强、效率高、使用方便及移植性好的特点，主要安装在矩形计算机、大型机上作为网络操作系统使用，也可用于个人计算机和嵌入式系统。

• iOS(苹果操作系统):比较知名的操作系统,然而它是基于 UNIX 上面开发的。它有着良好的用户体验,华丽的用户界面和简单的操作。他的设计很人性化,追求的是良好的用户体验。

(2)语言处理程序

语言处理程序是为用户设计的编程服务软件,其作用是将高级语言源程序翻译成计算机能识别的目标程序。

• 程序设计语言分为四代,多代共存,其中包含机器语言、汇编语言、高级语言和非过程化语言。

• 计算机能够直接识别和执行的是机器语言。

(3)系统支撑和服务程序

系统支撑和服务程序又称为工具软件或实用程序,如系统诊断程序、调试程序、排错程序、查杀病毒程序等,都是维护计算机系统的正常运行或支持系统开发所配置的软件系统。

(4)数据管理程序

数据管理系统主要用来建立存储各种数据资料的数据库,并对数据库进行操作和维护。

2.应用软件

应用软件(Application Software)是和系统软件相对应的,是用户可以使用的各种程序设计语言,以及用各种程序设计语言编制的应用程序的集合,分为应用软件包和用户程序。应用软件是为满足用户不同领域、不同问题的应用需求而提供的那部分软件。它可以拓宽计算机系统的应用领域,放大硬件的功能。

常用的应用软件有:

- 文字处理软件: Word、MPS 等;
- 电子表格软件:Excel、Numbers 等;
- 计算机辅助设计软件:Flash、Auto CAD、Photoshop 等;
- Web 页制作软件:FrontPage、Dream weaver 等;
- 即时通信软件:QQ、微信、MSN 等。

3.支撑软件

支撑软件是支撑各种软件的开发与维护的软件,又称为软件开发环境。它主要包括环境数据库、各种接口软件和工具组。著名的软件开发环境有 IBM 公司的 Web Sphere,微软公司的 Studio.NET 等。支撑软件包括一系列基本工具(比如编译器、数据库管理、存储器格式化、文件系统管理、用户身份验证、驱动管理、网络连接等方面的工具)。

项目检测

任务一 认识计算机硬件系统

学习目标

①熟悉计算机系统的组成；

②熟悉微型计算机的常见硬件设备；

③了解常用的计算机技术指标；

④掌握计算机存储容量级别之间的换算。

任务实施及要求

一、写出下面设备、接口的名称

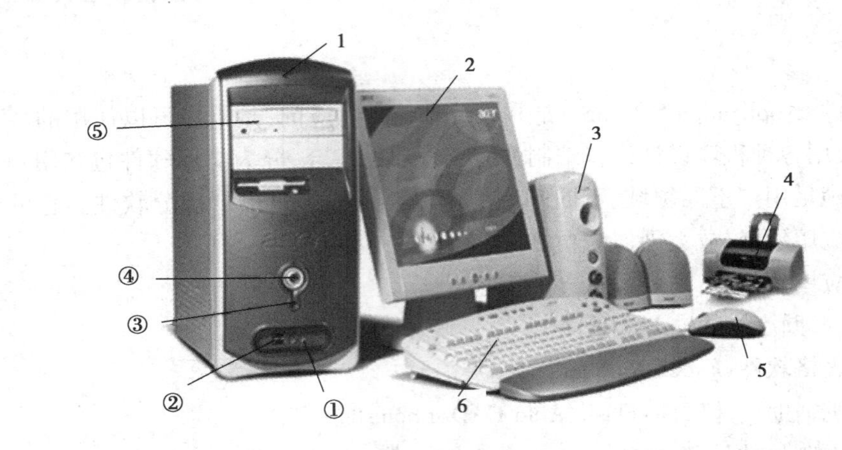

1.________ 2.________ 3.________

4.________ 5.________ 6.________

①____ ②____ ③____ ④____ ⑤____

________ ________ ________ ________ ________

1.________　　2.________　　3.________

4.________　　5.________　　6.________

二、填空题

1.CPU 的著名生产商有______和______。

2.CPU 中文名称是____________，主要由________和________组成。

3.常用的外部存储器有________。

4.主要的输入设备有________；主要的输出设备有________。

5.如何查看本机的 CPU、内存的信息？本机的 CPU 的型号是________、主频是________、内存的容量是________GB。

6.硬盘属于________存储器，主要用于存储用户的资料等；如何查看硬盘的使用情况？C 盘的已用磁盘空间是________GB。

7.当系统“死机”时，最优先考虑的操作是同时按下“________”3 个组合键，首先将没有反应的任务结束，如果还是不行，再考虑________启动。

8.鼠标的基本操作包括________、________、________、________ ________、________、________。

9.一般来说计算机系统可分为________系统和________系统。硬件系统由________ ________和________组成；主机系统由________和________组成；软件系统由________和________组成。

10.存储器的容量大小以________为单位。比如 1 GB＝________MB＝________KB＝________B。

11.在计算机内部，数据是以________形式存储和运算的。

12.1 位二进制位可表示________种状态；4 位二进制位可表示________种状态。

13.表示数据的单位有________；其中基本单位是________。

14.$(33)_{10}=$ $\_\_\_\_\_\_\_\__{2}=$ $\_\_\_\_\_\_\_\__{16}$。

15.$(1010111)_{2}=$ $\_\_\_\_\_\_\_\__{16}=$ $\_\_\_\_\_\_\_\__{10}$。

三、选择题

1.(　　)合称计算机的主机。

A.CPU 和内部存储器　　B.运算器和控制器

C.CPU 和输入输出设备　　D.CPU 和外部存储器

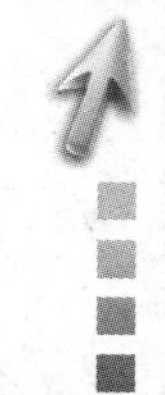

2.计算机内部存储器内存的作用是(　　)。

A.存放正在执行的程序和当前使用的数据,它具有一定的运算能力

B.存放正在执行的程序和当前使用的数据,它本身并无运算能力

C.存放正在运行的程序,它具有一定的运算能力

D.存放当前使用的数据文件,它本身并无运算能力

3.硬盘出厂后必须经过(　　)才能使用。

A.低级格式化、分区、高级格式化　　B.低级复制、格式化、高级复制

C.低级格式化、分区、高级初始化　　D.低级分区、格式化、高级分区

4.下列存储器中,存取速度最快的是(　　)。

A.软盘　　B.硬盘　　C.光盘　　D.内存

5.一个字节的二进制数的位数为(　　)。

A.2　　B.4　　C.8　　D.16

6.计算机系统的外部设备包括(　　)。

A.输入和输出设备　　B.外存储器和输入输出设备

C.CPU 和输入输出设备　　D.内存储器和输入输出设备

7.(　　)是用户与计算机之间的接口,用户或任何其他程序都只有通过它才能获得必要的资源。

A.网络软件　　B.数据管理系统　　C.操作系统　　D.语言处理程序

8.下列有关对内存储器与外存储器叙述中,不正确的是(　　)。

A.内存储器和外存储器都能直接与 CPU 进行数据交换

B.内存储器有 RAM 和 ROM,外存储器有磁盘存储器和光盘存储器

C.内存储器的存取速度比外存储器要快,而外存容量比内存要大

D.内存主要用来存放当前运行的程序、待处理的数据以及运算结果

9.操作系统的主要功能是(　　)。

A.实现软、硬件转换　　B.管理系统所有的软、硬件资源

C.把源程序转换为目标程序　　D.进行数据处理

10.下列设备中,只能作为输入设备的是(　　)。

A.磁盘存储器　　B.显示器　　C.存储器　　D.鼠标

11.CAM 是计算机的主要应用领域,其含义是(　　)。

A.计算机辅助设计　　B.计算机辅助制造

C.计算机辅助教学　　D.计算机辅助测试

12.在下列设备中,(　　)不是微型计算机的输出设备。

A.打印机　　B.显示器　　C.绘图仪　　D.键盘

13.8 位二进制能表示的最大十进制数是(　　)。

A.250　　B. 255　　C. 256　　D. 512

14.微型计算机中存储器容量最大的部件是(　　)。

A.U 盘　　B.硬盘　　C.主存储器　　D.光盘

任务二　认识计算机软件系统

学习目标

①熟悉计算机软件系统的组成
②熟悉系统软件和应用软件的划分

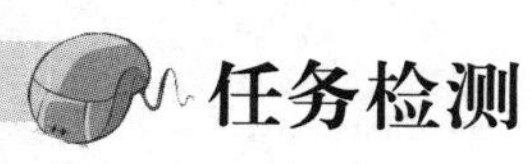

任务检测

一、填空题

1.一般来说，计算机软件系统可以分为(　　)软件、(　　)软件和(　　)软件

2.查看本机软件系统，操作系统是(　　)，常用应用软件有(　　、　　、　　)(至少写3个)。

二、选择题

1.应用软件是指(　　)。

A.所有能够使用的软件　　B.所有微机上都应该使用的软件

C.被应用部门采用的软件　　D.专门为某一应用目的而设计的软件

2.下列软件中，不属于应用软件的是(　　)。

A.Word　　B.金山打字通　　C.QQ　　D.Windows XP

3.系统软件中最重要的是(　　)。

A.操作系统　　B.语言处理程序　　C.工具软件　　D.数据库管理系统

4.机器语言称为(　　)。

A.第一代语言　　B.第二代语言　　C.第三代语言　　D.第四代语言

5.数据在机器内部是以(　　)编码形式表示的。

A.条形码　　B.拼音码　　C.汉字码　　D.二进制

6.微型机在工作中尚未进行存盘操作，突然电源中断，则计算机中(　　)全部丢失，再次通电也不能恢复。

A.ROM 和 RAM 中的信息　　B.ROM 中的信息

C.RAM 中的信息　　D.硬盘中的信息

7.通常一个汉字占(　　)。

A.1 个字节　　B.2 个字节　　C.3 个字节　　D.4 个字节

8.二进制数 1111 转换成十进制数是(　　)。

A.15　　B.13　　C.16　　D.17

9.计算机能直接执行的程序是(　　)。

A.机器语言程序　　B.高级语言源程序

C.BASIC 语言程序　　D.汇编语言程序

10.下列各项中两个软件均属于系统软件的是(　　)。

A.MIS 和 UNIX　　B.WPS 和 UNIX　　C.DOS 和 UNIX　　D.MIS 和 WPS

11.将汇编源程序翻译成目标程序(.OBJ)的程序称为(　　)。

A.编辑程序　　B.编译程序　　C.链接程序　　D.汇编程序

12.下列说法错误的是(　　)。

A.汇编语言是一种依赖于计算机的低级程序设计语言

B.计算机可以直接执行机器语言程序

C.高级语言通常都具有执行效率高的特点

D.为提高开发效率,开发软件时应尽量采用高级语言

13.下列选项中,完整描述计算机操作系统作用的是(　　)。

A.它是用户与计算机的界面

B.它对用户存储的文件进行管理,方便用户

C.它执行用户键入的各类命令

D.它管理计算机系统的全部软、硬件资源,合理组织计算机的工作流程,以达到充分发挥计算机资源的效率

14.下列软件中,属于系统软件的是(　　)。

A.航天信息系统　　B.Office 2003

C.Windows Vista　　D.决策支持系统

15.高级程序设计语言的特点是(　　)。

A.高级语言数据结构丰富

B.高级语言与具体的机器结构密切相关

C.高级语言接近算法语言不易掌握

D.用高级语言编写的程序计算机可立即执行

模块小结

本模块主要让学生快速了解计算机的基础知识,包括计算机的发展情况、分类及其特点,以及计算机广泛的应用领域;熟悉并认知计算机的硬件组成和其参数以及计算机软件系统的组成。

Windows 操作系统的使用

操作系统(Operating System,OS)是管理和控制计算机硬件与软件资源的计算机程序,是直接运行在“裸机”上的最基本的系统软件,任何其他软件都必须在操作系统的支持下才能运行。

操作系统是用户和计算机的接口,同时也是计算机硬件和其他软件的接口。操作系统的功能包括管理计算机系统的硬件、软件及数据资源,控制程序运行,改善人机界面,为其他应用软件提供支持,让计算机系统所有资源最大限度地发挥作用,提供各种形式的用户界面,使用户有一个好的工作环境,为其他软件的开发提供必要的服务和相应的接口等。

知识目标

- 掌握计算机启动、退出的方法,认识 Windows 桌面的基本元素;
- 熟悉使用鼠标(或键盘)完成对窗口、菜单、任务栏、对话框等基本元素的操作;
- 掌握对文件等资源进行管理,能进行文件/文件夹的基本操作;
- 掌握使用控制面板配置系统(如显示器、鼠标、输入法等的设置);
- 熟悉常用软件的安装和卸载;
- 熟悉常用附件的使用(如记事本、画图等)。

能力目标

- 具备常用操作系统的基本使用能力;
- 能根据需要对文件进行合理的管理,熟悉文件/文件夹的创建、删除、复制、粘贴等操作;
- 能根据需要使用控制面板对系统进行配置。

学习模块

项目一　Windows 入门

项目二　Windows 文件管理

项目三　系统的配置(控制面板)

项目四　Windows 附件的使用

项目一 Windows 入门

项目目标

- 了解操作系统的作用;
- 熟悉桌面的基本组成和基本操作;
- 了解窗口及其基本操作;
- 了解对话框及其基本操作;
- 了解菜单及其基本操作。

项目任务

任务一 桌面、任务栏、窗口的基本组成和操作
任务二 Windows 入门综合练习

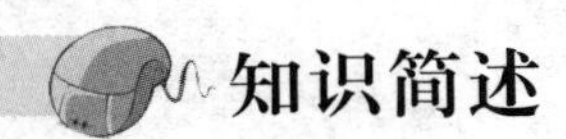

知识简述

一、操作系统简介

①只有硬件的计算机只是一台裸机,如要使用计算机,必须安装相应的软件。

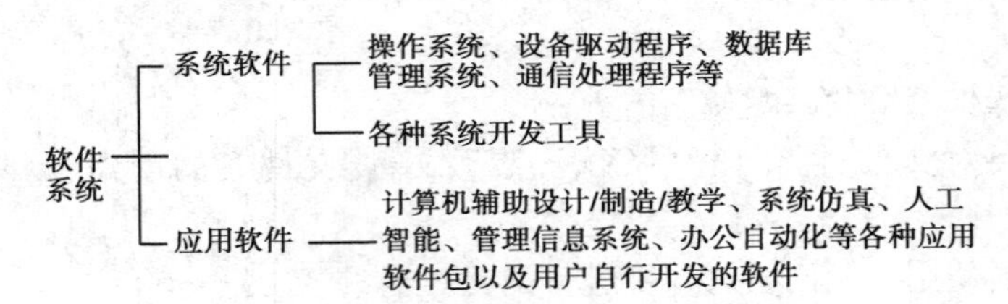

图 2-1-1

②操作系统是软件系统十分重要的组成部分,是一组对计算机系统资源(包括硬件和软件等)进行全面控制与管理的系统程序,其他软件都是建立在操作系统之上的,并在操作系统的统一管理之下运行,任何用户都是通过操作系统使用计算机的。

③简单来说,操作系统是对硬件、软件资源进行管理的一种软件,是用户和计算机的接口。

④操作系统的功能:微处理器管理、存储管理、设备管理、文件管理。

图 2-1-2

⑤PC 操作系统发展历程:DOS→Win 3.x→Win 9x→Windows 2000→Windows XP→Windows Vista→Windows 7→ Windows 10 等。

二、Windows 的基本知识和基本操作

1.Windows 的启动与关闭

(1)Windows 的启动

对于已经安装好 Windows 操作系统的计算机,用户打开电源,计算机就可以自动进入启动过程,若系统启动正常,将进入系统登录界面。

图 2-1-3

用户必须通过预设的账户才能登录系统。

(2)Windows 的关闭

首先关闭所有正在运行的应用程序,然后单击“开始”菜单中的关闭计算机选项。

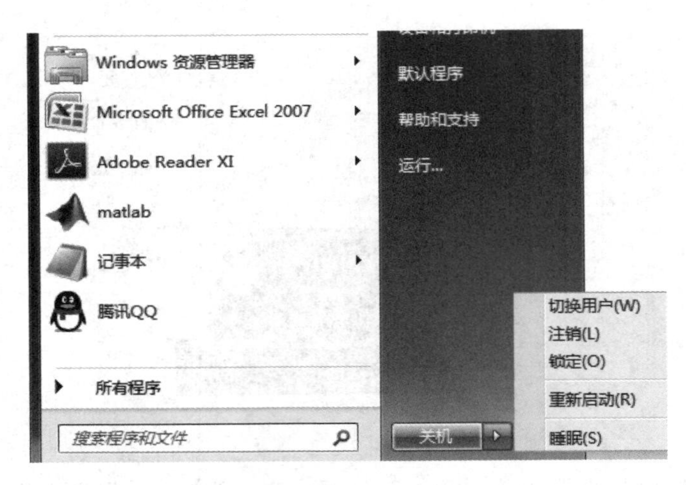

图 2-1-4

2.桌面的基本组成

桌面是 Windows 登录后用户所看到的整个屏幕区域,它是用户操作计算机的基本界面,也可以认为它是窗口、图标、对话框等所有其他操作环境的屏幕背景。在桌面中,包含了“开始”按钮、任务栏、桌面图标、通知区域等组成部分。

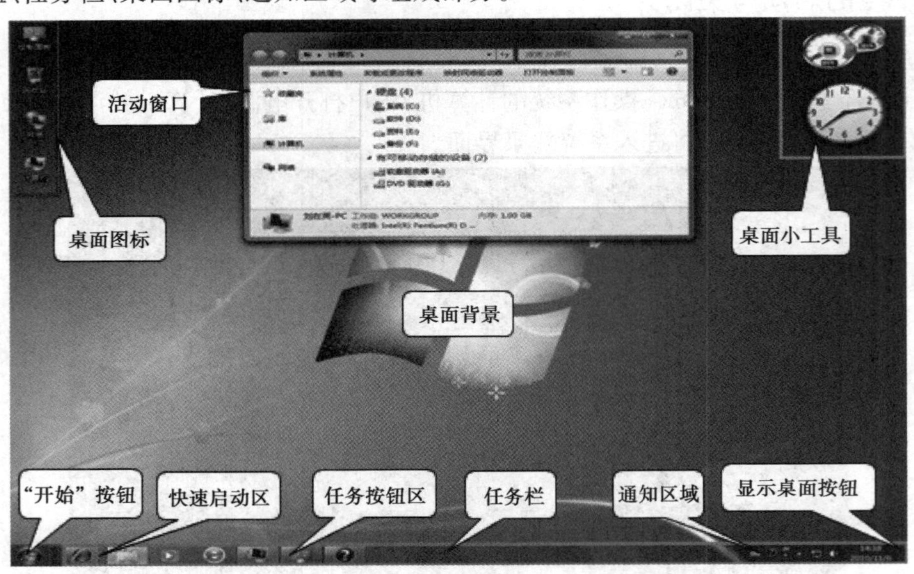

图 2-1-5

• 桌面图标:桌面上每个图标代表可以运行的程序或计算机上存放的内容。在桌面上最常见的两个图标为:

“回收站”图标:用来存放用户删除的本机硬盘中的文件、文件夹等对象,并可以在必要的时候进行恢复操作。

“计算机”图标:用来查看和管理计算机中的软硬件资源、设置用户工作环境。

在用户安装了应用软件后,一般会自动在桌面上建立相应的图标。用户也可以根据自

己的需要在桌面上手工添加、删除图标。

桌面上图标排列的方法:桌面空白处右击鼠标,选择“查看”方式。

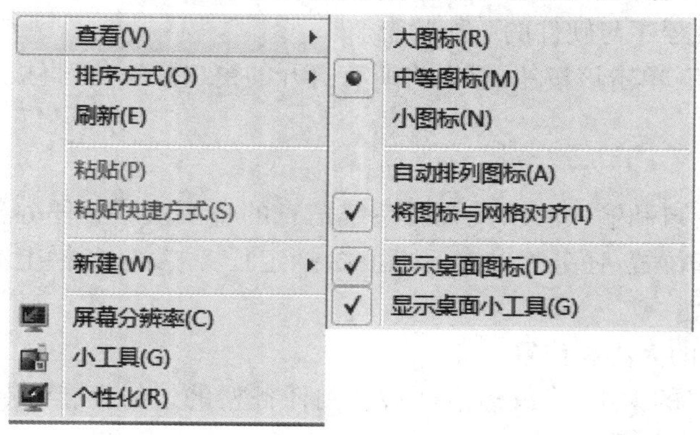

图 2-1-6

● 任务栏:桌面底部的长条,提供快速切换应用程序、文档和其他窗口的功能。包括四个部分:“开始”按钮、快速启动区、任务按钮区、通知区域等。

“开始”按钮:单击它可以打开“开始”菜单。用户可以通过“开始”菜单启动应用程序或选择需要的菜单命令完成特定的操作,是操作计算机程序、文件夹和系统设置的主通道。“开始”菜单最常用的操作是启动程序、注销和关闭计算机。

图 2-1-7

快速启动区:用于显示最常用的程序图标,单击该图标则快速启动该应用程序,方便用户使用这些应用程序。根据用户需要,可以将其他地方的图标拖动到快速启动区中,也可以将快速启动栏中的图标删除、调整前后位置等。

任务按钮区:用于显示当前正在运行的应用程序或打开的文件夹窗口。每次启动或打开一个窗口后,在任务栏都会有相应的按钮出现以方便用户通过单击进行切换,其中高亮显示的按钮代表当前活动的应用程序或窗口。

说明:在多个运行的程序中,只有一个程序能够接收用户的键盘输入,称为前台程序,其

他运行的程序称为后台程序。

通知区域:用于显示时钟、音量及一些告知特定程序和计算机设置状态的图标,该区域主要用于提示计算机程序与硬件的工作状态。

"显示桌面"按钮:单击该按钮,可以将所有打开的窗口最小化,直接显示出桌面。

3.任务栏的操作

任务栏是切换窗口和输入法以及查看系统信息的重要区域。任务栏的管理主要包括:调整任务栏的大小和位置、任务栏的显示/隐藏、锁定任务栏、任务栏上添加工具栏、将程序锁定到任务栏等。

(1)调整任务栏的大小和位置

• 调整"任务栏"的大小:将鼠标指针移动到任务栏的边线上,当鼠标指针变成"竖直"双箭头时,按左键拖动即可。

• 调整"任务栏"的位置:将鼠标指针移动到任务栏的空白区域,按住鼠标左键向上、左、右等方向拖动即可。

说明:任务栏没有锁定时才可以调整大小和位置。

(2)任务栏的显示/隐藏和锁定

• 操作方法:在任务栏的空白区域,单击右键,选择快捷菜单中的"属性"命令,执行"任务栏"选项卡的操作。

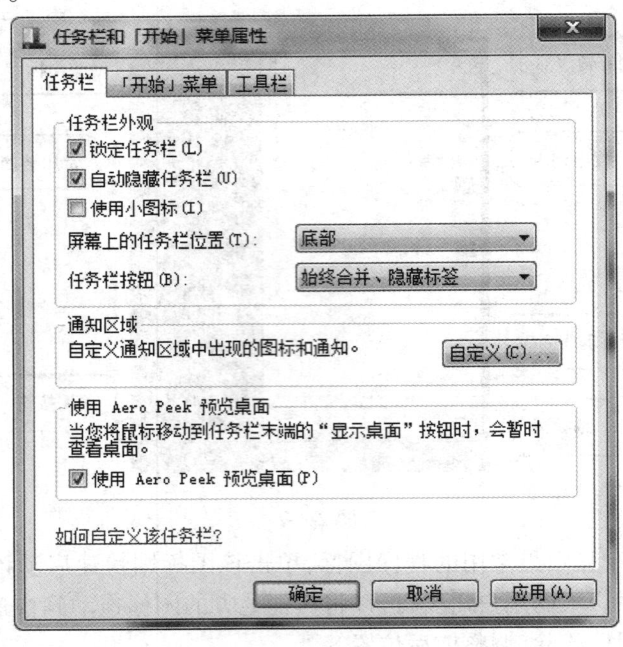

图 2-1-8

• 隐藏或显示"通知区域"中的图标。

图 2-1-8 中,单击"自定义"按钮,可以设置"通知区域"中显示/隐藏的图标。

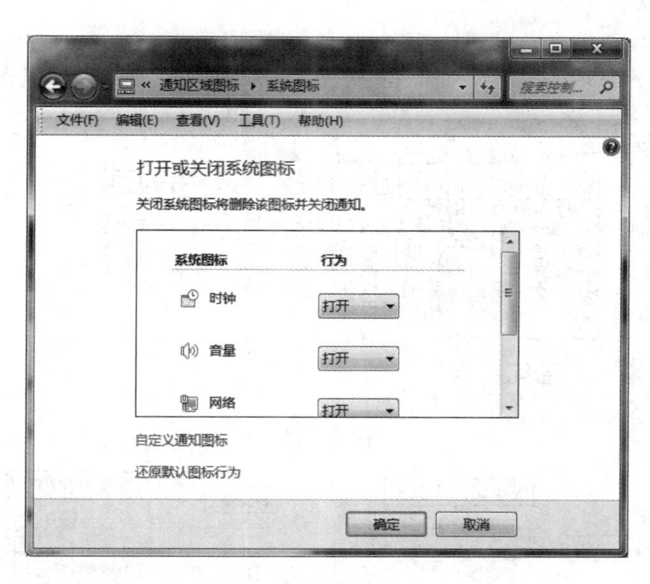

图 2-1-9

(3)将程序锁定到任务栏/将任务栏上的程序解锁

通过右击桌面上的程序图标可以将该程序锁定到任务栏,右击任务栏快速启动区中的程序按钮,可以将该程序从任务栏解锁。

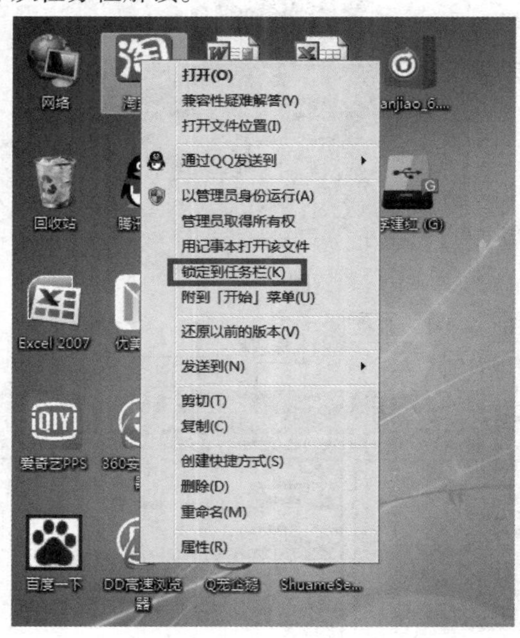

图 2-1-10

4.窗口的组成和操作

窗口是 Windows 最基本的用户界面,Windows 中的应用程序都是以“窗口”的形式运行的。每个打开的应用程序都有自己的窗口。

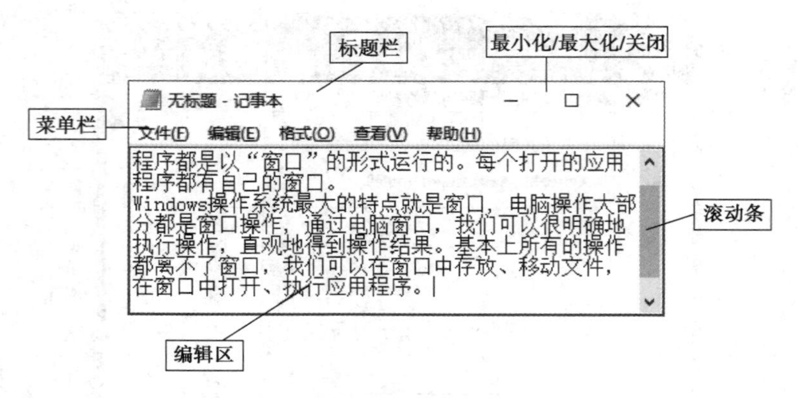

图 2-1-11

图 2-1-12

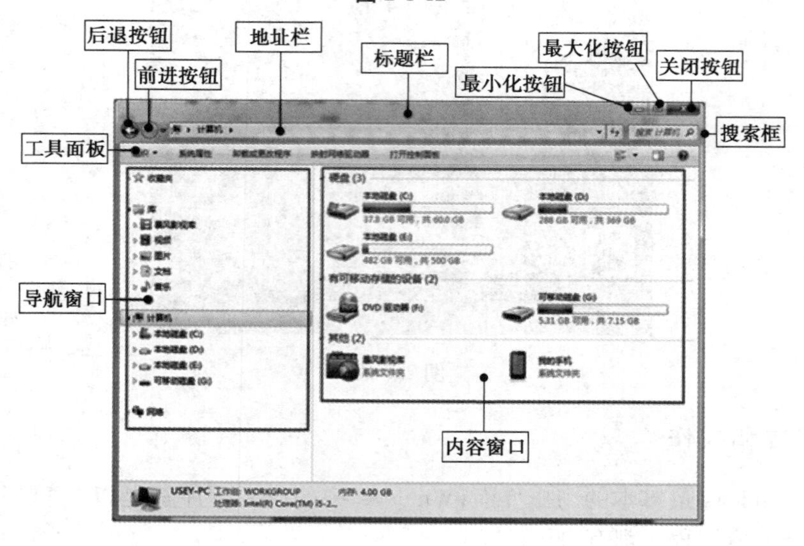

图 2-1-13

(1)打开窗口

Windows 操作系统中,当用户启动一个程序或双击打开一个文件或文件夹时都将打开一个窗口。

(2)关闭窗口

结束应用程序的运行。

(3)窗口的操作

• 移动窗口

操作方法:

①光标位于标题栏的空白处,按住鼠标左键拖动到适当的位置放手即可。

②光标位于标题栏的最前端的图标处单击左键,在所弹出的快捷菜单中选择移动命令,然后通过键盘上的上、下、左、右键进行移动。

说明:最大化状态的窗口不能移动。

• 改变窗口大小

操作方法:将光标移到当前窗口的边框或边角上,等待光标改变成以下形状时进行拖动即可。光标形状为:

图 2-1-14

说明:当窗口没有处于最大化状态时,才可以随时改变窗口的大小。

• 窗口的最小化、最大化、还原与关闭("Alt+F4")

说明:

①当一个应用程序的窗口被最小化后,虽然在屏幕上看不到该窗口,但是该应用程序仍然在后台工作,仍然占用内存资源。

②当一个应用程序不需要运行时,应该关闭该窗口而不是将该窗口最小化。

• 多个窗口的操作

排列窗口:在任务栏的空白处右击鼠标,在快捷菜单中选择。

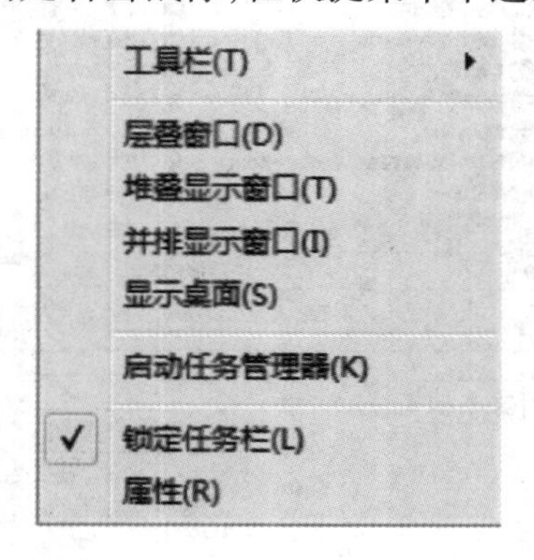

图 2-1-15

切换窗口:无论打开多少个窗口,当前窗口只有一个,且键盘所有的操作都是针对当前窗口进行的。要对非当前窗口进行操作就要先将非当前窗口切换成当前窗口。

具体操作:

①任务栏切换:在桌面任务栏的任务按钮部分,鼠标直接单击需要的窗口。

②使用快捷键切换:按 Alt+Tab,桌面中间位置出现一对话框,然后继续按 Tab 选择窗口即可。

③使用快捷键切换:按 Alt+Esc,每按一次出现一个窗口,直到出现需要的窗口为止。

④常用快捷键:

<Alt>+<Tab> : 应用程序窗口之间的快速切换。

<Alt>+<Esc>:应用程序窗口之间的切换。

<win>键:打开“开始”菜单。

<win>键+D:最小化桌面上的窗口。

思考题:

①当窗口最小化后程序还在运行吗?当打开的应用程序不再使用时,应该怎么做比较合适?

②当窗口最大化后能否移动窗口?窗口最大化时能否任意调整窗口大小?

5.对话框

Windows 操作系统中,在执行某些操作时,系统会出现一个临时窗口以便进行一些选择设置,这类临时窗口称为对话框,对话框是 Windows 和用户进行信息交流的界面。

图 2-1-16

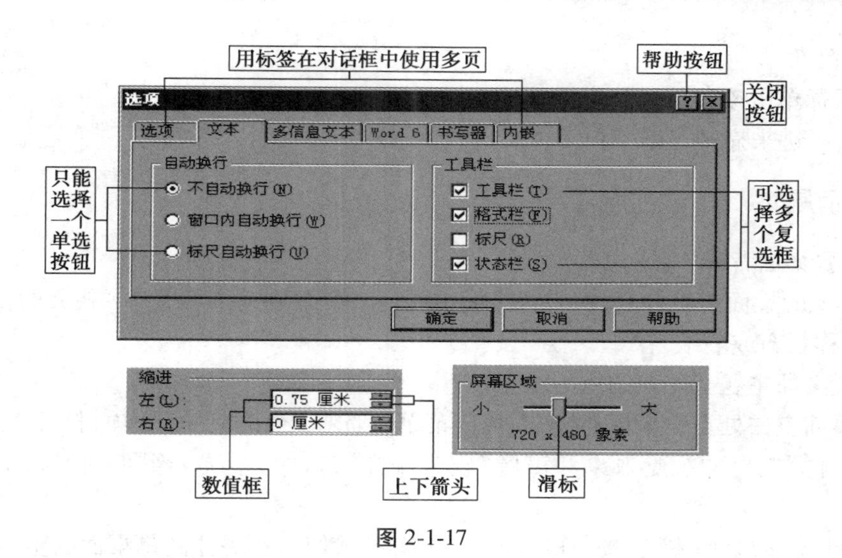

图 2-1-17

对话框是窗口的一种特殊形式，通常用于人机对话的场合，在对话框中，用户可以输入信息或进行选择。对话框能够调整位置，不能改变大小。

6.菜单

菜单是提供一组相关命令的清单。

(1)菜单分类

菜单分为“开始”菜单、控制菜单、快捷菜单、命令菜单。

- “开始”菜单：单击“开始”按钮打开，是操作计算机程序、文件夹和系统设置的主通道。
- 控制菜单：单击“控制”按钮打开，用于控制窗口状态。
- 快捷菜单：右击鼠标打开，完成相应功能。
- 命令菜单：一般位于窗口第二行，用鼠标、键盘均可操作，是应用程序功能的汇总。

(2)菜单的约定

菜单项附带的符号	符号所代表的含义
菜单后带省略号“…”	执行菜单命令后将打开一个对话框，要求用户输入信息
菜单前带符号“√”	菜单选择标记，当菜单前有该符号时，表明该菜单命令有效
菜单前带符号“●”	在分组菜单中，菜单前带有该符号，表示菜单项被选中
菜单后带符号“▶”	该菜单下有下一级子菜单，当鼠标指向它时，弹出下一级子菜单
菜单颜色暗淡时	该菜单命令暂时无效，不可选用
菜单带组合键时	该菜单项有键盘快捷方式，按组合键时可直接执行相应命令

图 2-1-18

(3)关闭菜单

- 用鼠标单击该菜单外的任意区域。
- 按 Esc 键来撤销当前菜单。

7.设置显示属性

(1)设置桌面背景

Windows 的桌面背景,广义的包含桌面主题(桌面风格)和背景图片,狭义的仅指桌面背景图片(也称桌布或墙纸)。

- 设置桌面主题

①在桌面空白处点击鼠标右键,在快捷菜单中选择“个性化”命令项,打开 “个性化”设置的“更改计算机上的视觉效果和声音”窗口。在窗口中,系统分组不同风格的主题可供选择。

②Windows 的桌面主题,提供的并不是局部的个性化,更关注的是桌面的整体风格。

③可以通过“保存主题”命令调用“将主题另存为”对话框,被命名后保存在“我的主题”主题项中,方便以后选择使用。

- 设置桌面背景图片

在“个性化”设置窗口,选用“桌面背景”选项,链接到“选择桌面背景”窗口。在“图片位置”下拉列表中选择存放图片的位置,然后在不同分组中选择调用背景图片。

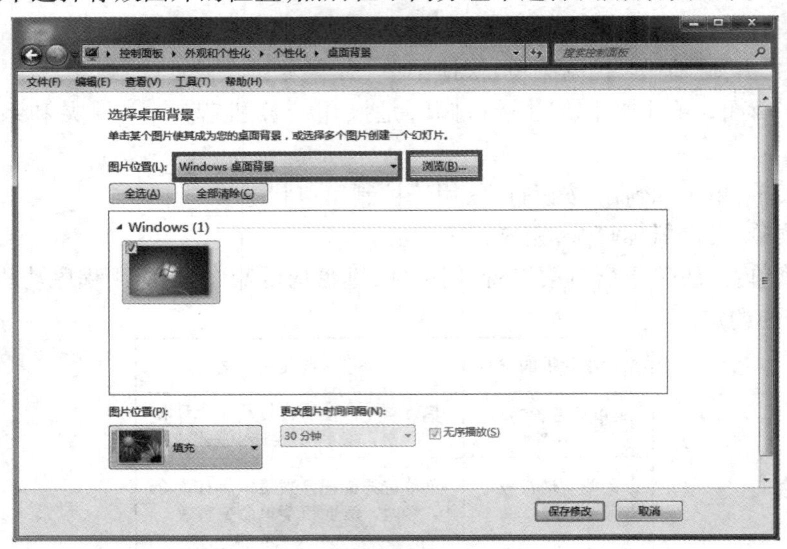

图 2-1-19

可以设置桌面背景的幻灯片放映效果:用<Ctrl>+单击选择多个桌面背景并指定“更换图片时间间隔”。

(2)设置屏幕保护

在“个性化”设置窗口,选用“屏幕保护”选项,可以设置屏幕保护程序,包括程序种类、等待时间、唤醒是否需要密码等。

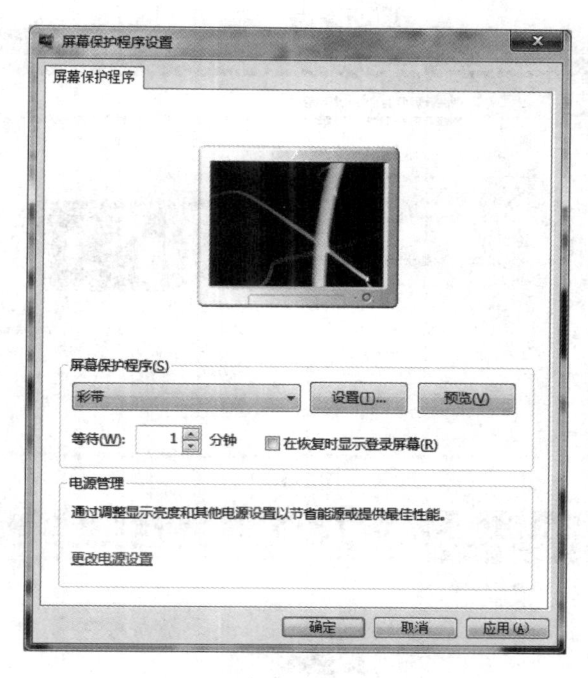

图 2-1-20

(3)设置显示器的分辨率和刷新频率

在"个性化"设置窗口，单击"显示"按钮，打开"显示"对话框，可以调整分辨率。在调整分辨率对话框中，单击"高级设置"，可以设置显示器的刷新频率。

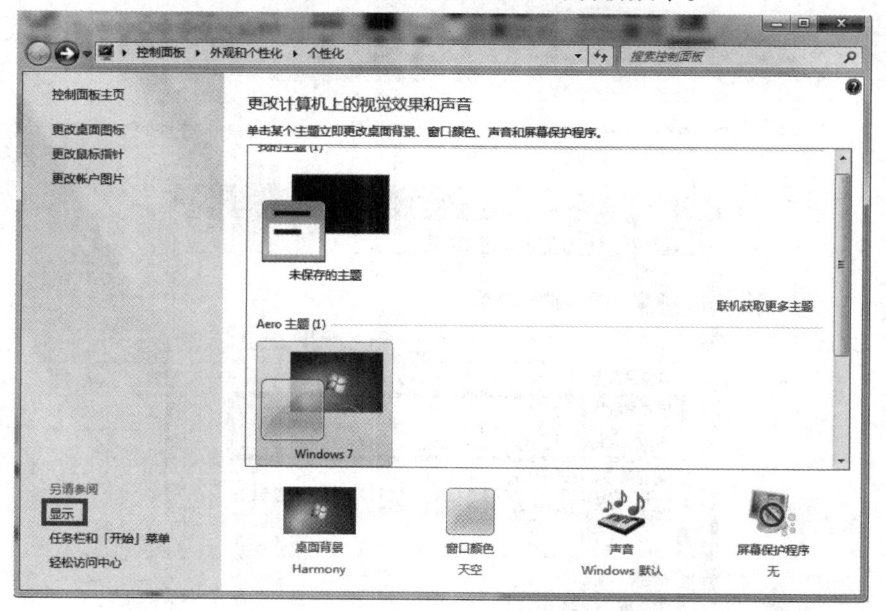

图 2-1-21

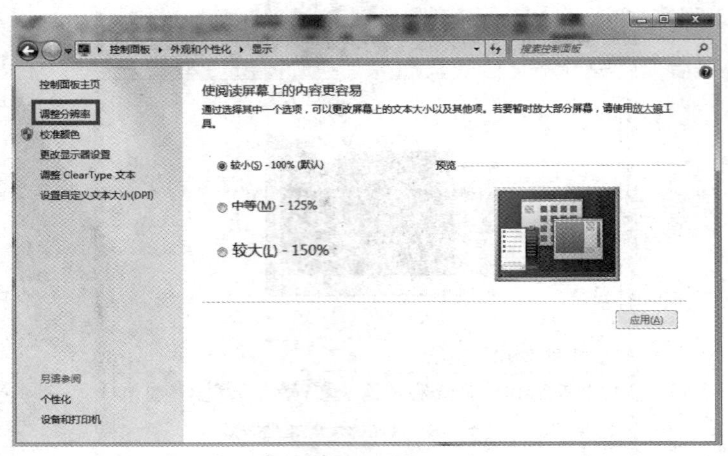

图 2-1-22

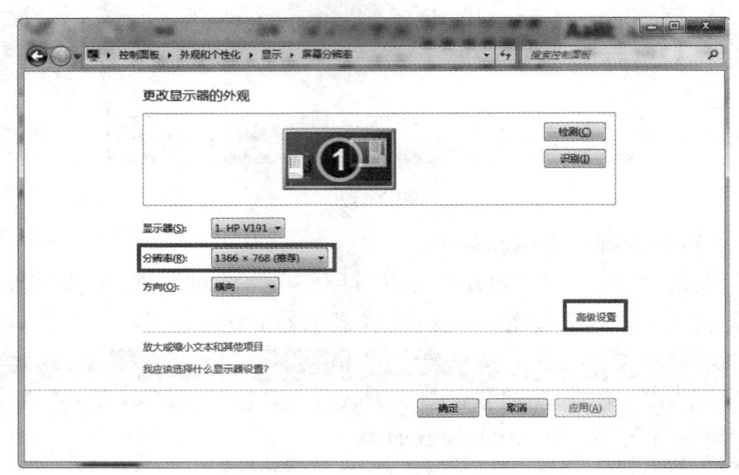

图 2-1-23

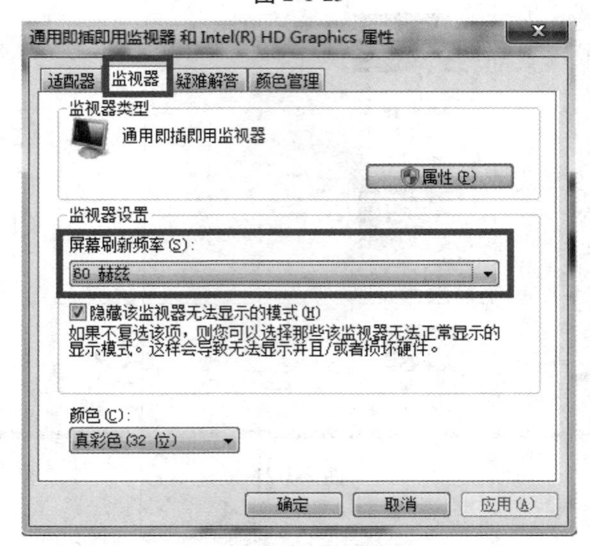

图 2-1-24

8.捕获整个屏幕与活动窗口的方法

- 拷贝当前窗口:Alt+ Print Screen(或 Alt+Prt Sc)。
- 拷贝整个屏幕:Print Screen(或 Prt Sc)。

项目检测

任务一　桌面、任务栏、窗口的基本组成和操作

学习目标

①熟悉桌面和窗口的组成;

②了解任务栏和窗口的基本操作。

任务实施及要求

一、任务栏的操作

- 调整“任务栏”的位置,将任务栏调至桌面顶端。
- 改变“任务栏”的高度,将任务栏的高度调整为原来的两倍。
- 恢复前两项的操作,即将任务栏位置调至桌面底部,将任务栏的高度恢复原状。
- 隐藏“任务栏”上的“小时钟”图标。
- 在“开始”菜单中显示“小图标”。
- 将上述隐藏的项目全部显示出来。
- 将“任务栏”设置为隐藏。
- 单击“任务栏”上的“显示桌面”图标,观察桌面上的窗口有什么变化?
- 将桌面上“计算机”的图标的快捷方式添加到“任务栏”中。

二、窗口的操作

- 打开“计算机”的窗口,通过“边角”或“边框”位置调整窗口的大小。
- 随意移动“计算机”的窗口的位置。
- 通过双击标题栏最大化“计算机”的窗口。
- 还原“计算机”的窗口。
- 关闭“计算机”的窗口。

三、问答题:

①当窗口最小化后程序还在运行吗? 当打开的应用程序不再使用时,应该怎么做比较合适?

②当窗口最大化后能否移动窗口? 窗口最大化时能否任意调整窗口大小?

四、练习下列功能键

<Alt>+<Tab>:应用程序窗口之间的快速切换。

<Alt>+<Esc>:应用程序窗口之间的切换。

<win>键:打开“开始”菜单。

<win>键+D:最小化桌面上的窗口

五、按图填空:

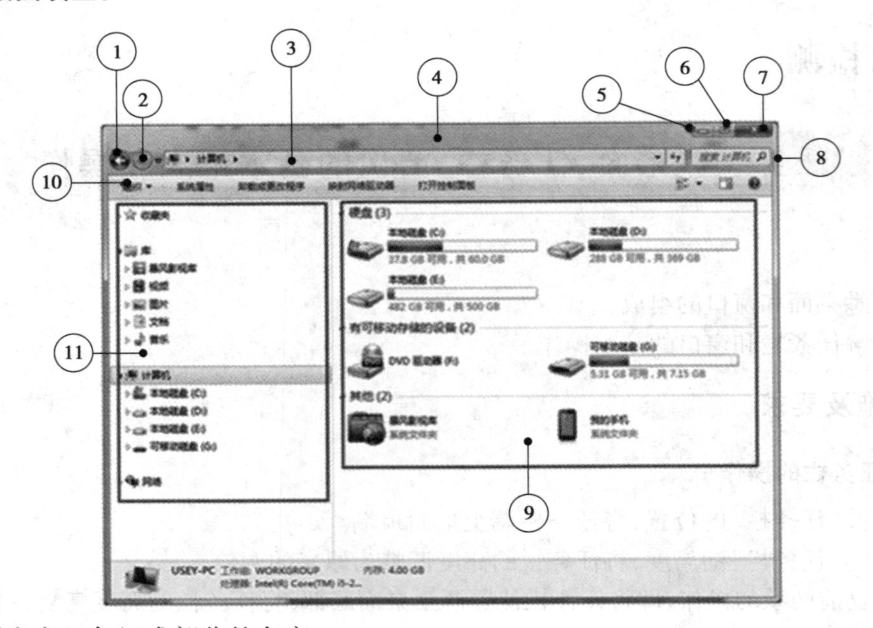

请写出窗口各组成部分的名字:

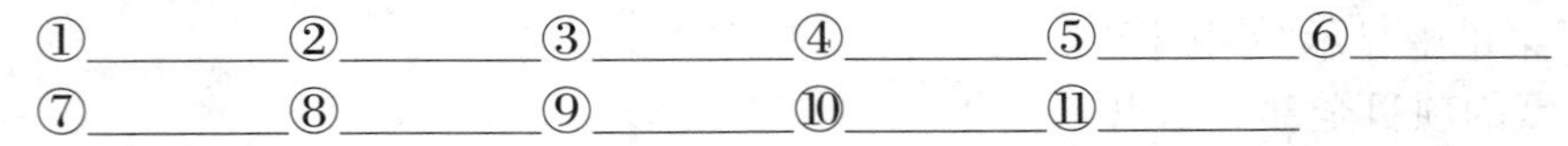

①________②________③________④________⑤________⑥________

⑦________⑧________⑨________⑩________⑪________

任务二　Windows 入门综合练习

学习目标

①熟悉桌面、任务栏、窗口等的组成;

②掌握任务栏和窗口的基本操作;

③熟悉菜单的种类和使用。

任务实施及要求

一、操作题

拷贝当前窗口:Alt+Print Screen

拷贝整个屏幕: Print Screen

1.隐藏任务栏右边的“小时钟”图标,设置窗口并截图。

2.设置“开始”按钮显示小图标,设置窗口并截图。

3.将桌面上的“计算机”快捷图标添加至“任务栏”,完成后将任务栏截图。

4.打开“计算机”的窗口，通过“边角”两个方向调整窗口大小(此题不需要拷屏)。

5.通过双击标题栏最大化“计算机”的窗口(此题不需要拷屏)。

6.通过双击标题栏还原“计算机”窗口(此题不需要拷屏)。

7.假如你的计算机任务栏上的声音按钮不见了，你怎么找出来，结果窗口截图。

8.假如你要更改你计算机屏幕的墙纸，比如将给定的图片作为你的桌面墙纸(自己在本机上找一张图片)，如何设置，设置窗口并截图。

9.如何查看本机显示器的分辨率，设置窗口并截图(选做)。

10.如何查看本机的 CPU、内存的信息，设置窗口并截图(选做)。

二、填空题

1.写出任务栏的基本组成。

①________②________③________④________⑤________

2.进入 Windows 桌面后，屏幕主要由图标、桌面和________组成。

3.假如我现在打开了很多个窗口，单击“显示桌面”的图标后，会发生什么变化？________________________

4.如果要打开一个窗口，可以________(双击、单击)桌面上的图标。

5.如果要拖动桌面上的图标，则要用鼠标指向这个图标，然后按住鼠标________(左、右)键，移动________到目标位置才放开。

6.我现在正在运行的这个 Word 文档是属于________(前台程序、后台程序)。

7.如果要关闭系统，则要单击________按钮，选中________，然后单击“确定”就可以了。

8.如果要让窗口缩小为任务栏上的一个按钮，可以单击窗口右上角的________[最小化、最大化(还原)、关闭]按钮，当窗口最大化时________(可以、不可以)移动窗口。

9.没有最大化的窗口________(可以、不可以)移动。当窗口不是最大化的情况下，用鼠标拖拉窗口的________(标题栏、菜单栏、工具栏)可以移动窗口。

10.要改变窗口的尺寸，可以拖动窗口的________；要按比例(高和宽)缩放窗口的尺寸大小，应拖动窗口的________(边框、边角)。

11.在桌面的任意位置右击鼠标，会出现________(下拉菜单、快捷菜单、子菜单)。

12.单击菜单栏上的菜单名会出现________(下拉菜单、快捷菜单、子菜单)。

13.在菜单的命令项后面如果有一个黑色的小箭头，则表示这个命令有________(下拉菜单、快捷菜单、子菜单)。

14.不管在什么菜单中，如果菜单命令颜色是灰色，则表示________(正在使用此菜单命令、当前不能使用此菜单命令、当前可以使用此菜单命令)。

15.要关闭菜单，可以在任意位置________鼠标。

16.菜单栏________(可以、不可以)移动。

17.用户暂时删除的文件放在________中。

18.在桌面空白处右击鼠标时，可以排列图标，在 Windows 中，图标可以按照文件的名称、修改时间、________、________四种方式排列。

19.通过桌面上的________图标可以上网浏览信息。

20.要在任务栏上显示“小图标”,可以在任务栏上的空白位置右击鼠标,选择________,然后单击________。

21.计算机系统由________系统和________系统组成。

22.软件系统又分为________软件和________软件,你正在使用的计算机操作系统是________。你知道的应用软件有________。

23.你知道的硬件设备有________。

24.最基本的存储容量单位是________,你使用的计算机的存储容量单位是________。

25.U 盘要接在计算机上使用的话,要通过主机箱面板上的________接口连接。

26.在下面的标记位置填写适当的内容。

(边框、菜单栏、标题栏、工具栏、搜索栏、导航窗格、最大化/最小化/关闭按钮、边角、边框、滚动条、状态栏、更改视图按钮、地址栏、工作区、任务窗格、按钮等)

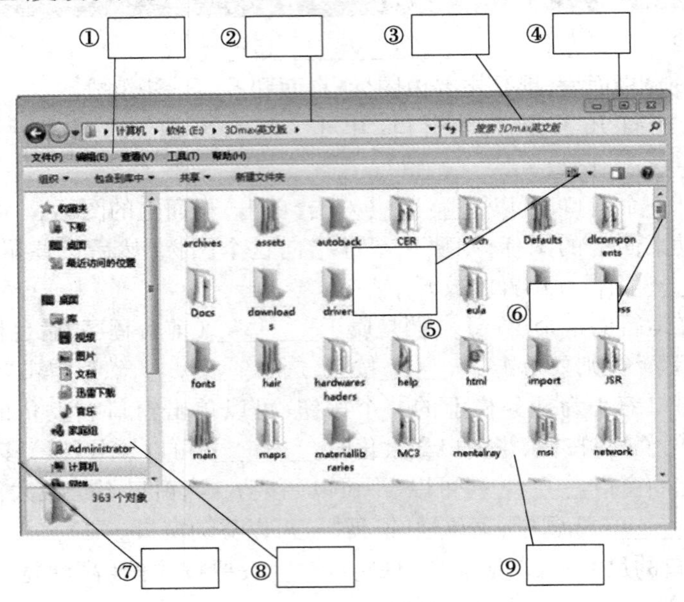

三、选择题

1.下列关于 Windwos 任务栏的叙述中,错误的是(　　)。

A.任务栏是为方便用户使用和管理同时启动的多个程序而设

B.任务栏上的每个按钮都代表一个已打开的程序或窗口

C.在任务栏上正在执行的程序所对应的按钮显示为按下状态

D.当打开多个窗口时任务栏功能在桌面上不可用

2.在 Windwos 环境下程序启动后其按钮出现在(　　)上。

A.工具栏　　B.任务栏　　C.标题栏　　D.开始菜单

3.Windwos 对窗口的操作中不包括(　　)。

A.窗口最大化　　B.窗口最小化　　C.窗口还原

D.窗口移动　　E.改变窗口方向　　F.改变窗口尺寸

4.下列项目不属于“开始”菜单的是(　　)。

A.回收站　　B.关闭计算机

C.搜索与运行等常用组件　　D.用户最近使用的部分应用程序

5.Windwos 菜单项(　　),表示具有下一层子菜单。

A.后面有省略号“…”　　B.左侧出现“✓”　　C.以灰色显示

D.有向右的黑色三角形　　E.右侧的字母组合键

6.在 Windwos 窗口构成中不包括(　　)。

A.标题栏　　B.菜单栏　　C.任务栏

D.工具栏　　E.滚动条　　F.工作区

7.Windwos 显示属性设置功能用于改变(　　)的桌面属性。

A.磁盘　　B.打印机　　C.键盘

D.显示器　　E.CD-ROM　　F.扫描仪

8.右击窗口标题栏,可以(　　)。

A.关闭该窗口　　B.最小化该窗口

C.最大化该窗口　　D.打开该窗口的控制菜单

9.命令菜单中,灰色的命令表示(　　)。

A.选中该命令将弹出对话框　　B.该命令正在起作用

C.该命令已经使用过　　D.该命令当前不能使用

10.双击窗口标题,可使窗口(　　)。

A.最大化或还原　　B.最小化　　C.关闭　　D.移动

11.Windows 中的桌面,指的是(　　)。

A.屏幕　　B.计算机台面　　C.每一个窗口　　D.我的计算机

12.当同时打开多个应用程序窗口时,可通过(　　)选择窗口。

A.按“Alt+F4”　　B.“开始”菜单　　C.任务栏　　D.工具栏

13.要更改桌面背景图案,通过(　　)来设置。

A.在“开始”菜单中选择“查找”

B.在“资源管理器”的“查看”菜单中选择“选项”

C.在“计算机”窗口的“文件”菜单中选择“属性”

D.在“控制面板”中双击“个性化”图标

14.对话框外形和窗口差不多,都(　　)。

A.有菜单栏　　B.有标题栏

C.有最大化、最小化按钮　　D.允许用户改变其大小

15.哪些窗口不能移动?(　　)

A.应用程序窗口　　B.文档窗口

C.已最大化的窗口

16.应用程序窗口被最小化后,该程序(　　)。

A.在后台运行　　B.被关闭

C.暂停运行　　D.仅在任务栏上显示程序名,以便重新启动

17.当无法通过单击窗口右上角关闭按钮来终止当前应用程序的运行时,可以(　　)。

A.双击该窗口的左上角图标

B.关闭计算机电源,再重新开机

C.按 Ctrl+Alt+Del 键,当出现任务列表时,选择该程序名称和“结束任务”按钮

D.最小化该窗口,然后重新启动该应用程序,并单击关闭按钮

项目小结

本项目主要讲解了 Windows 中基本元素的组成和使用,包括 Windows 启动后的界面、窗口、对话框、菜单等的组成及基本使用方法。要求能根据应用的需要熟练使用各种基本元素以便使用计算机。

项目二　Windows 文件管理

项目目标

- 了解文件及文件夹的概念,掌握几个基本术语;
- 熟悉并掌握文件和文件夹的基本操作;
- 学会用“计算机”和“资源管理器”管理文件和文件夹;
- 培养文件资料分类整理、存放的习惯;
- 了解“剪贴板”的基本知识;
- 了解 Windows 磁盘管理方法。

项目任务

任务一　资源管理器的操作
任务二　创建文件或文件夹的操作
任务三　文件或文件夹的选择、复制、移动、删除、重命名
任务四　查找文件或文件夹的操作

知识简述

一、资源管理器/计算机简述

1.资源管理器的定义

Windows 资源管理器是 Windows 操作系统提供的管理计算机硬件和软件资源的应用程序,可以把 Windows 资源管理器看作 Windows 操作系统的大管家,用户可以利用它很方便地完成对计算机的几乎所有操作。我们可以通过资源管理器查看计算机上的所有资源,能够清晰、直观地对计算机上所有的文件和文件夹进行管理。

2.计算机

在桌面上有一个“计算机”的系统图标,这是 Windows 提供的另外一个管理计算机硬件和软件资源的资源管理系统。

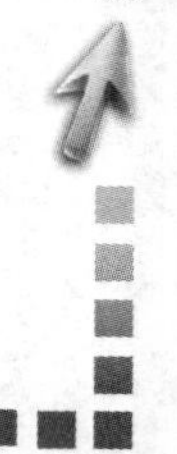

说明:“计算机”应用程序和 Windows 资源管理器的功能和操作方法基本相同,其实现的

所有操作完全可以轻松地用资源管理器来实现。

二、有关概念

Windows 中通过文件和文件夹对信息进行组织和管理。在计算机系统中，文件内可以存放文本、图像以及数据等信息。而硬盘则是存储文件的大容量存储设备，其中可以存储很多文件。同时为了便于管理文件，还可以把文件组织到目录和子目录中去。目录被认为是文件夹，而子目录则被认为是文件夹的子文件夹。

1.文件及其特性

文件是 Windows 中存取磁盘信息的基本单位，是存储在外存储器（如磁盘）上的相关信息的集合，这组信息可以是程序，也可以是文本、图片或一组数据、图像、音乐、动画等。这些信息最初是在内存中建立的，然后以用户给予的名称转存到磁盘上，以便长期保存。Windows 中正是通过文件的名字来对文件进行管理的。

文件的基本属性：文件名、类型、大小等。

（1）文件名

文件名用来标识每一个文件，实现“按名字存取”。

文件名格式为：〈主文件名〉[.〈扩展名〉]

其中：主文件名是必须有的，而扩展名是可选的，扩展名代表文件的类型。

例：Myfirstfile、My first file.DOC、My.first.file.DOC

Windows 7 操作系统中，文件的命名具有以下特征：

①支持长文件名；

②文件的名称中允许有空格；

③文件名的长度最多可达 255 个字符，命名时不区分大小写字母，用汉字命名，最多可以有 127 个汉字；

④不可以含有的字符：“？|　*　\　/　:　“ ”　<　>”；

⑤文件夹没有扩展名；

⑥可使用多个“.”，最后一个“.”后面的字符才是扩展名；

⑦同一个文件夹中的文件不能同名。

（2）文件类型

在 Windows 系统中，利用文件的扩展名识别文件是一种常用的重要方法，因为文件的种类是由文件的扩展名来标示的，即扩展名反映了文件的类型，常见的文件类型有：

- 应用程序　　.exe 或.com
- 文本文件　　.txt
- Word 文档文件　　.doc 或 .docx
- 网页文件　　.htm 或.html
- 系统文件　　.sys
- 图像文件　　.jpeg　.psd　.gif　.bmp　.png

2.文件夹和文件的位置

(1)文件夹

在 Windows 系统中,文件组织结构是分层次的,即树形结构(倒置的树)。

文件夹是文件和子文件夹的集合。文件夹相当于子目录,用于存放文件或更低一级的文件夹。好比一个公文包,里面可以直接放各种文件,也可以放较小的公文包,其结构为树型结构。

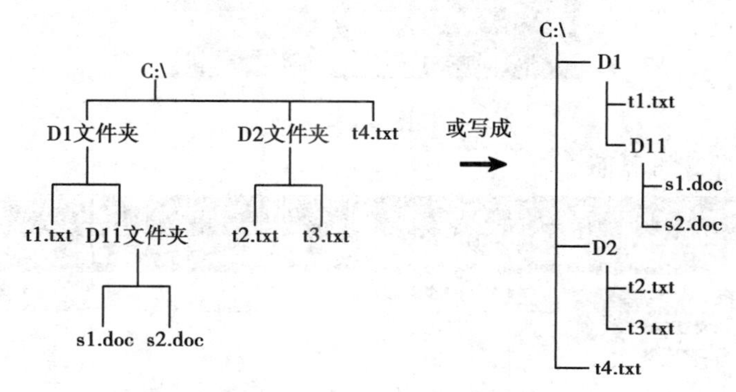

图 2-2-1

文件夹有广泛的含义,桌面、计算机、磁盘驱动器等也是文件夹。

(2)文件的位置(路径)

1)根目录

每一个磁盘都有一个主目录,称为根目录,一般用该盘的盘符加冒号和反斜杠组成。盘符就是常见的 C 盘、D 盘等代表磁盘或光盘驱动器的符号。如 D 盘的根目录就用 D:\表示。每个磁盘有一个根目录,如 C 盘根目录表示为:C:\。在同一位置(同一文件夹),不能有相同的文件名或文件夹名。

2)地址(或称路径)

文件或文件夹在磁盘中的存放位置用路径来描述,它包含了要找到指定文件所顺序经过的全部文件夹。如上面的“s1.doc”文件的存放位置为:C:\D1\D11\,“t4.txt”文件的存放位置为:C:\,“D11”文件夹的存放位置为:C:\D1。

(3)当前文件夹

当前文件夹又称缺省文件夹,即当前所在的文件夹,它是地址栏中最后出现的名字。单击地址栏的空白处可以查看当前文件或文件夹的路径。

三、启动资源管理器

几种常用的启动方法:

- 双击“计算机”或在任何位置直接双击文件夹或文件夹快捷方式图标。
- 单击“开始→所有程序→附件→Windows 资源管理器”。
- 右键单击“开始→打开 Windows 资源管理器”。

• 右键单击任务栏中的 Windows 资源管理器的图标，在展开的菜单中选择“Windows 资源管理器”。

图 2-2-2

资源管理器/计算机界面。

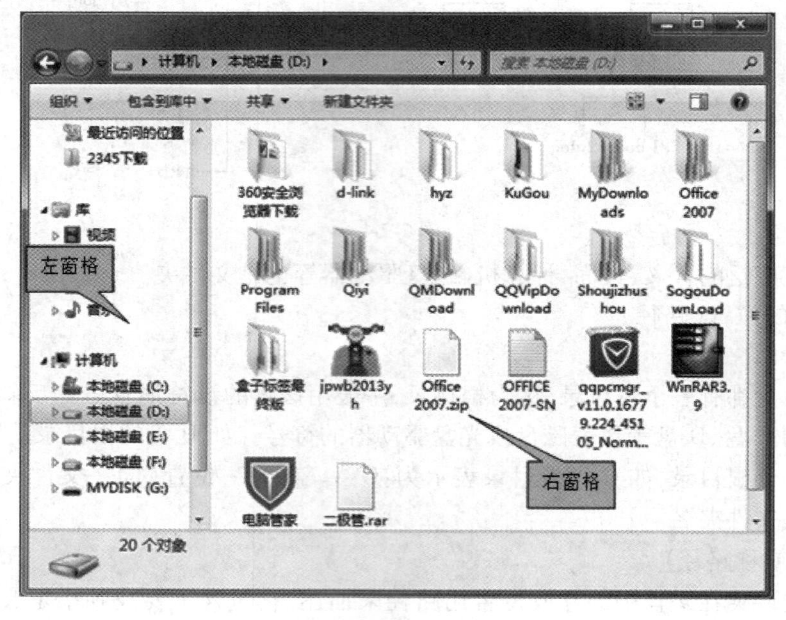

图 2-2-3

资源管理器工作窗口可分为左、右两个窗格，左侧的是列表区；右侧是“目录栏”窗格，用来显示当前文件夹下的子文件夹或文件目录列表。提示：左窗格中不能显示文件的名字。

在资源管理器窗口的地址栏中，不仅可以知道当前打开文件夹名称、路径，还可以在地址栏中输入本地硬盘的地址或网络地址，直接打开相应内容。

在地址栏中，可以看到路径，把鼠标移动到这个路径上后发现，整个路径中每一步都可以单独点击选中，其后的黑色右箭头点击后都可以打开一个子菜单，显示当前步骤按钮对应的文件夹内保存的所有子文件夹。

按 F10 键或 Alt 键，菜单栏便会显示在工具栏上，再次按下 Alt，则会将其关闭。也可以改变 Windows 7 的默认设置，永久显示菜单栏，具体操作步骤为依次点击工具栏中的“组织”“布局”，然后单击“菜单栏”。

四、剪贴板知识

剪贴板是一个在 Windows 程序和文件之间传递信息的临时存储区,位于内存中。

某些信息从一个程序“剪切”或“复制”下来时,它将存放在剪贴板区,通过“粘贴”命令可以将这些信息拷贝或者移动到另一位置。

图 2-2-4

1.剪贴板的特点

- 一次性(输入);
- 重复性(输出);
- 临时性。

2.将信息复制到剪贴板

- 复制整个屏幕到剪贴板:按 Print Screen;复制当前活动窗口到剪贴板:Alt+Print Screen;
- 将文件或文件夹复制到剪贴板:选定文件或文件夹,执行复制(剪切)命令;
- 复制文档中选定信息到剪贴板:选定内容,执行复制(剪切)命令。

3.快捷键操作

- 剪切:按 Ctrl+X 键;
- 复制:按 Ctrl+C 键;
- 粘贴:按 Ctrl+V 键。

五、使用“资源管理器/计算机”管理文件或文件夹

1.文件夹的展开和折叠

资源管理器窗口的左窗格(目录栏)中,可通过单击文件夹前面的控制符号来展开或折叠文件夹。

2.浏览文件或文件夹的方式

在需要设置文件或文件夹显示方式的路径下,在工作区空白处右击鼠标,在弹出的快捷菜单中选择“查看”菜单下的子菜单项,根据需要设置文件夹的显示方式,系统将自动以中等

图标的形式显示文件和文件夹。

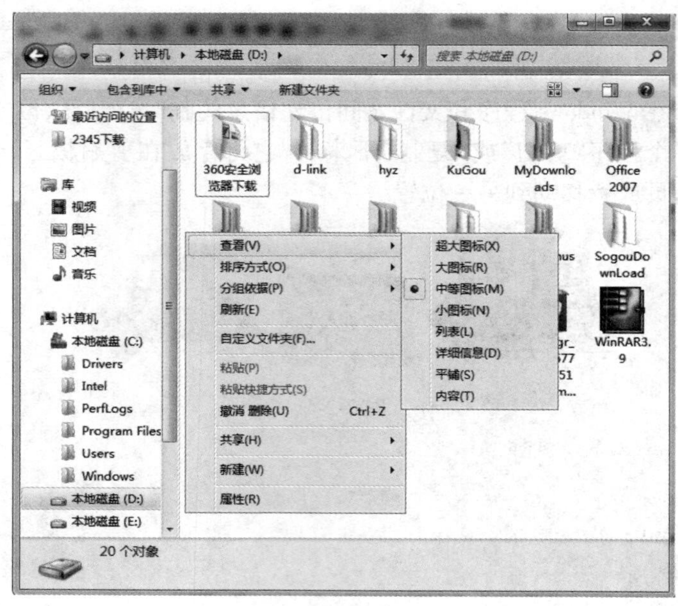

图 2-2-5

3.文件或文件夹的排序

在需要设置文件或文件夹排序方式的路径下，在工作区空白处右击鼠标，在弹出的快捷菜单中选择“排序方式”菜单下的子菜单项，根据需要设置文件或文件夹的排序方式。

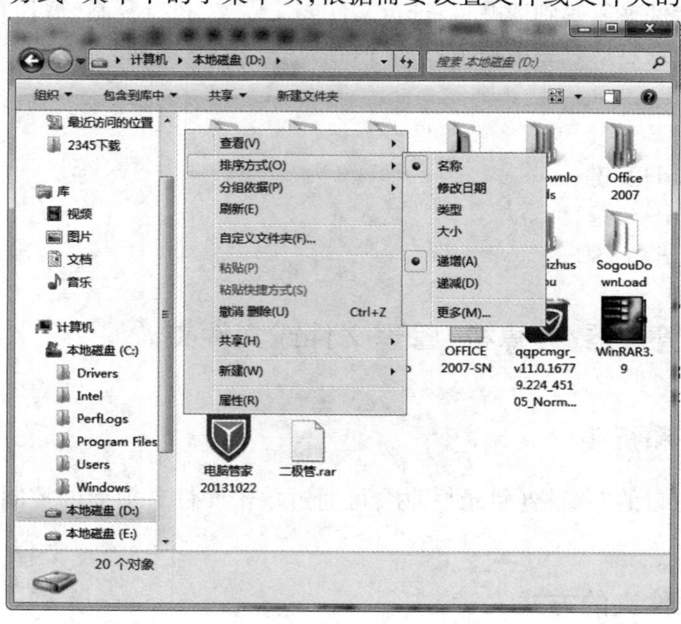

图 2-2-6

4.选定文件或文件夹

选择:对某个对象进行操作时,都需要事先明确操作对象,即“先选定后操作”。只是选择对象而已,没有对对象进行任何实质性的操作。

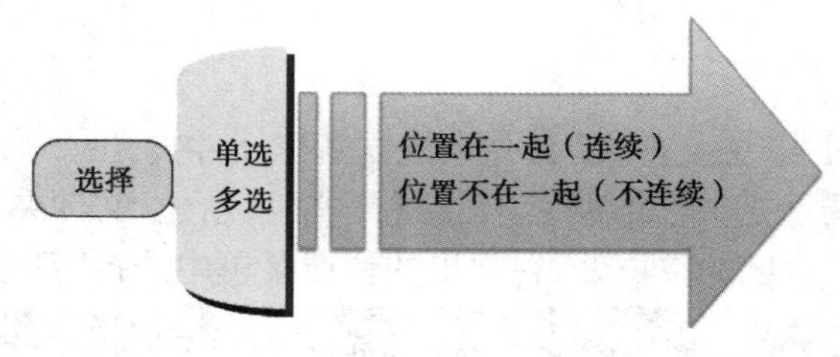

图 2-2-7

- 选择一个文件或文件夹:鼠标单击对象。
- 选定多个文件或文件夹的方法:

全部选定:单击“组织→全选”命令或按组合键“Ctrl+A”;

选定不连续分布的文件或文件夹:单击该区域第一个对象,再按住 Ctrl 键单击该区域的其他对象;

选定连续分布的文件或文件夹:单击该区域第一个对象,再按住 Shift 键单击该区域最后一个对象。

- 取消选定

取消选定一个:Ctrl+单击要取消项;

全部取消选定:单击其他任意地方。

试一试:打开“C:\WINDOWS”练习选择的操作。

①选择连续的 5 个文件。

②选择不连续的 5 个文件。

5.使用库访问文件和文件夹

整理文件时,无须从头开始。可以使用库来访问文件和文件夹并且可以采用不同的方式组织它们,库是 Windows 7 的一项新功能。

文档库	使用该库可组织和排列字处理文档、电子表格、演示文稿以及其他与文本有关的文件
图片库	使用该库可组织和排列数字图片,图片可从照相机、扫描仪或者从其他人的电子邮件中获取
音乐库	使用该库可组织和排列数字音乐,如从音频 CD 翻录或从 Internet 下载的歌曲
视频库	使用该库可组织和排列视频,例如取自数字相机、摄像机的剪辑,或者从 Internet 下载的视频文件

6.创建文件夹

(1)创建步骤

①确定创建目标位置:把要创建子文件夹的文件夹确定为当前文件夹。

②新建文件夹。

(2)创建方法

- 通过工具栏中的“新建文件夹”命令来建立新子文件夹。
- 单击“组织|布局”,选择“菜单栏”,再执行“文件|新建|文件夹”命令。
- 鼠标右击当前工作区的空白处,在弹出的快捷菜单中选择“新建|文件夹”命令。

图 2-2-8

例如:在D盘中创建如下结构的文件夹:

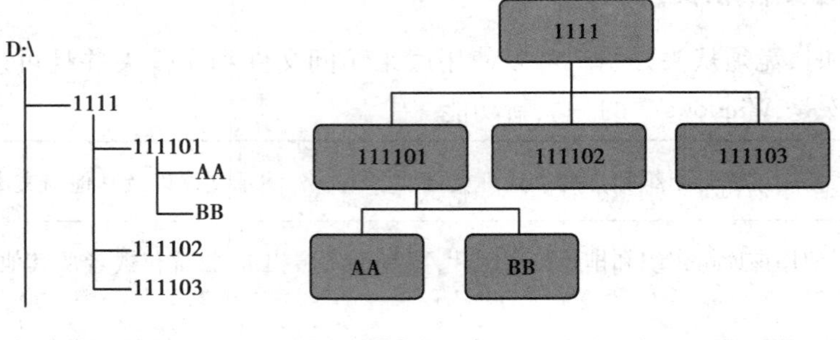

图 2-2-9

7.创建文件

(1)确定创建目标位置

把要创建文件的文件夹确定为当前文件夹,鼠标右击当前工作区的空白处,在弹出的快捷菜单中选择“新建”命令,在弹出的子菜单中选择要创建的文件类型。

（2）修改文件的名字（一般只修改文件的主名）

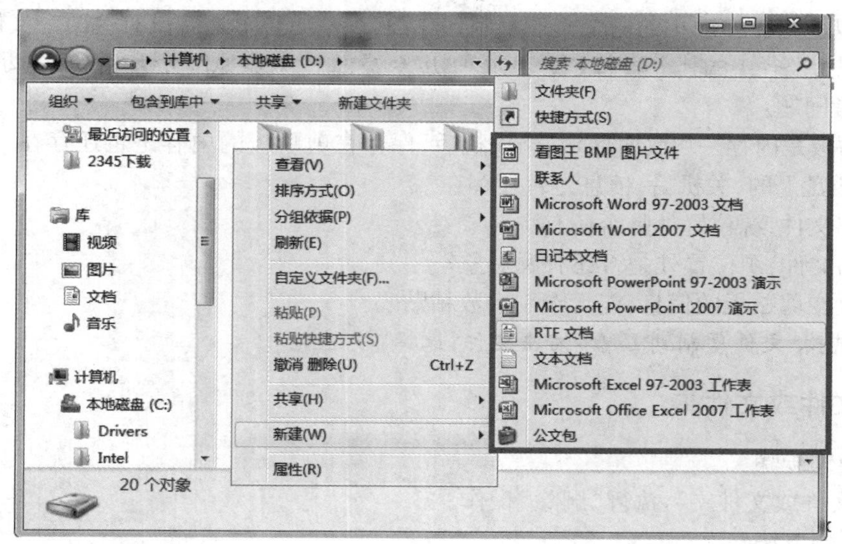

图 2-2-10

试一试：在 111103 文件夹中新建文本文件 11.txt，在 111102 文件夹中创建 Word 文档 22.docx。

8.重命名文件或文件夹

重命名文件或文件夹有 3 种常用方法：

- 右击要重命名的文件或文件夹，在弹出的快捷菜单中选择“重命名”命令。
- 选定要重命名的文件或文件夹，按 F2 键或单击名字部分。
- 选定要重命名的文件夹或文件，选择“组织”菜单中的“重命名”项。

例如：将文件夹 Word 改名为 Word11，将文件 22.docx 重命名为 22.txt。

9.移动、复制文件或文件夹

（1）复制（移动）步骤

选中对象→复制（剪切）→目标位置→粘贴命令。

（2）操作方法

- 使用菜单：选定需要复制（移动）的对象，然后单击“组织”下拉菜单中的“复制（剪切）”命令，找到目标位置，再执行“粘贴”命令。
- 鼠标右键：选定需要复制（移动）的对象，然后右击选定的对象，在弹出的快捷菜单中选择“复制（剪切）”命令，找到目标位置，再执行“粘贴”命令。
- 使用快捷键：选定需要复制（移动）的对象，按快捷键 Ctrl+C（Ctrl+X），找到目标位置，再按快捷键 Ctrl+V。

复制—粘贴：将文件的副本移到另一处，原来位置上仍然保留该文件。

剪切—粘贴：将文件从一处移到另一处，原来位置上不再保留该文件。

快捷键：复制快捷键：Ctrl+C，粘贴快捷键：Ctrl+V，剪切快捷键：Ctrl+X。

试一试:将路径“C:\WINDOWS\Temp”下的文件按从小到大的顺序排序。

①将以上路径中最小的两个文件复制到桌面,观察原位置还有没有这两个文件。

②将以上路径中的其中两个文件移动(剪切)到桌面上,观察原位置还有没有这两个文件。

③思考问题:

a.剪贴板是内存一块临时区域,当关机后,保存在剪贴板的内容是否还存在?如果信息是存储在磁盘上的,关机后,信息是否还存在?

b.复制文件,源位置处是否还有源对象?

c.移动文件,源位置处是否还有源对象?

d.存放在剪贴板的信息,能无限制次数粘贴吗?

试一试:把文件复制到U盘:右击文件,选择“发送到”。

10.删除文件或文件夹

(1)操作步骤

选定文件或文件夹→执行“删除”操作。

(2)操作方法

- 使用菜单:选定需要删除的对象,然后单击“组织”下拉菜单中的“删除”命令。
- 鼠标右键:选定需要删除的对象,然后右击选定的对象,在弹出的快捷菜单中选择“删除”命令。
- Del键:选定需要删除的对象,然后按键盘上的Delete键或Del键。
- 直接拖放至回收站:选定需要删除的对象,然后将选定的对象直接拖到回收站。

说明:这几种删除方法,并没有真正地删除这些对象,只是将它们从所在位置转移到回收站中。若要真正从磁盘上删除,可以执行彻底删除操作。

(3)彻底删除

- 选定要删除的对象,执行删除命令,然后在回收站再次选定该对象,再执行删除命令。
- 选定要删除的对象,同时按住Shift键和Delete键,则直接将选定对象彻底删除。
- 打开回收站,执行“清空回收站”命令,可以彻底删除回收站里的所有对象。

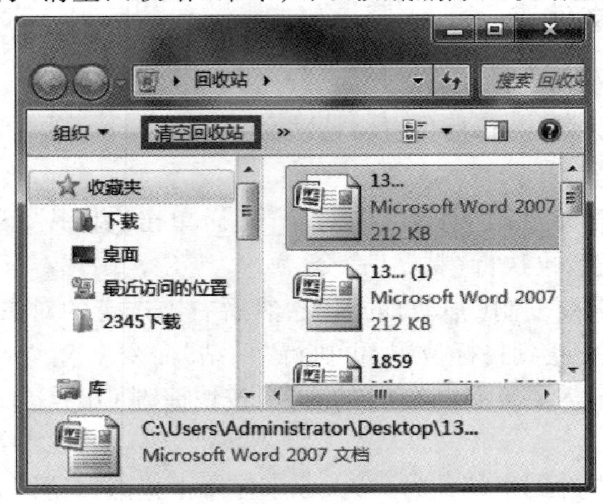

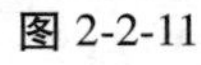
图 2-2-11

(4)恢复回收站里的对象

若回收站里的对象要恢复使用,可以恢复到原来删除的位置(还原),也可以恢复到其他位置(剪切)。

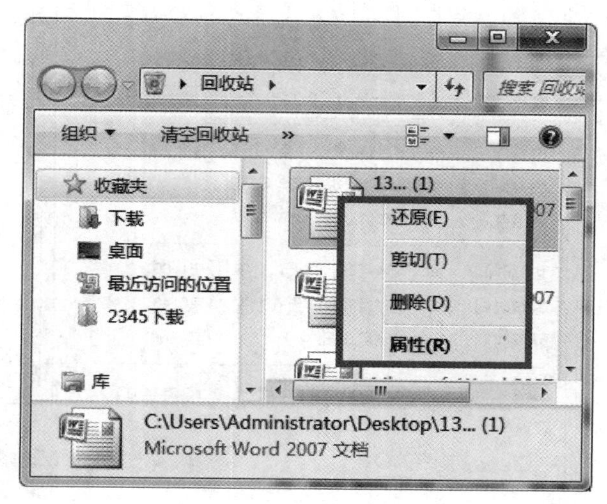

图 2-2-12

试一试:

①删除文件 22.txt,查看回收站中有没有该文件。

②从回收站中恢复文件 22.txt。

③彻底删除文件 22.txt,查看回收站中有没有该文件。

提问:删除 U 盘的文件有没有经过回收站?

11.查看和设置文件或文件夹属性

①查看文件或文件夹的属性,有两种常用方法:

- 选定要查看的文件或文件夹,再选择“组织”下拉菜单中的“属性”命令。
- 右击要查看的文件或文件夹,在弹出的快捷菜单中选择“属性”命令。

②通过文件属性可以了解文件的类型、打开方式、存储位置、大小、创建时间、修改时间、访问时间等。

③用户可以设置的文件属性有:只读、存档、隐藏。

- 只读属性:文件只能读出,不能写入。
- 隐藏属性:文件的文件名不显示,用户要知道文件名才能使用文件。
- 存档属性:一般的可读写文件,普通文件基本上都是存档文件,在进行文件定期备份时很有用处。

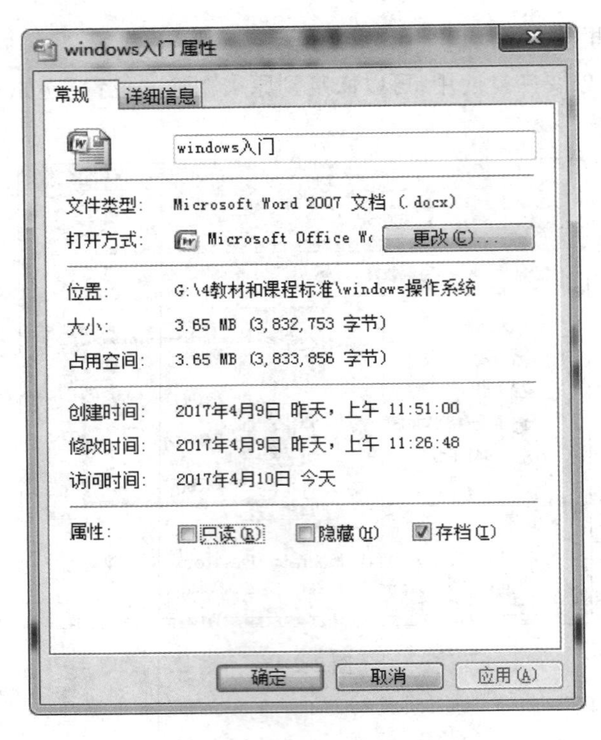

图 2-2-13

④文件夹属性如下：

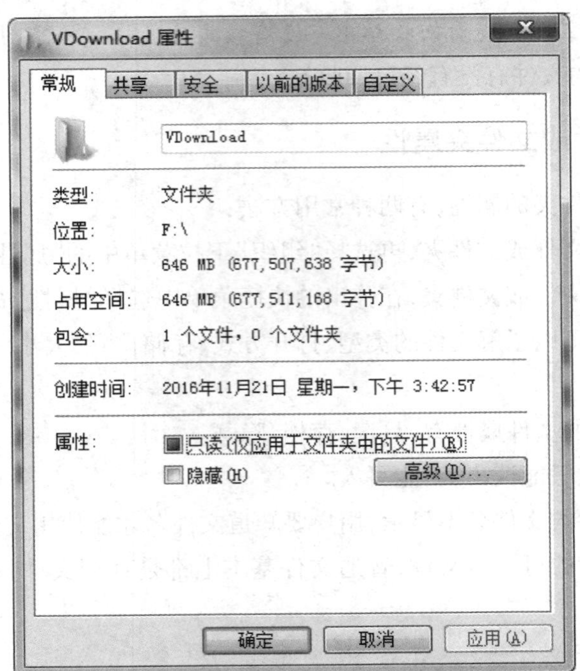

图 2-2-14

试一试：

查看文件“11.txt”的属性，回答下面的问题：

①文件“11.txt”的大小是________，文件的创建时间是________，文件的存储位置是______________________________。

利用________可以打开文件 11.txt，文件的类型是________。

②将文档 11.txt 设置为“隐藏”，观察文件的图标有什么变化。

12.查找文件和文件夹

磁盘上存放了大量的文件和文件夹，当记不清某个文件或某类文件的名称或存放位置时，可使用 Windows 的“搜索”功能帮助查找。

搜索功能可以在“开始”菜单当中直接进行，不过这样的搜索是对所有的索引文件进行检索，而那些没有加入索引当中的文件，则是无法搜索到的。

方法 1：单击开始→搜索框中输入搜索内容，必要时单击“查看更多结果”，可以设置查找位置。

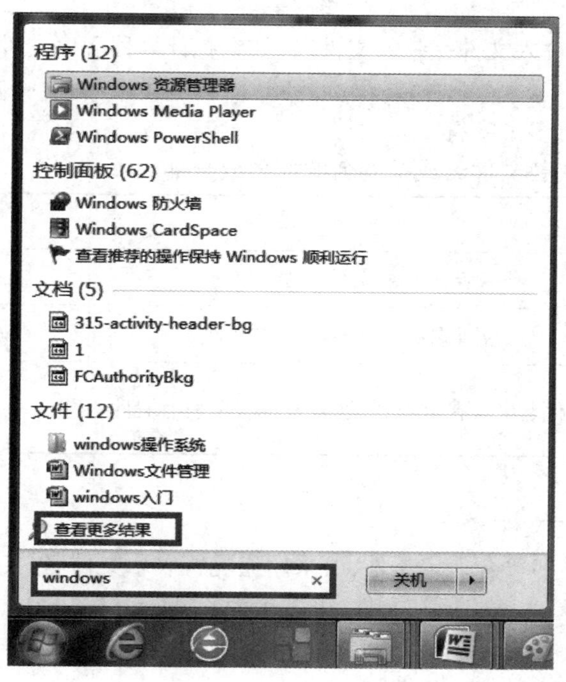

图 2-2-15

如果已经知道自己要搜索的文件所在的目录，则可以缩小搜索的范围，访问文件所在的目录，然后通过文件夹窗口当中的搜索框来完成。

方法 2：打开要搜索的位置，在搜索栏中输入搜索内容。

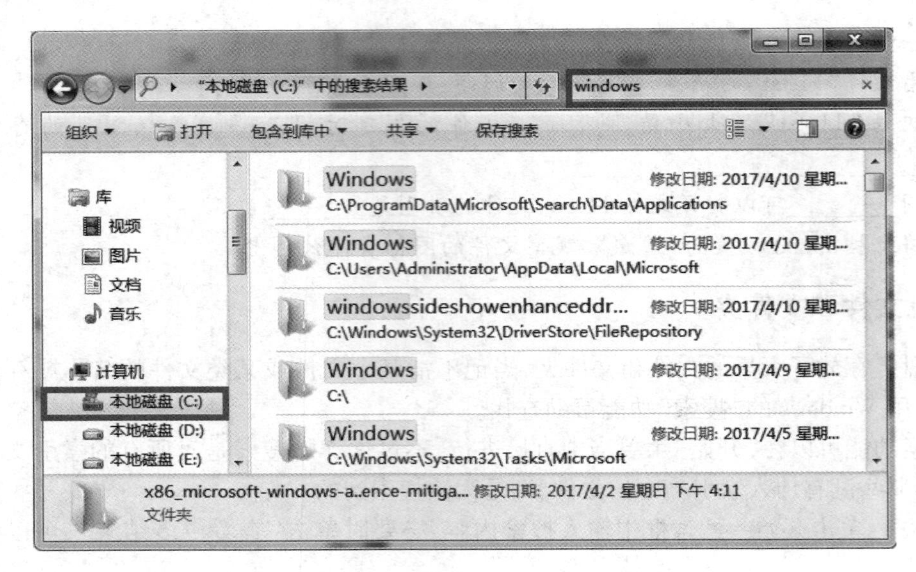

图 2-2-16

• 查找具体文件,输入文件完整的文件名,如查找计算器程序文件"calc.exe"。

• 文件名通配符

①＊——代表任意多个字符。

②可以用通配符代替文件名或扩展名的部分或全部。

通配符	意　义	例　子
＊.txt	所有扩展名为.txt 的文件	test.txt, jsj001.txt
book.＊	文件名中含有 book 所有文件	book.txt,book.wri
1641＊.docx	文件名中含有 1641,扩展名为 docx 的所有文件	164101.docx 164108.docx

• 查找某种特性的文件

①特性 1——文件名符合一定条件,可采用通配符表示文件名:

◇扩展名为".docx"".exe"所有文件:可表示为＊.docx, ＊.exe。

◇文件名中含 abc 三个字符的所有文件:可表示为 abc、abc＊或＊abc＊。

②特性 2——指定文件修改日期:

◇昨天修改过的文件。

◇指定日期修改过的文件。

③特性 3——文件大小符合指定要求(字节数):

◇小文件。

◇大文件。

• "搜索"命令使用时的注意事项。

①搜索文件时,可以使用文件名的通配符"＊";

②“搜索范围”要选择好；

③搜索高级选项：修改日期、文件大小等；

④在资源管理器窗口选择“组织→文件夹和搜索选项”，打开“文件夹选项”设置对话框，在“搜索”选项卡中可对“搜索内容”“搜索方式”等进行适当的修改。

试一试：

假定在当前磁盘上有下列文件：

AA1.EXE	AA1.FOR	AA1.OBJ	FL123.LIB
AA123.FOR	AB123.BAS	ALM123.LIB	BL12.BAS

使用通配符所能操作的文件：

AA＊.FOR	
AA＊.＊	
＊.BAS	

13.设置文件或文件夹的查看方式

在资源管理器窗口选择“组织→文件夹和搜索选项”，打开“文件夹选项”设置对话框，在“查看”选项卡中可对文件和文件夹进行高级设置，如隐藏文件和文件夹、隐藏已知文件类型的扩展名、隐藏受保护的操作系统文件。

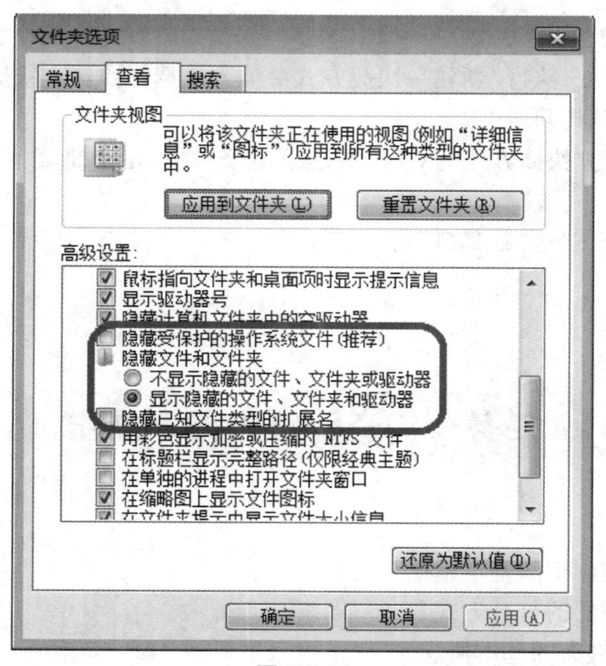

图 2-2-17

14.建立快捷方式

快捷方式是一种相应对象的链接，以图标形式表示，打开快捷方式便能打开相应的链接对象。删除快捷方式图标，是不会影响到相应链接对象的。

(1)建立快捷方式

确定需要建立快捷方式的位置，右击空白处，执行“新建→快捷方式→输入或选择要建立快捷方式的对象→输入新建快捷方式的名字”即可。

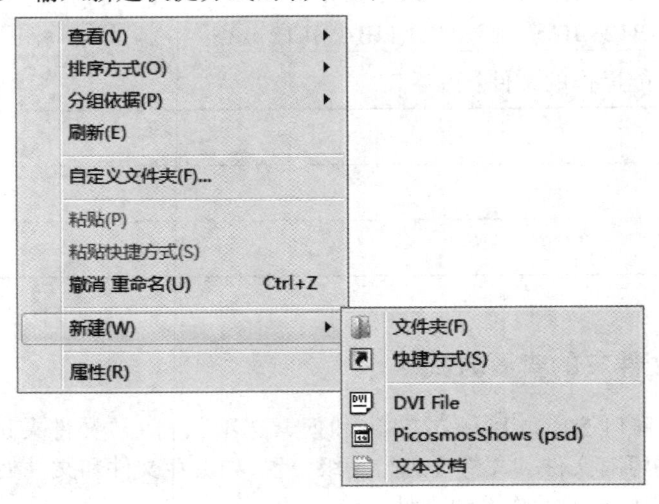

图 2-2-18

(2)在桌面上创建快捷方式

- 右击桌面空白处，执行“新建→快捷方式→输入或选择要建立快捷方式的对象→输入新建快捷方式的名字”即可。
- 先找到需要建立快捷方式的对象，右键单击该对象，在快捷菜单中选择“发送到→桌面快捷方式”即可。

试一试：在桌面上创建“计算器”的快捷方式。

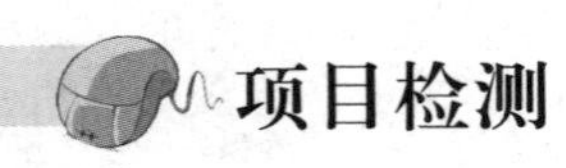

项目检测

任务一　资源管理器的操作

学习目标

①熟悉资源管理器中的基本术语；
②学会资源管理器的打开方式；
③理解文件、文件夹的基本概念。

任务实施及要求

一、填空题

1.在 Windows 中,可以启动多个应用程序窗口,这是 Windows 的________。

2.在 Windows 中,可以启动多个应用程序窗口,这些打开的窗口________活动窗口。

3.对话框窗口________菜单栏。________改变窗口的大小,对话框窗口________移动。

4.弹出对象的快捷菜单操作,指向________(选定)对象,________鼠标。

二、选择题

1.下列属于文件的是( ),属于文件夹的是( ),属于根目录的是( )。

A. 销售技巧　　B. 分层.xls　　C. document (D:)　　D. 清除学生个人文件.bat

E. 作业汇总　　F. 本地磁盘 (F:)

2.下面可以作为文件名的有( )。

A.678　　B.作业.DOC　　C.作业 abc.123

D.ABC * W.EXE　　E.SDF/D　　F.YYTT?.SYS

3.打开资源管理器的方法有( )。

A.双击"计算机"或文件夹

B.右击"计算机"选择"资源管理器"

C.右击"开始"按钮选择"Windows 资源管理器"

D.右击某个文件夹选择"资源管理器"

E.单击"开始→所有程序→附件→Windows 资源管理器"

4.在"资源管理器"的左窗格(目录树区)中,如果文件夹图标的前面有"+"号,则表示该文件夹( )。

A.不含有下级子文件夹　　B.不含有文件

C.含有下级子文件夹,并且已展开　　D.含有下级子文件夹,但没有展开

5.在"计算机"窗口中,如果想要查看文件的名称、类型、大小、修改时间等属性时,应选择( )显示格式。

A.大图标　　B.小图标　　C.列表　　D.详细信息

6.在 Windows 资源管理器中,以下叙述正确的是( )。

A.单击+方框可以打开文件夹　　B.单击-方框可以展开文件

C.打开文件夹和展开文件夹是不同的操作　　D.打开文件夹和展开文件夹是相同的操作

三、问答题

参考图 2-2-19，回答下列问题：

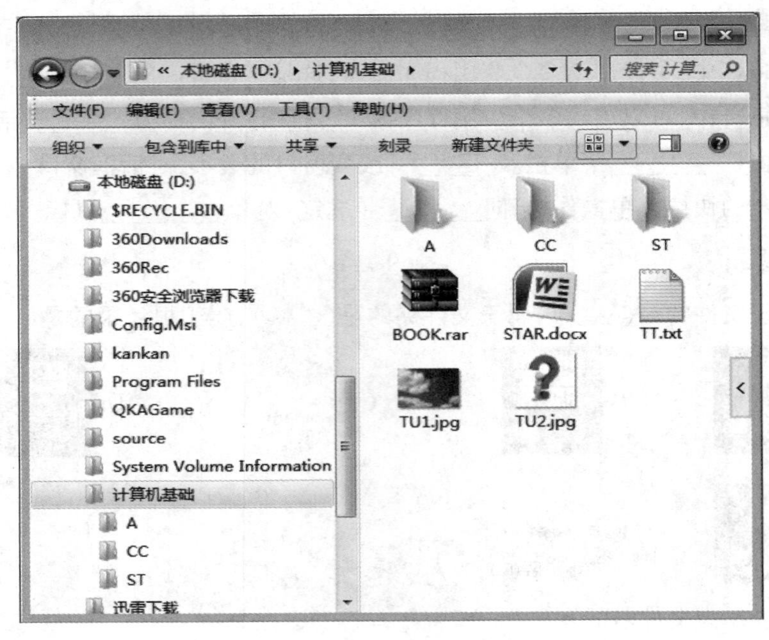

图 2-2-19

（1）文本文件“TT.txt”路径是________。

（2）当前文件夹是________。

（3）图中当前文件夹中，有________个文件夹，有________个文件，有________个图片文件。

任务二　创建文件或文件夹的操作

学习目标

①熟悉文件管理过程中相关工具的使用；

②理解树型目录结构；

③学会创建文件和文件夹。

任务实施及要求

一、填空题

参考图 2-2-20，回答下列问题：

1.在图 2-2-20 中，当前文件夹是________ ，其中属于文件夹的是________。

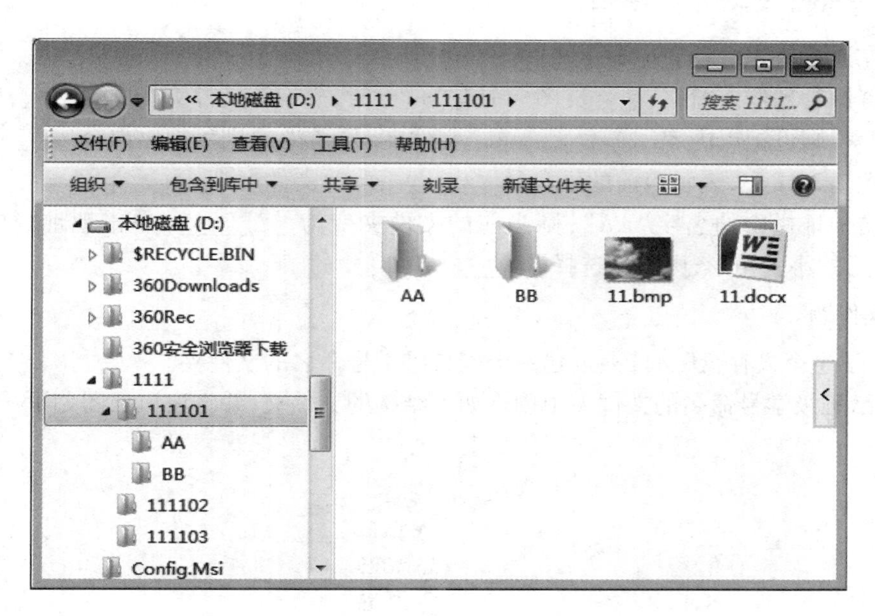

图 2-2-20

2.文件 11.bmp 文件主名是________,文件扩展名是________。

3.下列属于合法的文件名是(　　)。

A.123　　B.11?.BMP　　C.DD * LL　　D.677>90.TXT

二、问答题

参考图 2-2-21,回答下列问题:

图 2-2-21

1.图 2-2-21 是资源管理器窗口界面,可单击________,查看当前的路径。

2.利用“查看”菜单中的________命令,可以实现右窗格查看文件效果。

3.在左边窗格中________显示文件。

4.在资源管理器左窗格,文件夹图标前有“+”号时,表示该文件夹中________,单击文件夹图标前“+”则可把以内容________。单击文件夹图标前“-”则可把以内容________。

5.在图 2-2-21 中,表示当前的磁盘是________;当前文件夹是________。

6.单击地址栏中的名字“AA”,则当前的文件夹变为________。单击地址栏中的名字“计算机”后的小三角形,则可以选择________。

三、操作题

1.在“学生个人存盘”文件夹创建一个以自己学号命名的文件夹。

在自己班级学号命名的文件夹中创建如下结构的文件夹,并将窗口截图如下:

图 2-2-22

2.在以自己学号命名的文件夹中创建两个子文件夹,分别命名为 WORD 和 EXCEL。

3.在以自己学号命名的文件夹下新建一个文本文件,文件名为 11.txt。

4.在以自己学号命名的文件夹下新建一个 WORD 文档文件,文件名为 22.doc。

5.用“详细资料”的方式查看 C:\WINDOWS\TEMP 目录下的内容,窗口截图。

6.将本文档保存到“学生个人存盘”自己班级学号命名的文件夹中,文件以自己的名字命名。

任务三　文件或文件夹的选择、复制、移动、删除、重命名

学习目标

①能根据需要选择操作的文件和文件夹;

②掌握对文件进行复制、移动、删除、重命名的多种方法;

③学会查看文件的属性,并理解其含义。

任务实施及要求

一、操作题

1.创建文件和文件夹的操作

(1)在“学生个人存盘”中新建一个以自己班级学号命名的文件夹。

（2）在自己班级学号命名的文件夹中创建如下结构的文件夹。

图 2-2-23

说明：不太理解上面表达结构的同学，可以按下列要求做：

①在自己班级学号命名的文件夹创建三个文件夹，分别命名为：GAME、mydoc、音乐；

②在“mydoc”文件夹中创建三个文件夹，分别命名为：TXT、WORD、其他。

（3）在“WORD”文件夹中新建文本文档“22.TXT”。

（4）在“TXT”文件夹中新建文本文档“11.TXT”。

2.选择文件和文件夹

打开“C:\WINDOWS”练习选择的操作。

（1）选择连续的 5 个文件，将窗口截图如下：（Shift）

（2）选择不连续的 5 个文件，将窗口截图如下：（Ctrl）

3.复制、剪切、粘贴

将路径“C:\WINDOWS\Temp”下的文件以从小到大的顺序排序。

（1）将以上路径中的其中任意两个文件复制到桌面，观察原位置还有没有这两个文件。

（2）将以上路径中的最小的两个文件移动（剪切）到桌面上的“其他”文件夹中，观察原位置还有没有这两个文件。

（3）将文件夹“音乐”移到文件夹“GAME”中。

4.重命名、删除文件和文件夹

（1）将文件夹 WORD 改名为 WORD11，将文件 22.TXT 重命名为 22.DOC。

（2）删除文件 22.DOC，查看回收站中有没有该文件。

（3）从回收站中恢复文件 22.DOC。

（4）彻底删除文件 22.DOC，查看回收站中有没有该文件。

5.查看文件属性

查看文件“11.TXT”的属性，将窗口截图如下，回答下面的问题：

（1）文件“11.TXT”的大小是（　　　），文件的创建时间是（　　　），文件的存储位置是（　　）。利用（　　）可以打开文件 11.TXT，文件的类型是（　　）。

（2）将文档 11.TXT 设置为“隐藏”，观察文件的图标有什么变化。

二、填空题

1.要选择连续的几个文件或文件夹，可以按住________（Ctrl，Alt，Shift）键的同时，用鼠

标单击文件或文件夹。

2.要选择不连续的几个文件或文件夹，可以按住________(Ctrl,Alt,Shift)键的同时，用鼠标单击文件或文件夹。

3.将选定文件复制，使用键盘操作时，可按________(Ctrl+C,Ctrl+V,Ctrl+X)。

4.将选定文件剪切，使用键盘操作时，可按________(Ctrl+C,Ctrl+V,Ctrl+X)。

5.将在剪切板上信息粘贴到目标文件夹，可按________(Ctrl+C,Ctrl+V,Ctrl+X)。

6.把硬盘中的一个文件拖到“回收站”，则________(删除该文件且不能恢复，删除该文件但可恢复)

7.如果误操作(删除、移动)，应立即执行菜单“编辑”中的________(复制、还原、撤销)命令，可取消上一步操作。

任务四　查找文件或文件夹的操作

学习目标

①熟悉进入查找功能的方法；

②理解通配符的作用，并能根据搜索要求使用通配符；

③能根据搜索需要设置相关信息。

任务实施及要求

1.将桌面上“学生公共盘”文件夹中的“文件管理4素材”文件夹复制到“学生个人存盘”文件夹中，并以“自己学号”重新命名文件夹。

2.在以“自己学号”命名的文件夹中创建一个子文件夹，命名为KK。

3.将TA文件夹中的“msp.exe”文件删除。

4.将TB文件夹中的“cmd.exe”文件移动到TA文件夹中。

5.将文件夹KK设置为隐藏，并设置该文件夹隐藏后看不见，设置窗口并截图。

6.设置不显示文件的扩展名，设置窗口并截图。

7.在“YY”文件夹中，查找文件“calc.exe”，并将此文件复制到“TA”文件夹中。设置窗口并截图。

8.在“YY”文件夹中(含子文件夹)查找文件名中包含“R”的所有文件，后面只跟有一个字符的所有文件，复制到“TA”文件夹中。设置窗口并截图。

9.在“YY”文件夹中(含子文件夹)，查找以“D”开头所有文件，复制到“TA”文件夹中。设置窗口并截图。

10.在“YY”文件夹中(含子文件夹)，查找扩展名为“abc”的所有文件，将其移动到“TB”文件夹中。设置窗口并截图。

11.在“YY”文件夹中,查找所有修改时间为“2016 年 10 月 10 日至 2016 年 10 月 15 日”的文件,将其移动到文件夹“TB”中。设置窗口并截图。

12.(选做题)在“YY”文件夹中,查找修改时间为“2016-10-3”, 扩展名为“DOC”的所有文件,将其移动到“TC”文件夹中。设置窗口并截图。

项目小结

本项目主要讲解了 Windows 中文件及文件夹管理的方法,包括新建文件或文件夹、选定文件或文件夹、文件或文件夹的复制/移动/删除/查找/改名、文件或文件夹的属性查看和设置等,要求能根据应用的需要合理管理文件或文件夹。

项目三　系统的配置（控制面板）

项目目标

- 了解控制面板的常用功能；
- 熟悉设置显示器、声音、输入法等属性；
- 学会查看系统设备是否正常工作；
- 学会对磁盘进行管理；
- 掌握安装常用应用软件。

项目任务

任务一　控制面板的使用
任务二　压缩软件的使用

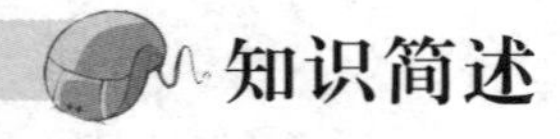

知识简述

一、控制面板的使用

在 Windows 系统中，工作环境可以根据用户的需要进行个性化设置。这些设置主要集中在“控制面板”窗口中，控制面板是对系统进行设置的一个工具集，汇集有操作系统的硬件和软件的设置工具，方便安装和设置硬件、安装和卸载应用程序软件。如可以对显示器、键盘、鼠标、桌面等进行各种设置，以便更有效地使用它们。

1.“控制面板”的启动方法

- 单击“开始”→“控制面板”。
- 右键单击“计算机”→“控制面板”。
- 右键单击“计算机”→“属性”→地址栏中单击“控制面板”。

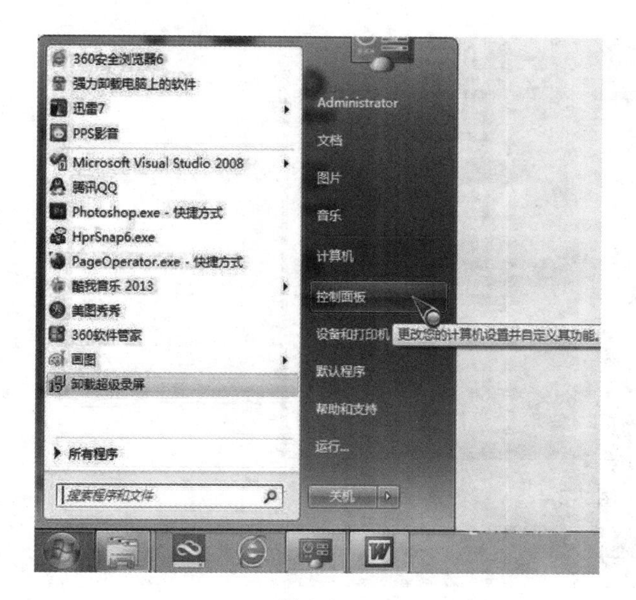

图 2-3-1

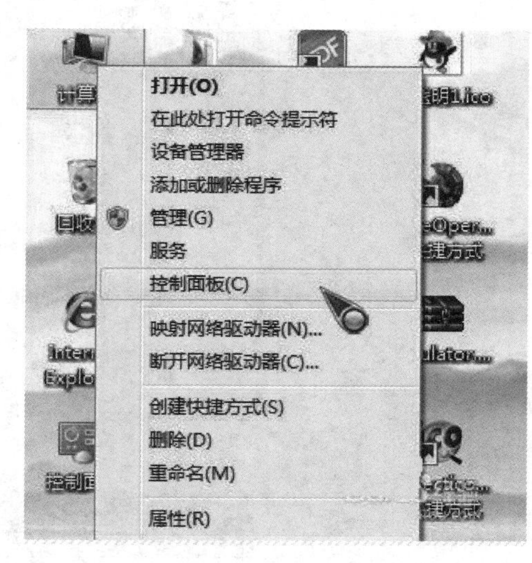

图 2-3-2

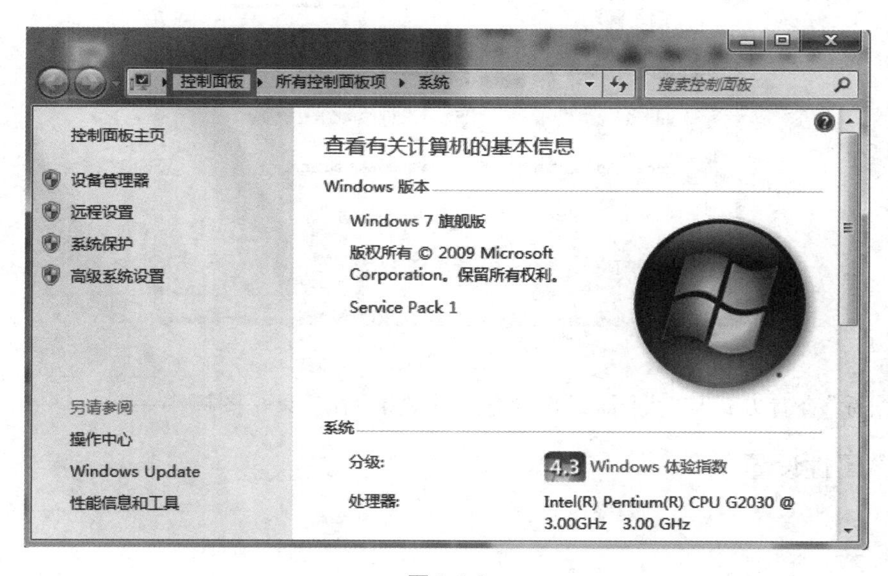

图 2-3-3

2.控制面板操作界面

对于 Windows 操作系统,当打开控制面板,可显示 3 种查看方式,分别为“分类”查看方式、“大图标”查看方式和“小图标”查看方式。

- 分类查看方式:控制面板中部分具有相似作用的对象被归类为一类放置。这是控制面板的默认查看模式。
- 大(小)图标查看方式:控制面板中所包含的对象均显示出来。

图 2-3-4

图 2-3-5

"小图标"查看方式与"大图标"查看方式的效果相似,只是图标小一些。

3."系统"属性设置

思考

假如你想大致了解自己的计算机的基本配置或者了解硬件设备工作是否正常,你会如何操作?

"系统"项可以查看计算机的相关属性,主要包括当前所使用操作系统版本、用户名、注册号、CPU、内存以及计算机中所使用的硬件设备。

(1)方法

- 打开"控制面板"→双击 "系统"图标。
- 右键单击桌面上的"计算机"图标,选择"属性"命令。

(2)操作

①查看安装的操作系统版本、CPU 型号、主频、内存容量等信息；

②查看计算机名；

③查看系统设备；

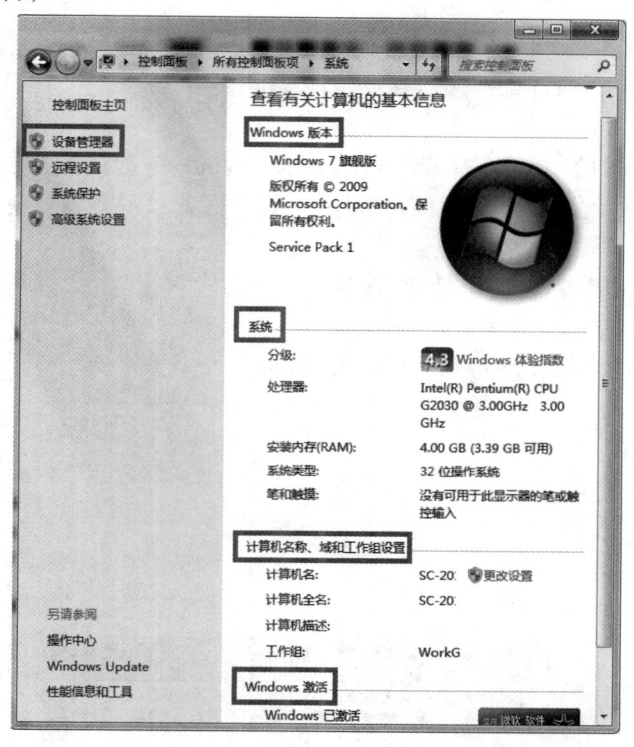

图 2-3-6

④通过“设备管理器”,可以查看计算机各设备的工作状态。

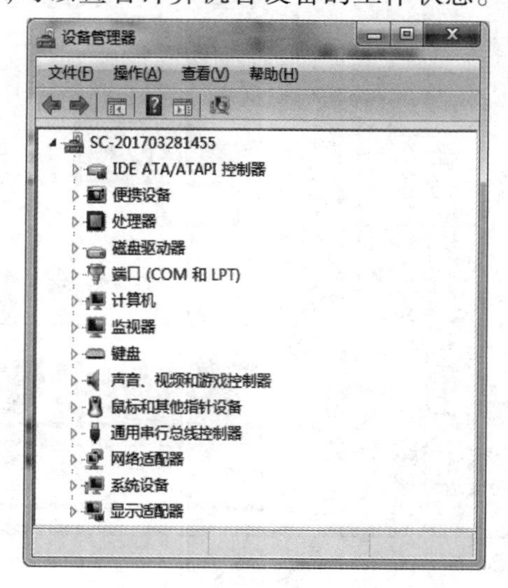

图 2-3-7

4."显示"属性设置

思考

如何修改计算机桌面的背景？如何查看显示器的分辨率？

用户对 Windows 的工作环境有着不同的要求。Windows 允许用户自己定制工作环境，包括设置显示器的显示分辨率、屏幕保护程序、设置桌面背景图案和外观等。

(1)方法

- 打开"控制面板"→双击"个性化"图标。
- 打开"控制面板"→双击"显示"图标。
- 右击"桌面"的空白地方,选择"个性化"命令。

(2)操作

①设置桌面背景；

②设置屏幕保护程序；

③设置桌面的外观；

④设置显示器分辨率；

⑤设置显示器刷新率。

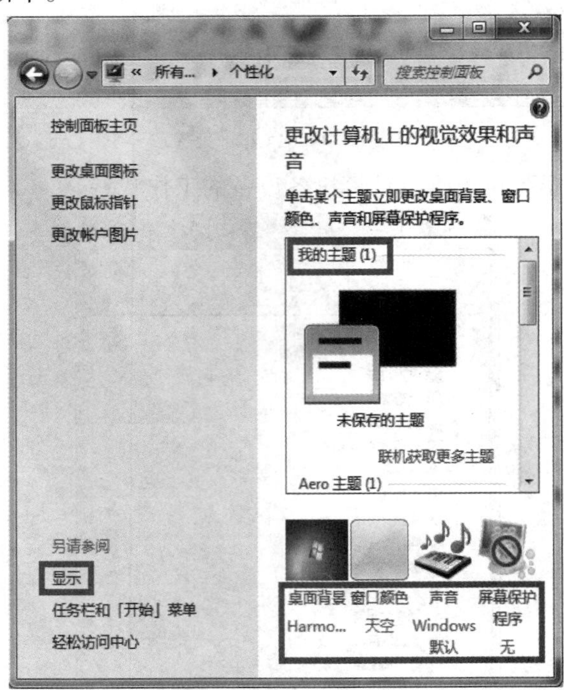

图 2-3-8

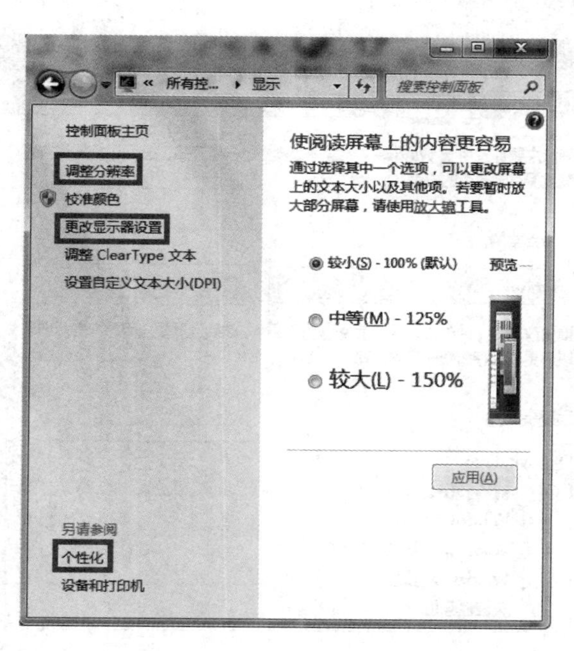

图 2-3-9

5.声音和音频设备

思考

如果要修改计算机启动的声音,怎么设置?如果任务栏上的“音量”指示器不见了,怎么办?

(1)方法

- 打开“控制面板”→单击“声音”图标→单击“声音”标签。
- 右击“桌面”空白地方,选择“个性化”命令,单击“声音”命令。

(2)设置“音量”指示器

右击“任务栏”的空白地方,选择“属性”命令,单击“自定义”按钮,单击“打开或关闭系统图标”。

(3)操作

①显示/隐藏“音量”指示器;

②更改系统声音,或者设置在特定事件发生时播放的特效声音;

③显示安装在计算机上的音频设备,并允许他们被用户配置。

6.区域和语言选项

(1)方法

- 打开“控制面板”→单击“区域和语言”图标→单击“键盘和语言”标签→单击“更改键盘”按钮,打开“文本服务和输入语言”对话框→单击“语言栏”标签,可以设置“输入法”指示器。

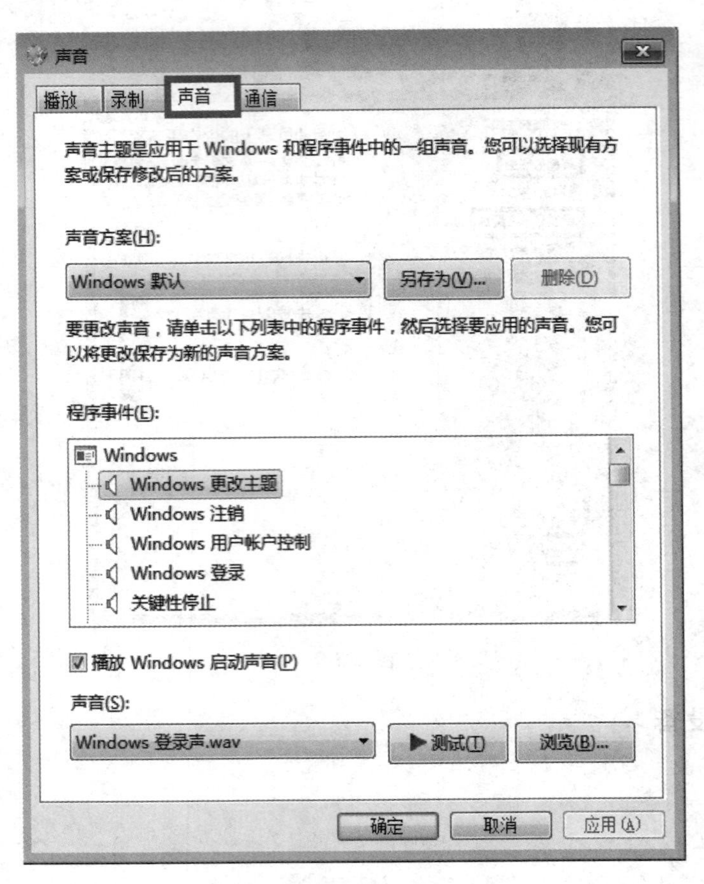

声音
播放
录制
声音
通信
声音主题是应用于 Windows 和程序事件中的一组声音。您可以选择现有方案或保存修改后的方案。
声音方案(H):
Windows 默认
另存为(V)...
删除(D)
要更改声音，请单击以下列表中的程序事件，然后选择要应用的声音。您可以将更改保存为新的声音方案。
程序事件(E):
Windows
Windows 更改主题
Windows 注销
Windows 用户帐户控制
Windows 登录
关键性停止
播放 Windows 启动声音(P)
声音(S):
Windows 登录声.wav
测试(T)
浏览(B)...
确定
取消
应用(A)

图 2-3-10

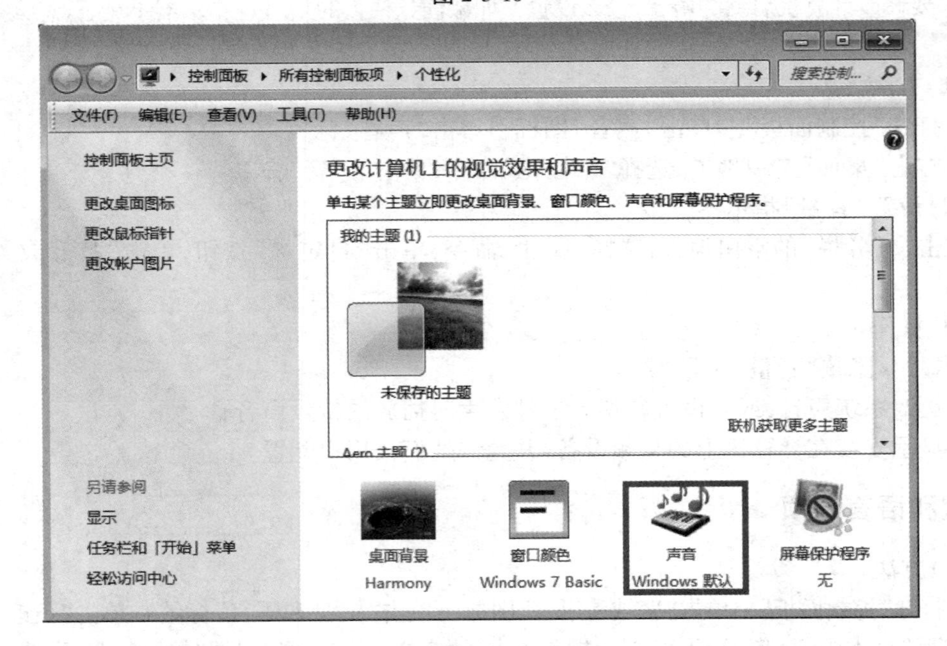

控制面板
所有控制面板项
个性化
搜索控制...
文件(F)
编辑(E)
查看(V)
工具(T)
帮助(H)
控制面板主页
更改桌面图标
更改鼠标指针
更改帐户图片
更改计算机上的视觉效果和声音
单击某个主题立即更改桌面背景、窗口颜色、声音和屏幕保护程序。
我的主题 (1)
未保存的主题
联机获取更多主题
另请参阅
显示
任务栏和「开始」菜单
轻松访问中心
桌面背景
Harmony
窗口颜色
Windows 7 Basic
声音
Windows 默认
屏幕保护程序
无

图 2-3-11

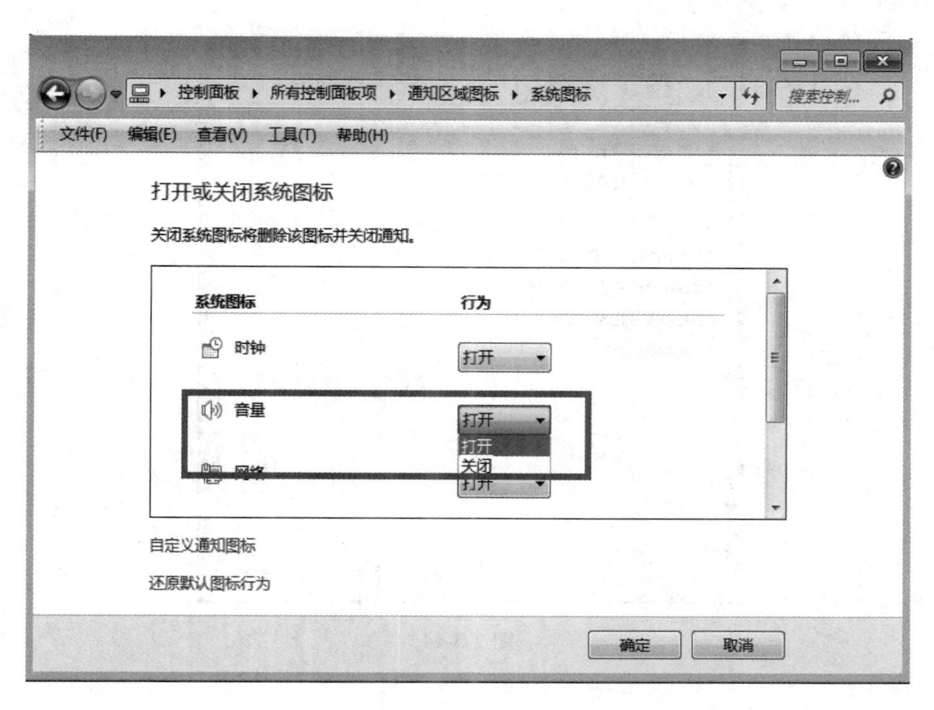

图 2-3-12

• 打开“控制面板”→单击“区域和语言”图标→单击“键盘和语言”标签→单击“更改键盘”按钮，打开“文本服务和输入语言”对话框，可以添加或删除输入法。

• 右击任务栏上的输入法按钮，在快捷菜单中选择“设置”命令，也可以打开“文本服务和输入语言”对话框进行设置。

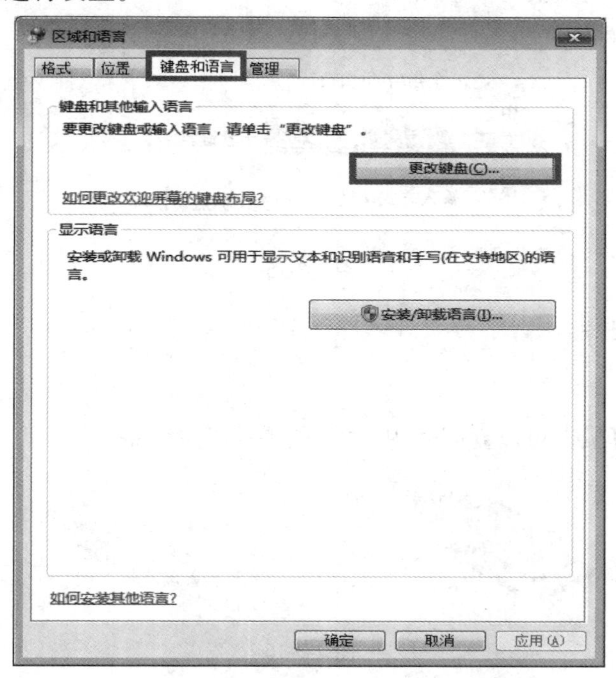

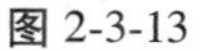

图 2-3-13

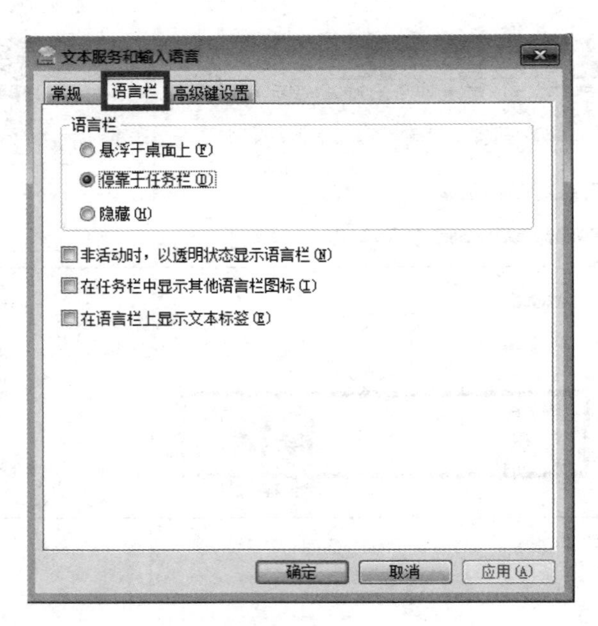

图 2-3-14

(2)操作

①查看本机输入法的基本信息；

②添加/删除输入法；

③显示/隐藏"输入法"指示器；

④输入法之间的切换 Ctrl+Shift；

⑤中英文输入法的切换 Ctrl+空格；

⑥输入法状态窗口。

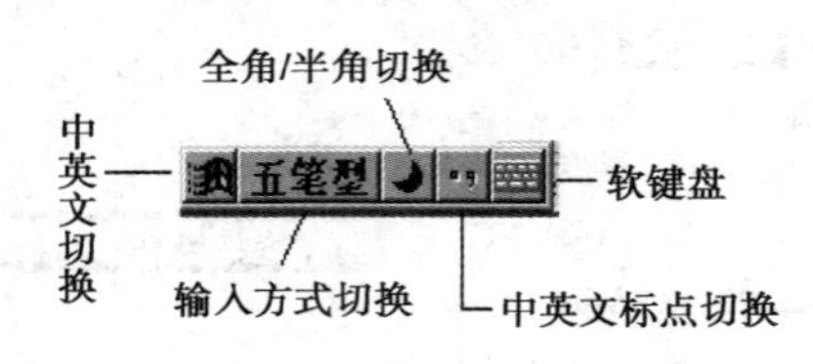

图 2-3-15

7.添加硬件驱动程序

(1)即插即用

设备连接到计算机上可以立即使用,且无须手动配置设备。

图 2-3-16

思考：打印机等硬件接上计算机就能直接使用了吗？需不需要软件支持？

(2)Windows 打印机的设置

Windows 中，打印机是人们经常使用的外部设备之一。如果系统没有安装打印机或要用的打印机与原设置的打印机不同，必须首先安装打印机。通过控制面板可以实现对打印机的安装设置。

(3)方法

方法一："开始"→"设备和打印机"→"添加打印机"。

方法二：打开"控制面板"→"设备和打印机"→"添加打印机"。

(4)操作

①添加打印机的驱动程序。

图 2-3-17

②添加打印机。

可以"添加本地打印机"，也可以"添加网络、无线或 Bluetooth 打印机"。

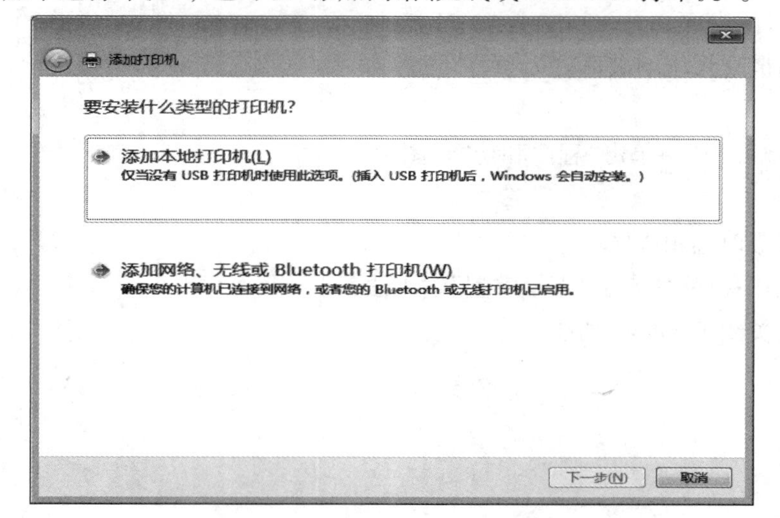

图 2-3-18

③设置默认打印机。

在安装了多台打印机的情况下，必须设置一台打印机为默认打印机。在打印机对话框中，右击要设置为默认打印机的打印机图标，在出现的快捷菜单中将“设为默认值(F)”复选标记选中。

图 2-3-19

8.安装和删除应用程序

(1)优点

①删除干净、彻底；

②不会造成对系统的破坏。

(2)方法

打开“控制面板”→单击“程序和功能”图标。

(3)操作

①卸载或更改应用程序；

②安装应用程序，如安装“五笔字型”输入法；

③打开或关闭 Windows 功能。

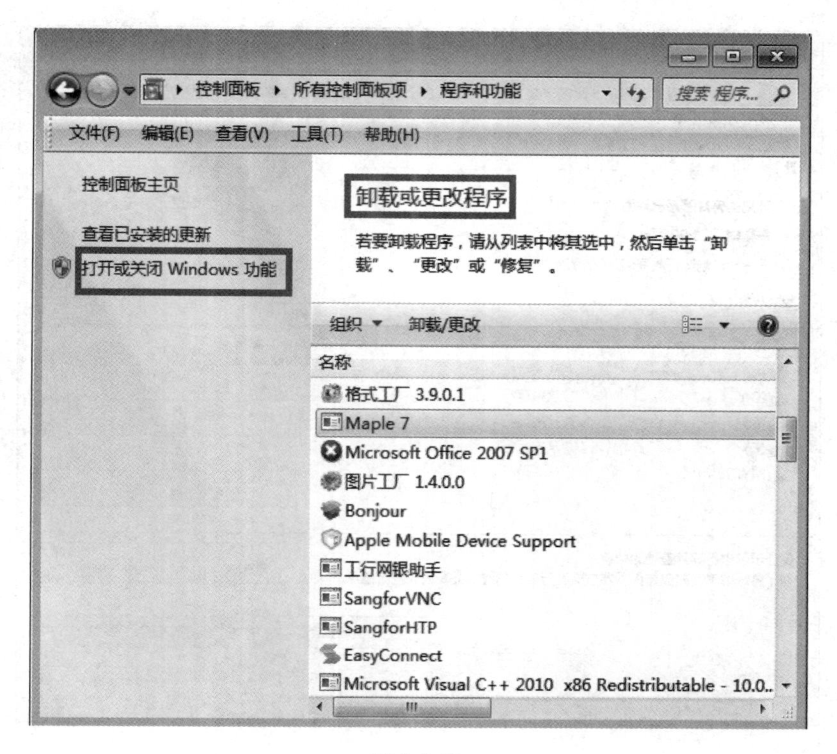

图 2-3-20

二、磁盘管理

(1)操作

● 磁盘清理:清空回收站资源、清理 IE 的临时文件等;

● 碎片整理:计算机用久之后,文件会存储在不连续的空间,通过碎片整理后将文件连续存储,提高文件的读取速度。

(2)方法

"开始"→"所有程序"→"附件"→"系统工具"→"磁盘清理"或"磁盘碎片整理程序"。

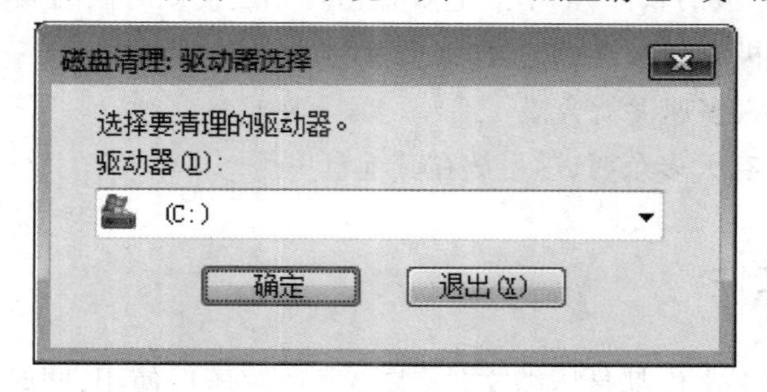

图 2-3-21

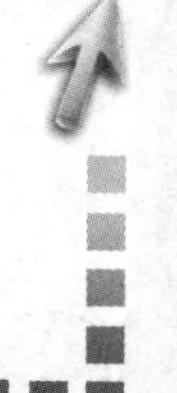

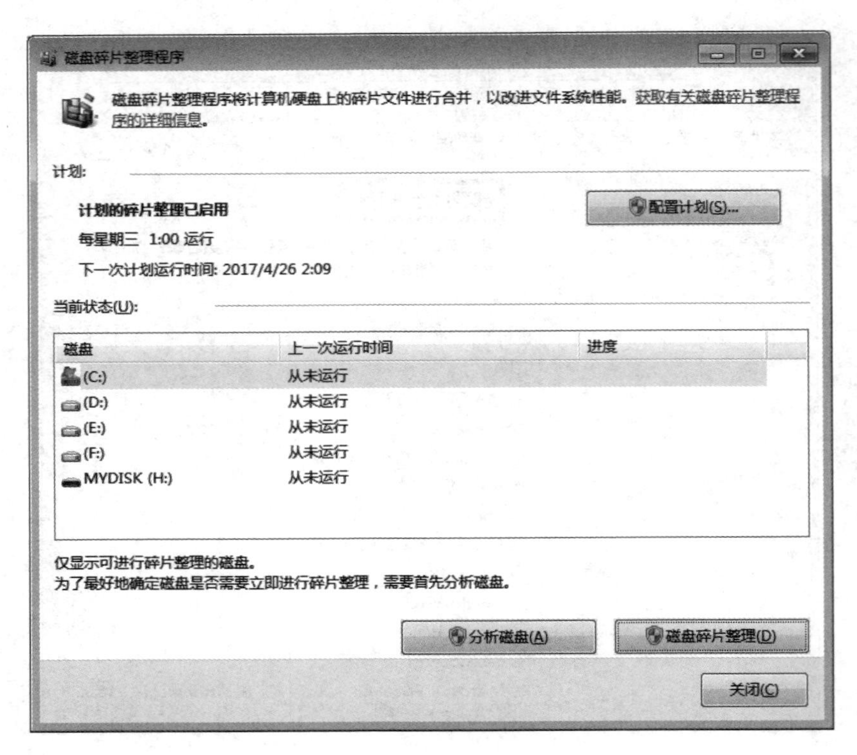

图 2-3-22

(3)提醒

①一般操作系统都装在 C 盘,用户一般都把其他软件或者文件安装到其他盘上,C 盘占用容量越大,Windows 启动和运行的速度就越慢,注意桌面也是在 C 盘里的。

②不要轻易在 C 盘安装软件和下载东西,不要把电影之类的大型文件放在 C 盘,重要的东西一定不能放在 C 盘,因为一旦系统被病毒或木马破坏无法修复时,必须得重装操作系统,这时候 C 盘就被格式化了,里面存放的重要东西就跟病毒木马一块被清除了。

③在使用计算机尤其是网页时,计算机都会产生临时文件,称为垃圾文件;在计算机使用过程中,系统本身也会不断地产生文件,一些是垃圾文件(可以清理),还有一些必要文件。所以,无论何种清理垃圾的软件,都不能把 C 盘清理到刚使用时候的大小。

④C 盘文件调动极为频繁,如果文件太多不利于硬盘的健康。

⑤C 盘东西如果太多速度就会慢。

⑥不要让桌面上有太多东西,尽量放在其他盘里。

三、压缩和解压文件

从网上下载的很多文件都是压缩文件,需要通过解压后使用,同时随着计算机的普及,用计算机处理的数据量也与日俱增,因此在传递与备份文件时常需要先将文件压缩。目前,WinRAR 是最流行的压缩工具之一。

WinRAR 的功能:压缩、分卷、加密和自解压模块等。

1.创建压缩文件

(1)通过 WinRAR 工具栏压缩文件

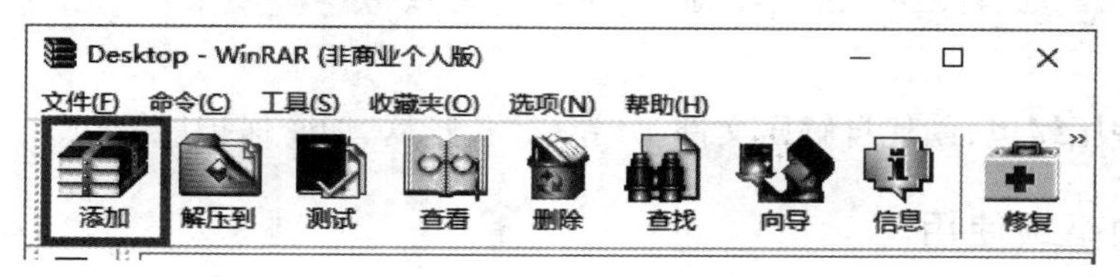

图 2-3-23

试一试:将桌面上的"图 1、图 2、图 3"3 个文件压缩为一个压缩包,名称为"我的图片"。

思考

有没有更快的方法,实现文件压缩?

(2)推荐:使用快捷方法压缩文件

选定要压缩的各个对象,指向选定对象时按鼠标右键,在快捷菜单中选择压缩功能。

试一试:使用右键的方法,将桌面上的"图 1、图 2、图 3"三个文件压缩为一个压缩包,名称为"我的图片",并选择保存在"个人盘"自己班级学号命名的文件夹中。

2.解压缩文件

对于创建的压缩文件以及从网上下载的扩展名为.RAR 和.ZIP 的压缩文件在使用前需用 WinRAR 进行解压。除此之外,使用 WinRAR 还可以解压扩展名为 CAB、ABJ、LZH、TAR、GZ、ACE、UUE、BZ2、JAR、ISO 等多种类型的压缩文件。

(1)通过 WinRAR 工具栏解压文件

图 2-3-24

试一试:将从网上下载的"你的心态决定你的生存高度.zip"小说压缩包解压到自己的文件夹中。

(2)推荐:使用右键的方法解压文件

选定需要解压的文件,指向选定对象时按鼠标右键,在快捷菜单中选择解压缩功能。

思考

除了压缩和解压文件之外,还有其他功能吗?

功能:管理压缩包、创建自解压文件、分卷压缩、修复、加密保护压缩包。

3.WinRAR 的高级使用

(1)添加文件到压缩包

创建压缩包以后,还可以利用"添加"工具按钮将其他位置上的文件添加到压缩包中。

试一试:将"图 4 和图 5"添加到压缩包"我的图片"中。

(2)删除压缩包中的部分文件

压缩包里的内容,若想去除一些内容,也可以利用"删除"工具按钮将它从压缩包里去掉。

试一试:将"我的图片"压缩包中的"图 2"删除。

(3)创建自解压文件

在用 WinRAR 压缩文件时,可以将压缩文件转换为具有自解压功能的 EXE 文件,自解压文件的特点是不需要安装 WinRAR 压缩软件就能解开压缩包。

试一试:将文件"13、14、15、16"等四个文件创建成自解压文件,并命名为"图片集.exe",保存在自己的文件夹中。

(4)加密保护压缩包

随着用户对数据安全意识的逐步提高,对文件进行加密保护成了一种迫切需要,尤其是在网络共享和传送时。WinRAR 压缩工具也可以对压缩包进行加密保护。

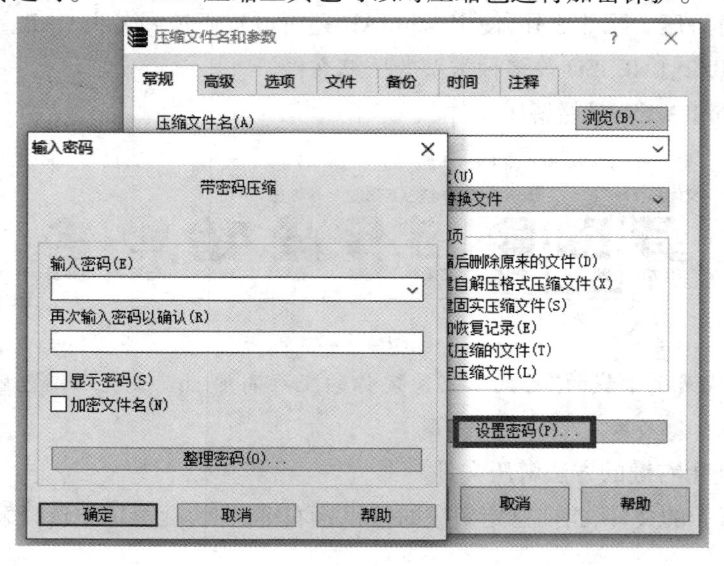

图 2-3-25

试一试:将“试题”创建成压缩文件,并设置解压密码为:123。

项目检测

任务一 控制面板的使用

学习目标

①熟悉“系统”属性、“显示”属性的查看和设置;
②学会用“打印机”的添加和设置;
③熟悉“控制面板”的常用功能的使用;
④学会对磁盘进行管理。

任务实施及要求

1.查看你的计算机的 CPU 型号、内存的基本信息等,将显示结果填在如下空格:

CPU 的型号:________;主频:________;内存的容量:________;所使用的操作系统:________。

2.查看本机的网络标识的名称。

3.查看你的计算机中有没有工作不正常的硬件设备。

4.假如你的计算机任务栏上的小时钟不见了,把它重新找出来。

5.假如你要更改你计算机屏幕的墙纸,在你的计算机中任意找一张图片作为你的桌面墙纸。

6.把你的计算机桌面上的“网络”的图标换个图形。

7.将你的计算机中的图标的字体大小改为 12 号。

8.假如你要听音乐,声音不够大需调整声音的大小,但发现“音量”调整器不见了,把它找出来。

9.更改 Windows 登录时的声音。

10.为本机添加打印机的驱动程序,要求:打印机为佳能品牌,型号为 Canon Bubble-Jet BJC-210;安装在 COM1 端口,名称为自己的班级学号,设置为默认打印机。

11.查看本机计算机网卡的驱动程序。

12.在“任务栏”上找不到“输入法”指示器,将输入法的指示器显示出来。输入法之间的切换快捷键是:________。

13.清理 C 盘的磁盘空间。

任务二 压缩软件的使用

学习目标

①熟悉“WinRAR”软件的启动和使用方法；

②学会用“WinRAR”软件对文件进行压缩、解压等操作。

任务实施及要求

①将素材中的“图1、图2、图3”三个文件压缩为一个压缩包，名称为“我的图片”。并选择保存在“个人盘”自己班级学号命名的文件夹中。

②将从网上下载的“你的心态决定你的生存高度.zip”小说压缩包解压到自己的文件夹中。

③将“图4和图5”添加到压缩包“我的图片”中。

④将“我的图片”压缩包中的“图2”删除。

⑤将文件“13、14、15、16”等四个文件创建成自解压文件，并命名为“图片集.exe”，保存在自己的文件夹中。

⑥将“试题”创建成压缩文件，并设置解压密码为：123。

项目小结

本项目主要讲解了Windows中控制面板常用功能的使用及压缩软件WinRAR的使用，要求能根据所学知识点对计算机进行个性化的设置，能利用压缩软件对文件按要求进行压缩。

项目四　Windows 附件的使用

项目目标

- 了解 Windows 附件有哪些;
- 掌握计算器、记事本、画图等附件的基本使用;
- 掌握文件的创建、修改、保存、另存为等操作。

项目任务

任务　Windows 常用附件的使用

知识简述

一、计算器:用于数据计算

Windows 程序附件中自带的计算器,分为“标准型”“科学型”“程序员”“统计信息”等类型,“标准型”是我们默认打开看到的界面,可以完成日常工作中简单的加减乘除运算;“科学型”可以完成较为复杂的科学运算,比如求平方根、三角函数运算等;“程序员”型可以完成进制的直接转换等。它的使用方法与日常生活中使用的计算器方法一样,可以通过鼠标单击计算器上的按钮来取值,也可以通过键盘上输入来操作。

1.启动方法

“开始”→“所有程序”→“附件”→“计算器”。

2.标准型、科学型、程序员型(可通过“查看”菜单设置)

- 常规数据的计算:标准型(计算机中加减乘除的表达:+ - * /);
- 二进制、十进制、十六进制之间的换算:程序员型;
- 带幂数据的计算:科学型。

图 2-4-1

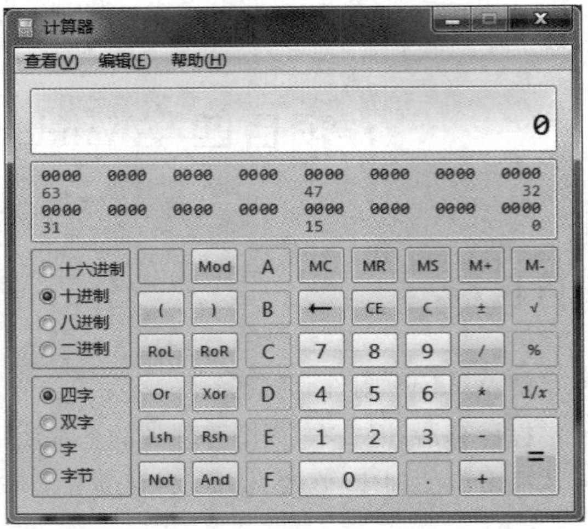

图 2-4-2

图 2-4-3

试一试：

23 * 43 =　　　　65 / 9 =

$(123)_{10} = (\quad\quad)_2 = (\quad\quad)_{16}$

$(11011111)_2 = (\quad\quad)_{10} = (\quad\quad)_{16}$

$2^2 =$　　　　$5^5 =$　　　　$12^3 =$

二、记事本

记事本是一个简单的文字处理工具，适用于小型文本文件的处理，对应的文件类型为.TXT，也称为文本文档。

1.启动“记事本”

“开始”→“所有程序”→“附件”→“记事本”。

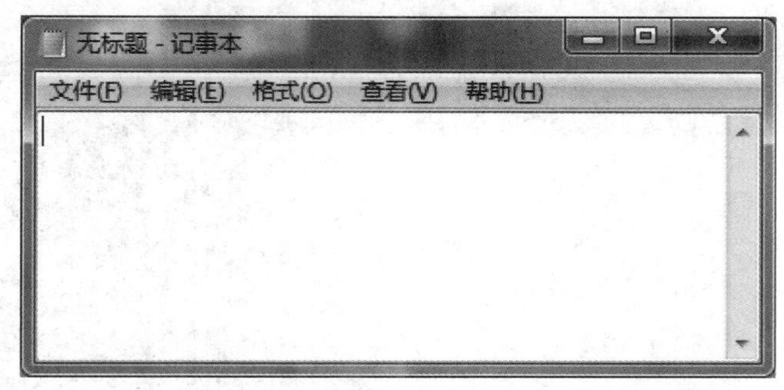

图 2-4-4

2.文件的“保存”和“另存为”操作

在“文件”菜单中进行。文件第一次保存时跟“另存为”的要求一样,需要提供保存的位置和文件名字,以后再保存时就不用提供这些信息了。若要更改文件存放的位置或文件名字,可以用“另存为”保存。

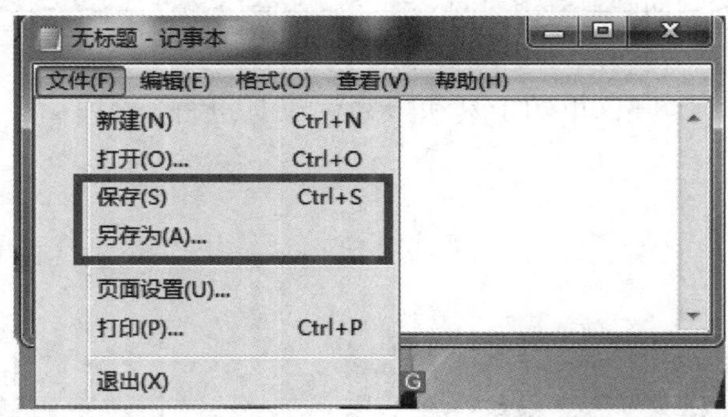

图 2-4-5

问题:图片能否置入在文本文档中?

三、画图

使用“画图”程序可以绘制所需要的图形,也可以对已有的图形、图片进行裁剪、修改和组合操作。对应的文件类型:.bmp

1.“画图”程序的启动

“开始”→“所有程序”→“附件”→“画图”。

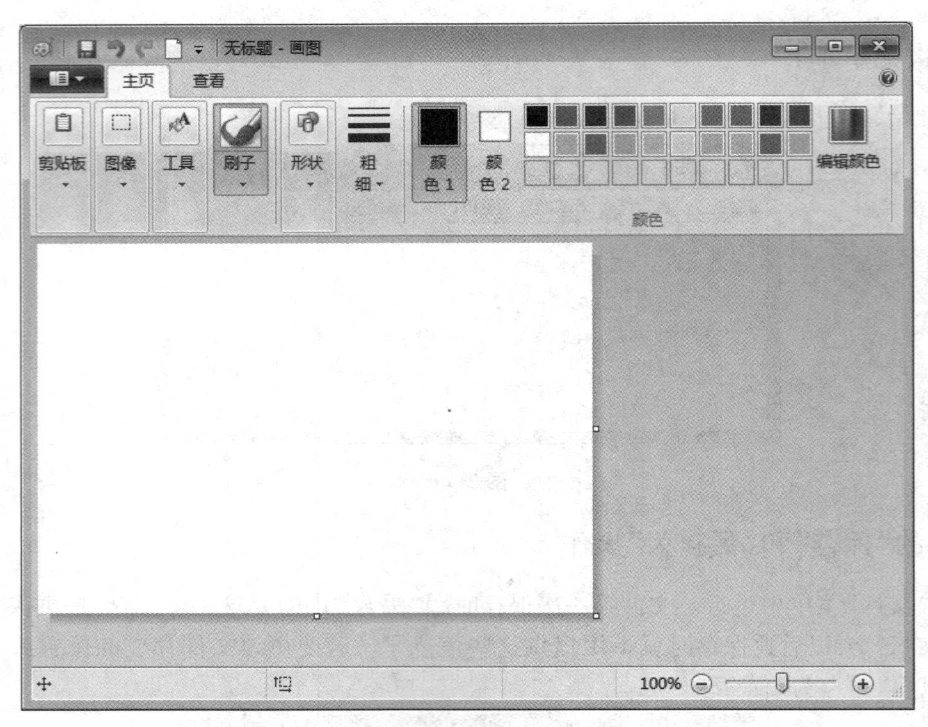

图 2-4-6

画图操作是利用“工具箱”里的工具和“形状”工具进行。

- 直线的绘制
- 曲线的绘制
- 方框的绘制
- 圆的绘制
- 多边形的绘制

图 2-4-7

试一试：

(1)在“画图”软件中绘制图形。

图 2-4-8

(2)通过画图软件截图。

图 2-4-9

项目检测

任务　Windows 常用附件的使用

学习目标

①熟悉“计算器”软件的使用,会用计算器进行各种计算。

②学会用“记事本”软件编辑简单的文档。

③熟悉“画图”软件中常用工具的使用方法,会用工具绘制简单的图形。

任务实施及要求

一、填空题

$123\times238=$________　$\frac{155}{7}=$________　$12^2=$________

$5^6=$________　$2^{10}=$________　$8^3=$________

10!　=________　$\sqrt{26}=$________

$(11011011)_2=$________$_{10}=$________$_{16}$

$(255)_{10}=$________$_2=$________$_{16}$

二、操作题

1.打开记事本,新建一个记事本文件,在“记事本”中输入下面的文字,文档的字体为“楷体”,字体样式为“粗体”,字号为“小三”,自动换行。

单击：按下并释放鼠标左键，主要用于选择操作对象或执行某一命令。
双击：连续按动鼠标左键两次，用于启动指定程序图标。

图 2-4-10

2.完成后将文档以文件名“ST1.TXT”保存到自己班级学号命名的文件夹中。

3.关闭“记事本”窗口。

4.重新打开 ST1.TXT，在文档顶部输入标题“鼠标”，并将文档另存为 ST2.TXT 到自己班级学号命名的文件夹中。

5.观察做了另存以后自己班级学号命名的文件夹中的变化，并对比 ST1.TXT 和 ST2.TXT 文件区别。两个文件的内容一样吗？

6.启动“画图”软件，绘制下面的图形（任选三个图形绘制，速度慢的同学可只绘制 2 个）或者自己设计一个图形绘制均可。

图 2-4-11

7.绘制完上面图形后，将该文件以 AA.BMP 命名保存在自己班级学号命名的文件中。

8.将刚刚绘制的图片设置为墙纸，如何设置？将设置窗口并截图。

9.使用“画图”软件的“选定”功能，将桌面上的“计算机”“网络”图标裁剪粘贴至下面。

项目小结

本项目主要讲解了 Windows 中常用的几个附件:计算器、记事本、画图的使用,要求能学会利用这些附件程序的基本使用方法,在实际应用中根据需要判断是否可以利用这些附件程序解决相应的问题。

进入 Internet 世界

随着计算机技术和通信技术的发展,计算机网络不再仅仅局限于某些专业的领域,因为Internet 的蓬勃发展而进入千家万户。人们在各种场合通过各种手段享受着 Internet 提供的服务,"上网"已经成为人们娱乐、工作的重要手段之一。学习 Internet 的操作技能有助于我们更好地使用计算机网络。

知识目标

- 了解计算机网络的含义和分类;
- 了解 Wi-Fi 的由来;
- 了解云计算的概念及其应用;
- 熟悉 IP 地址并掌握如何查看及修改;
- 熟悉浏览器的使用;
- 熟悉电子邮件的收发;
- 了解计算机病毒含义以及如何查杀。

能力目标

- 能够根据需要查看 IP 地址或配置 IP 地址;
- 能够根据需要使用搜索引擎查询信息;
- 能够使用浏览器上网,浏览、下载、保存所需的资源;
- 具有电子邮件收、发的使用能力。

学习模块

项目一　初探 Internet

项目二　Internet 应用

项目一　初探 Internet

项目目标

- 了解计算机网络的含义和分类；
- 了解 Wi-Fi 的由来；
- 了解云计算的概念及其应用；
- 熟悉 IP 地址并掌握如何查看及修改；
- 了解域名的作用以及常用域名分类。

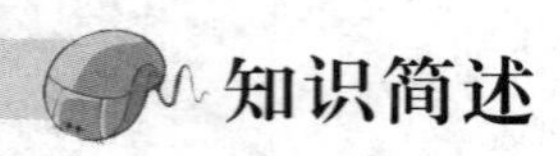

知识简述

一、计算机网络概述

计算机网络可以概述为“将地理位置不同且具有独立功能的多个计算机系统，通过通信设备和线路连接起来，实现网络资源共享和信息交流目的的计算机互联系统”。

计算机网络有以下基本功能：数据传送。它使终端与主机、主机与主机之间能够互相传送数据和交换信息。资源共享。这是计算机最具有吸引力的功能。它包括了计算机软件、硬件和数据的共享。提高计算机的可用性和可靠性。分布式处理。分布式处理是指当需要计算机处理一些大的综合性问题时，通过一些算法将这些问题分成几个部分交给几个计算机进行处理，然后协调、快速地处理这些网络资源并回馈给用户。

二、计算机网络的分类

网络技术迅速发展，随之也出现了多种类型的网络分类方法，主要有以下 5 种：

①按照通信介质分类，有无线网、双绞线网、光纤网等。

②根据网络覆盖的地理范围大小，网络可分为：广域网、局域网、城域网。

- 广域网（Wide Area Network，WAN）：覆盖范围为几十千米至几千千米，网络跨越国界、洲界甚至全球范围，如 Internet，传输率低。
- 局域网（Local Area Network，LAN）：覆盖范围为几千米至几百千米，通常用于一栋或

几栋大楼，属于一个部门或者单位组建的专用网络，如公司或高校的内部网络。

局域网建设好后，需要与 Internet 网络连接，从而才能实现对互联网的访问。

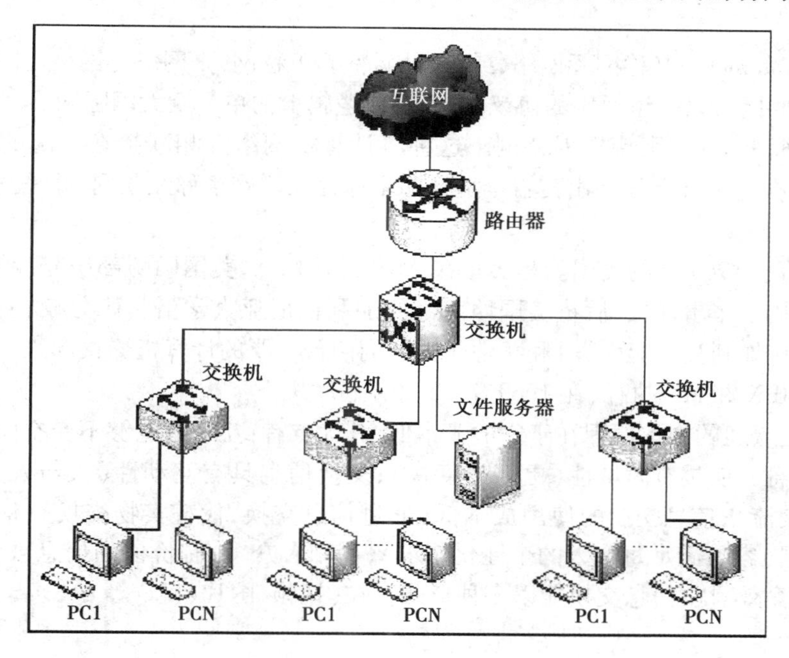

图 3-1-1

• 城域网（Metropolitan Area Network，MAN）：覆盖范围为几十公里至上百公里，是介于广域网与局域网之间的一种高速网络。城域网是一种大型的局域网。

③按网络的拓扑结构分类，有星形网、总线型网、树形网、环形网等。

④按通信方式分类，可将网络分为点对点传输网络和广播式传输网络。点对点传输网络采用了点对点技术（Peer-to-Peer，P2P）又称对等互联网络技术，是一种网络新技术，依赖网络中参与者的计算能力和带宽，而不是把依赖都聚集在较少的几台服务器上。广播式传输网络指数据在共用介质中传输。它利用一个共同的传输介质把各个站点连接起来，使网上站点共享一条信道，其中任意一个站点输出，其他站点均可接收。适宜范围较小或保密性要求低的网络。

⑤按通信方式分类，可将网络分为点对点传输网络和广播式传输网络。点对点传输网络采用了点对点技术（Peer-to-Peer，P2P）又称对等互联网络技术，是一种网络新技术，依赖网络中参与者的计算能力和带宽，而不是把依赖都聚集在较少的几台服务器上。广播式传输网络指数据在共用介质中传输。它利用一个共同的传输介质把各个站点连接起来，使网上站点共享一条信道，其中任意一个站点输出，其他站点均可接收。适宜范围较小或保密性要求低的网络。

三、因特网

互联网(internet),又称网际网络,或音译因特网、英特网,是网络与网络之间所串连成的庞大网络,这些网络以一组通用的协议相连,形成逻辑上的单一巨大国际网络。通常 internet 泛指互联网,而 Internet 则特指因特网。这种将计算机网络互相联接在一起的方法可称作“网络互联”,在这基础上发展出覆盖全世界的全球性互联网络称互联网,即是互相连接一起的网络结构。

因特网始于 1969 年的美国。是美军在 ARPA(阿帕网,美国国防部研究计划署)制定的协定下,首先用于军事连接,后将美国西南部的加利福尼亚大学洛杉矶分校、斯坦福大学研究学院、UCSB(加利福尼亚大学)和犹他州大学的四台主要的计算机连接起来。这个协定由剑桥大学的 BBN 和 MA 执行,在 1969 年 12 月开始联机。

互联网受欢迎的根本原因在于它的成本低,其优点有:互联网能够不受空间限制来进行信息交换;信息交换具有时域性(更新速度快);交换信息具有互动性(人与人,人与信息之间可以互动交流);信息交换的使用成本低(通过信息交换,代替实物交换);信息交换趋向于个性化发展(容易满足每个人的个性化需求);使用者众多;有价值的信息被资源整合,信息储存量大、高效、快;信息交换能以多种形式存在(视频、图片、文章等)。

四、人们生活中离不开的 Wi-Fi

近几年,随着通信技术的日新月异,Wi-Fi 的使用可以说是遍布全球,并且人们的生活已经离不开对其的使用。Wi-Fi 是一种允许电子设备连接到一个无线局域网(WLAN)的技术,通常使用 2.4G UHF 或 5G SHF ISM 射频频段。连接到无线局域网通常是有密码保护的;但也可以是开放的,这样就允许任何在 WLAN 范围内的设备可以连接上。Wi-Fi 是一个无线网络通信技术的品牌,由 Wi-Fi 联盟所持有。

Wi-Fi 技术原理:无线网络在无线局域网的范畴是指“无线相容性认证”,实质上是一种商业认证,同时也是一种无线联网技术,以前通过网线连接计算机,而 Wi-Fi 则是通过无线电波来连网;常见的就是一个无线路由器,那么在这个无线路由器的电波覆盖的有效范围内都可以采用 Wi-Fi 连接方式进行联网,如果无线路由器连接了一条 ADSL 线路或者别的上网线路,则又被称为热点。

Wi-Fi 的应用领域:网络媒体、掌上设备、日常休闲、客运列车等。

Wi-Fi 的主要特性:更宽的带宽、更强的射频信号、功耗更低、改进的安全性。

五、云计算

1.云计算的概念及介绍

云计算(cloud computing)是分布式计算的一种,指的是通过网络“云”将巨大的数据计

算处理程序分解成无数个小程序，然后通过多部服务器组成的系统进行处理和分析这些小程序得到结果并返回给用户。云计算早期就是简单的分布式计算，解决任务分发，并进行计算结果的合并。因而，云计算又称为网格计算。通过这项技术，可以在很短的时间内（几秒钟）完成对数以万计的数据的处理，从而达到强大的网络服务。

现阶段所说的云服务已经不单单是一种分布式计算，而是分布式计算、效用计算、负载均衡、并行计算、网络存储、热备份冗杂和虚拟化等计算机技术混合演进并跃升的结果。

2.云计算的应用

云计算使企业可以快速部署最新的技术、使用最新的软件、获得专家支持，而无须承担昂贵的成本支出。“云”带来的变革让社会发展又上了一个新的台阶，下面将从五个方面来直观理解。

图 3-1-2

（1）电子邮箱

作为最为流行的通信服务，电子邮箱的不断演变，为人们提供了更快和更可靠的交流方式。传统的电子邮箱使用物理内存来存储通信数据，而云计算使得电子邮箱可以使用云端的资源来检查和发送邮件，用户可以在任何地点、任何设备和任何时间访问自己的邮件，企业可以使用云技术让它们的邮箱服务系统变得更加稳固。

（2）数据存储

云计算的出现，使本地存储变得不再必需。用户可以将所需要的文件、数据存储在互联网上的某个地方，以便随时随地访问。来自云服务商的各种在线存储服务，将会为用户提供广泛的产品选择和独有的安全保障，使其能够在免费和专属方案之间自由选择。

（3）商务合作

共享式的商务合作模式，使得企业可以无视消耗大量时间和金钱的系统设备和软件，只需接入云端的应用，便可以邀请伙伴展开相应业务，这种类似于即时通信的应用，一般都会为用户提供特定的工作环境，协作时长可以从几个月到几个小时不等。总之，一切为用户需求而打造。

(4)虚拟办公

对于云计算来说,最常见的应用场景可能就是让企业主"租"服务而不是"买"软件来开展业务部署。除了 Google Docs 这一最受欢迎的虚拟办公系统,还有很多其他的解决方案,如 Thinkfree 和微软 Office Live 等。使用虚拟办公应用的主要好处是,它不会因为"个头太大"而导致你的设备"超载",它将企业的关注点集中在公司业务上,通过改进的可访问性,为轻量办公提供保证。

(5)业务扩展

在你的企业需要进行业务拓展时,云计算的独特好处便显现出来了。基于云的解决方案,可以使企业以较小的额外成本,获得计算能力的弹性提升。大部分云服务商,都可以满足用户的定制化需求,企业完全可以根据现有业务容量来决定所需要投资的计算成本,而无须对未来的扩张有所顾虑。

六、IP 地址和域名

1.IP 地址

在互联网上交流信息,双方都要按照相同的协议才能进行通信,所以每台计算机都必须遵守同一个协议,即 TCP/IP 协议。TCP/IP(Transmission Control Protocol/Internet Protocol,传输控制协议/网际协议)是指能够在多个不同网络间实现信息传输的协议簇。TCP/IP 协议不仅仅指的是 TCP 和 IP 两个协议,而是指一个由 FTP、SMTP、TCP、UDP、IP 等协议构成的协议簇,只是因为在 TCP/IP 协议中 TCP 协议和 IP 协议最具代表性,所以被称为 TCP/IP 协议。

IP 地址(Internet Protocol Address)是指互联网协议地址,又译为网际协议地址。IP 地址是 IP 协议提供的一种统一的地址格式,它为互联网上的每一个网络和每一台主机分配一个逻辑地址,以此来屏蔽物理地址的差异。IP 地址具有统一的地址格式(包含网络号和主机号),它由 32 位二进制数组成并分成 4 个 8 位部分。由于二进制不方便,所以通常使用"点分十进制"方式标识 IP 地址,每个部分是用"."号隔开的四个十进制整数,每个数字取值范围为 0~255。

例如:点分十进 IP 地址(100.4.5.6),实际上是 32 位二进制数(01100100.00000100.00000101.00000110)。

根据网络规模 IP 地址可分为 A~E 共 5 类,其中 D 和 E 两类和第一个数为 0 和 127 的 IP 地址保留,不作为编号。

A 类 IP 地址的第一个数介于 1~126。

B 类 IP 地址的第一个数介于 128~191。

C 类 IP 地址的第一个数介于 192~223。

地址分配情况见下表:

<table>
<tr><td>A 类</td><td>0</td><td colspan="3">网络地址(7bit)</td><td>主机地址(24bit)</td></tr>
<tr><td>B 类</td><td>1</td><td>0</td><td colspan="2">网络地址(14bit)</td><td>主机地址(16bit)</td></tr>
<tr><td>C 类</td><td>1</td><td>1</td><td>0</td><td>网络地址(21bit)</td><td>主机地址(8bit)</td></tr>
</table>

因为 IP 地址由网络号和主机号两部分组成,如要判断两个 IP 地址是否属于同一网络,还需要结合子网掩码加以运算才能确定。

子网掩码(subnet mask)又叫网络掩码、地址掩码、子网络遮罩,它是一种用来指明一个 IP 地址的哪些位标识的是主机所在的子网,以及哪些位标识的是主机的位掩码。子网掩码不能单独存在,它必须结合 IP 地址一起使用。子网掩码只有一个作用,就是将某个 IP 地址划分成网络地址和主机地址两部分。子网掩码是一个 32 位地址,用于屏蔽 IP 地址的一部分以区别网络标识和主机标识,并说明该 IP 地址是在局域网上还是在远程网上。

思考题:256.32.12.11　23,23,167,56　45.231.23　12.278.67.3　它们都是 IP 地址吗?如果是的话,属于哪一类呢?

2.查看 IP 地址的方法

方法 1:在控制面板中,双击"网络和共享中心";打开后点击"本地连接",弹出以下窗口;接着点击"详细信息"按钮,进入对话框就可以查看到本地的 IP 地址。

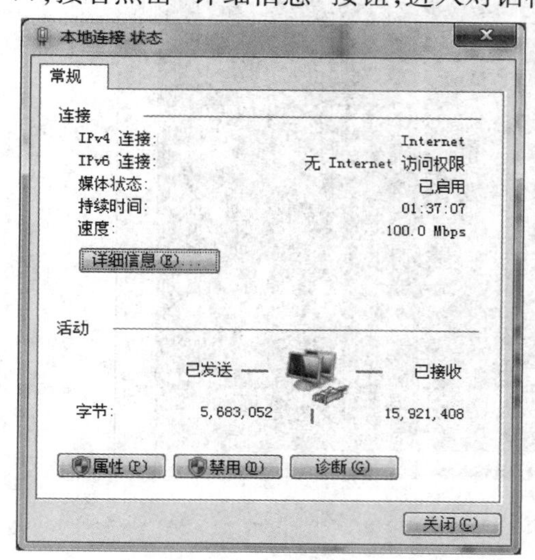

图 3-1-3

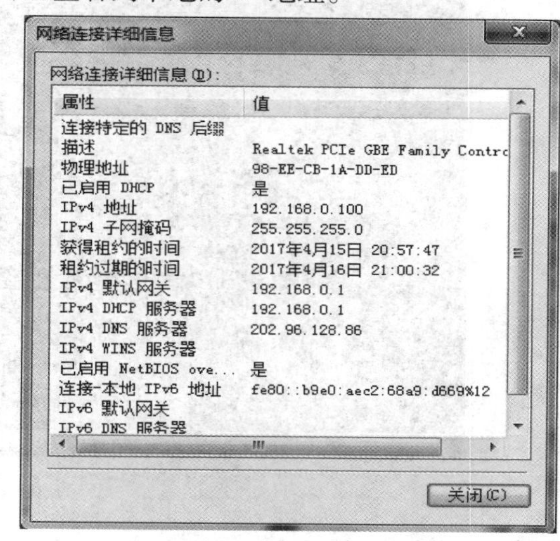

图 3-1-4

如果想要修改 IP 地址则在图 3-1-3 点击"属性"按钮弹出图 3-1-5 后,然后双击图的"TCP/IPv4"选项,就可以根据实际情况修改。

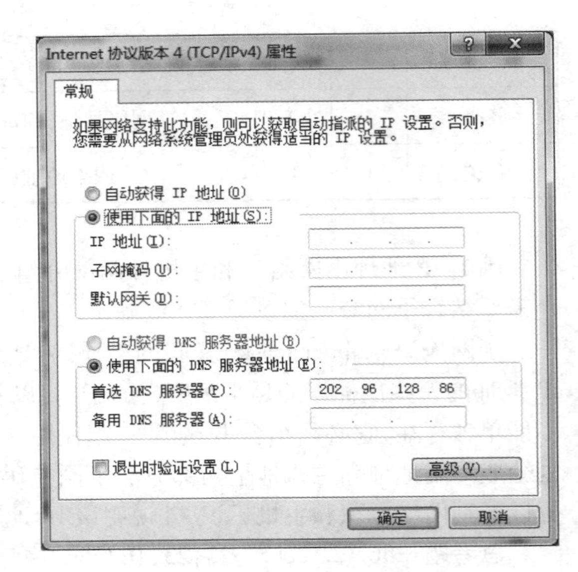

图 3-1-5

图 3-1-6

方法 2:开始→运行→输入“cmd”→输入“ipconfig”,可以查询本机的 IP 地址,以及子网掩码、网关等情况。

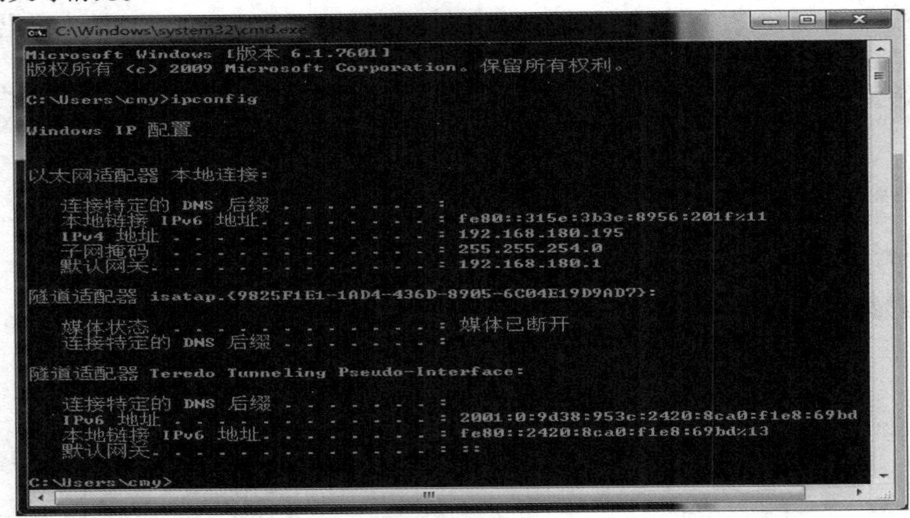

图 3-1-7

3.域名

由于 IP 地址是纯数字,很难记忆,为了方便记忆,于是产生了域名。域名由若干个英文字母(不分大小写)、数字或中横线“-”组成,再用小数点“.”分隔成几部分,例:www.baidu.com(百度)。

一个 IP 地址可以对应一个域名,也可以对应多个域名,是一对多的关系。域名采用分层结构,最多由 25 个子域名组成,它们之间用圆点隔开。除了主机名称、网站名称以外,域名的结尾一般为代表国家、地区或网站性质的“顶级域名”。如 WWW.PKU.EDU.CN,分别代

表:环球信息网、北京大学、教育部门、中国(顶级域名)。

常见的顶级域名如下:

- COM:国家商业部门;
- EDU:科教部门;
- GOV:政府部门;
- CN:中国;
- US:美国。

IP 地址是 Internet 系统能直接识别的地址,而域名则是必须由一种称为域名服务器(DNS,Domain Name System,域名系统)的机器自动翻译成 IP 地址。DNS 是因特网上作为域名和 IP 地址相互映射的一个分布式数据库,能够使用户更方便地访问互联网,而不用去记住能够被机器直接读取的 IP 数字串。通过主机名,最终得到该主机名对应的 IP 地址的过程称为域名解析(或主机名解析)。

项目检测

一、填空题

1.使用通信线路将若干台________连接起来,使它们之间能够互相通信,并且________资源,就构成了计算机网络。

2.互联网受欢迎的根本原因在于它的成本低,优点有:

(1)互联网能够不受空间限制来进行________;

(2)信息交换具有________(更新速度快);

(3)交换信息具有________(人与人,人与信息之间可以互动交流);

(4)信息交换的使用________(通过信息交换,代替实物交换);

(5)信息交换趋向于________(容易满足每个人的个性化需求);

(6)使用者众多;

(7)有价值的信息被________,信息储存量大、高效、快;

(8)信息交换能以________存在(视频、图片、文章等)。

3.计算机网络分类的方法很多,但比较常见的是按照地理所覆盖的范围来进行分类:________、________和________。无论是何种类型的网络,主要的因素是________。

4.网络拓扑结构是指网络中计算机及其他设备的________关系。它主要有________结构、________结构、________结构和________结构。

5.IP 地址是一个________字节的数字,实际由两部分合成,第一部分是________号,第二部分是________号,如 130.130.71.1 中,其________号是________,而________号是________,这个 IP 地址属于________类。

二、选择题

1.所谓互联网, 指的是(　　)。

A.同种类型的网络及其产品相互连接起来

B.同种或异种类型的网络及其产品相互连接起来
C.大型主机与远程终端相互连接起来
D.若干台大型主机相互连接起来

2.互联网络的基本含义是(　　)。
A.计算机与计算机互联　　B.计算机与计算机网络互联
C.计算机网络与计算机网络互联　　D.国内计算机与国际计算机互联

3.计算网络最突出的优点是(　　)。
A.运算速度快　B.运算精度高　C.存储容量大　D.资源共享

4.计算机网络是计算机与(　　)结合的产物。
A.电话　B.通信技术　C.线路　D.各种协议

5.下列有关因特网的叙述,(　　)的说法是错误的。
A.因特网是国际计算机互联网　　B.因特网是计算机网络的网络
C.因特网上提供了多种信息网络系统　　D.万维网就是因特网

6.下列的地址中,哪一个是 IP 地址(　　)。
A.www.163.com　B.256.255　C.192.102.11.141　D.www.sina.com.cn

7.万维网的简称为(　　)。
A.www　B.Http　C.Web　D.Internet

8.下列对 IP 地址的说法,不正确的是(　　)。
A.IP 地址的主要功能是为了相互区分
B.IP 地址是可以自己任意指定
C.Internet 中计算机的 IP 地址不可以重复
D.IP 地址采用了二进制

9.下面的 IP 地址中,属于 C 类地址的是(　　)。
A.61.6.151.11　　B.128.67.205.71
C.202.203.208.35　　D.255.255.255.192

10.Internet 上计算机的域名由多个域构成,域间用(　　)分隔。
A.冒号　B.逗号　C.空格　D.句点

11.下面关于域名的说法,正确的是(　　)。
A.域名是计算机所在的行政区域名　　B.使用域名的原因是访问时速度更快
C.域名中最左边的部分是顶级域名　　D.域名具有唯一性

12.Internet 域名地址中的 net 代表(　　)。
A.政府部门　B.商业部门　C.网络服务器　D.一般用户

13.Internet 域名地址中的 gov 代表(　　)。
A.政府部门　B.商业部门　C.网络服务器　D.一般用户

14.下列选项中,不是顶级域名的是(　　)。
A.net　B.gov　C.www　D.com

15.从网址 www.edu.cn 可以看出它是中国的一个(　　)的站点。
A.商业机构　B.网络机构　C.政府部门　D.教育机构

16.Internet 的前身是(　　)。

A.ARPANET　　B.NSFNET　　C.CERNET　　D.INTRANET

三、简答题

1.请用两种方式查看本机 IP 地址,并截图粘贴到下方。

2.互联网中 Internet 和 internet 分别代表什么?

3.你的 IP 地址属于哪类网? 为什么?

项目小结

本项目使学生认识计算机网络含义、分类、特点和其拓扑结构,了解 Wi-Fi、局域网和云安全,并对常用的 IP 地址以及域名进行了解和使用。

项目二　Internet 应用

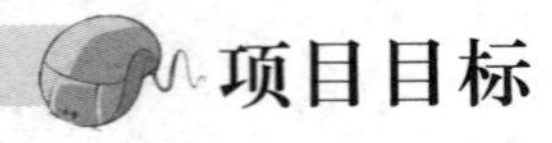

项目目标

- 熟悉掌握浏览器的使用；
- 学会利用搜索引擎查询资料；
- 熟悉电子邮件的收发；
- 了解病毒的含义及其查杀。

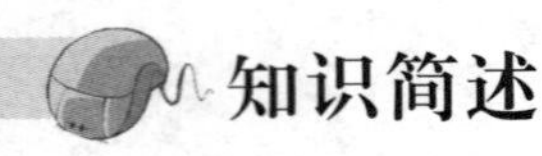

知识简述

一、浏览器

1.万维网

万维网(World Wide Web,WWW)是 Internet 上集文本、声音、图像、视频等多媒体信息于一身的全球信息资源网络,是 Internet 上的重要组成部分。浏览器(Browser)是用户通向 WWW 的桥梁和获取 WWW 信息的窗口,通过浏览器,用户可以在浩瀚的 Internet 海洋中漫游,搜索和浏览自己感兴趣的所有信息。

2.常用的浏览器

常用的浏览器有 IE 浏览器、360 安全浏览器。

3.常用的浏览器主页

WWW 网站中第一个让人阅读的文件,被称为 Homepage(首页),是用户打开浏览器时默认打开的网页,主要包含个人主页、网站网页、组织或活动主页、公司主页等。主页一般是用户通过搜索引擎访问一个网站时所看到的首个页面,用于吸引访问者的注意,通常也起到登录页的作用。在一般情况下,主页是用户用于访问网站其他模块的媒介,主页会提供网站的重要页面及新文章的链接,并且常常有一个搜索框供用户搜索相关信息,大多数作为首页的文件名是 index、default、main 或 portal 加上扩展名。

4.网页

网站中所有供人阅读的“Web Page”文件被称为“网页”。WWW 的网页文件是超文件标记语言 HTML(Hyper Text Markup Language)编写,并在超文本传输协议 HTTP(Hype Text Transmission Protocol)支持下运行的。

5.超链接

当鼠标放在一些文字、图片或其他形式的内容上,指针变成了手指形状,则说明该项内容为超链接,点击这些超链接就可以进入到相关网页中。利用超链接,用户能轻松地从一个网页链接到其他相关内容的网页上,而不必关心这些网页分散在何处的主机中。

6.超文本和超媒体

超文本文件就是指具有超链接功能的文本文件,其可以将文件中已经定义好的关键字,经过鼠标的点击,得到该关键字的相关解释。而超媒体则是一种包含文字、影像、图片、动画和声音等图文声光并茂的超链文件。

二、搜索信息

1.搜索引擎

搜索引擎是指根据一定的策略、运用特定的计算机程序将互联网上的信息进行搜集、整理、归类之后,为用户提供检索服务,将用户检索相关的信息展示给用户的系统。常见的搜索引擎很多。不同搜索引擎的网页范围和搜索机制都不同,如果在一个搜索引擎找不到理想的资源,可以换其他的搜索引擎。

图 3-2-1

图 3-2-2

图 3-2-3

2.使用关键词搜索信息

搜索关键字智能提示是一个搜索应用的标配,主要作用是避免用户输入错误的搜索词,并将用户引导到相应的关键词上,以提升用户搜索体验。下面主要介绍使用关键词进行查询的一些技巧。

(1)使用双引号

给待查询的关键词加上双引号(半角,以下提到的其他符号也是如此),可以实现精确的查询,这种方法要求查询结果精确匹配,不包括演变形式。

(2)使用加号

在关键词的前面使用加号"+",就等于告诉搜索引擎该单词必须出现在搜索结果中的网页上,例如,在搜索引擎中输入"计算机硬件+销售量+显卡"表示要查找的内容必须要同时包含"计算机硬件、销售量、显卡"这三个关键词。

(3)使用减号

学会使用减号"-"。这是很多人都会忽略的问题。搜索的时候往往会发现好多东西都不是自己想要的。"-"的作用是为了去除无关的搜索结果,提高搜索结果有效性。

(4)使用括号

如果两个关键词用另外一种操作符连在一起,而又想把它们列为一组时,就可以对这两个词加上圆括号。

(5)使用空格

虽然搜索引擎可以自动将不同的词语拆分后搜索,但是在不同词语之间用一个空格隔开,可以找到更精确的结果,尤其是在查询词比较复杂时,效果会更加明显。

思考题:

(1)某同学到计算机城逛街时,偶尔看到了一段视频,觉得太有意思了,题目不知道是什么,视频的内容描述如下:一只小猪妹妹和她的爸爸对话,"爸爸,地上有一张五块钱和一张十元钱,你拿哪一张呢?""当然拿十块的喽""爸爸,你很笨的,你不会两张都拿啊!"最后把那个猪爸爸气得躺在地上直打滚。这个学生想要大家帮他下载这个视频文件,你准备用什么方法帮他找到并下载到这个视频呢?

图 3-2-4

(2)请问"撚"字的读音和含义是什么?用什么方法可以更快捷地找到答案呢?

三、保存网页

当我们在畅游网络时，经常会遇到精彩的文章、图片、音乐或者一些有用的信息，但是没有网络的时候是不能查看的，为了更好地解决这个问题，则要想办法将这些精彩的内容保存在计算机中。

浏览网页的时候，若网页中想保留的信息比较多，就可以将整个网页一起保存下来，以便随时浏览，具体步骤如下：

(1)“另存为”命令保存网页

打开需要保存的网页，在IE浏览器的工作窗口中选择“文件”→“另存为”命令。

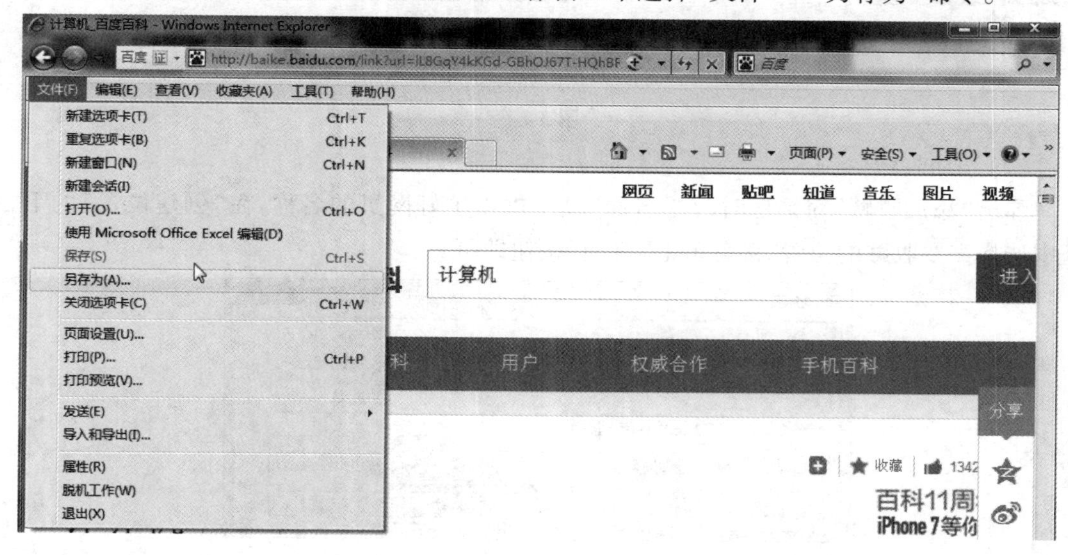

图 3-2-5

(2)在弹出的“保存网页”窗口中进行设置和保存即可。

四、收藏夹的使用

想收藏一些今后会多次浏览的网页时，我们可以采用浏览器提供的收藏夹功能来实现。通过它就可以将曾经访问过的网站存储起来，需要访问时可以从收藏夹中直接选择，从而省去再次搜索的麻烦。

对于经常访问的网页，可以将其收藏在IE收藏夹中，在需要浏览的时候直接通过收藏夹打开网页，具体操作步骤如下：

(1)单击“添加到收藏夹”按钮

打开要添加到收藏夹中的网页,单击工具栏中的“收藏夹”按钮,在打开的“收藏夹”窗口中单击“添加到收藏夹”按钮。

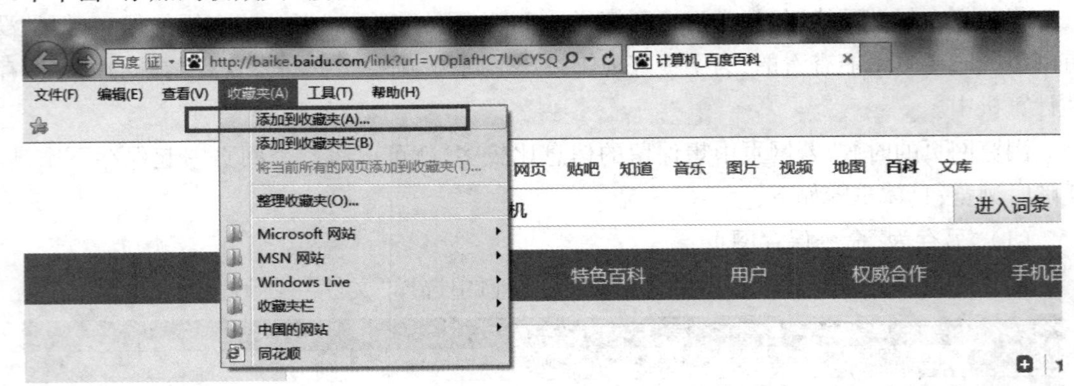

图 3-2-6

(2)添加收藏

弹出“添加收藏”对话框时,在“名称”文本框中填好网页的名称,在“创建位置”的下拉框中选择需要收藏的位置,接着单击“添加”按钮即可。

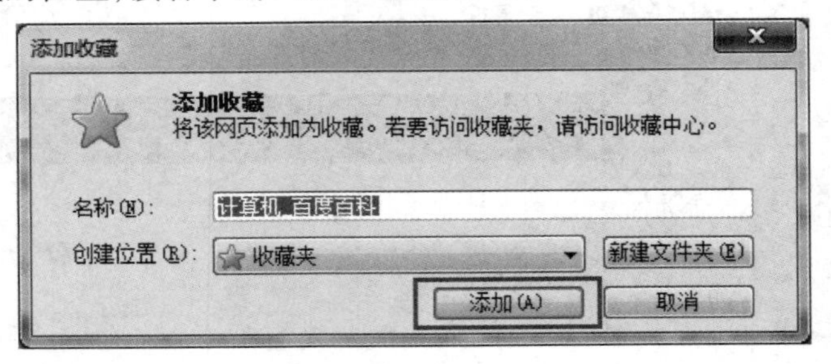

图 3-2-7

(3)整理收藏夹

随着浏览网页的数量越来越多,想要收藏的网页也越来越多,因此收藏夹需要加以整理。具体操作如下:

打开 IE 浏览器,单击工具栏中的“收藏夹”按钮→选择“整理收藏夹”命令→单击“新建文件夹”按钮→新建文件夹并输入名称(可以在收藏夹中建立多个文件夹类别,以便区分不同用途的网页)→将收藏的网页分别拖到不同的类别文件夹中。

如果要更改网页名称或分类文件夹的名称,则需选中该文件夹后单击“重命名”按钮,输入新的名称即可。整理完收藏夹后,在 IE 窗口中点击“收藏夹”按钮,则展现在用户面前的就是分类好的文件夹目录,再点开文件夹就可以查看收藏的网页了。

图 3-2-8

五、清除 IE 浏览器的历史记录

长期使用 IE 浏览器畅游网络时，难免会积下很多临时文件、历史记录和 cookie 等信息，而这些文件的留存一是会影响浏览效果、二是可能还会有病毒或木马，所以要定期清理这些临时性文件，从而更好地浏览网络信息。具体操作如下：

①打开浏览器点击右上角的“工具”按钮，选择 Internet 选项。

图 3-2-9

②在弹出的窗口点击“删除”按钮。

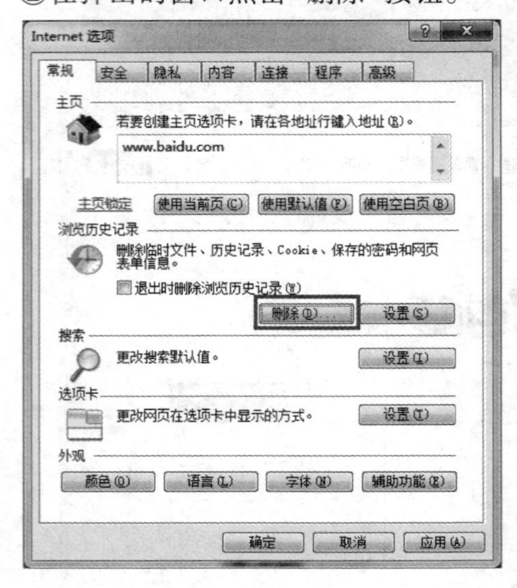

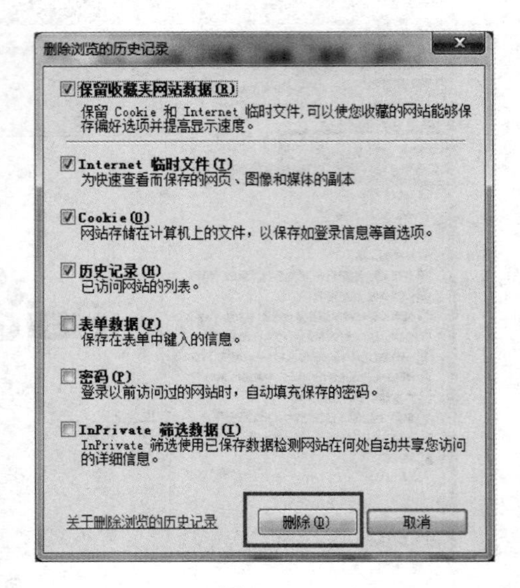

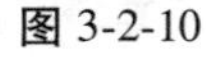

图 3-2-10　　　　图 3-2-11

③在弹出的“删除浏览的历史记录”窗口中选择你想删除的记录和临时文件，点击“删除”按钮完成。

六、将 Web 站点设置为主页

更改主页的方法如下(以百度首页为例)：

①打开浏览器，单击右上角的工具按钮，选择 Internet 选项。

②弹出 Internet 选项后，在主页的空白位置输入百度网站的网址，然后点击确定按钮完成设置。

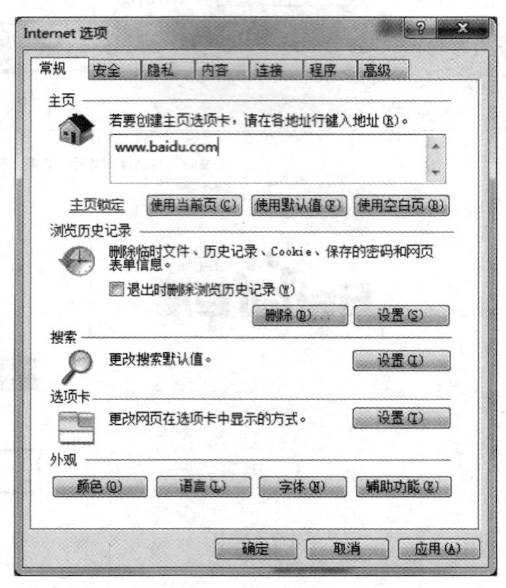

图 3-2-12

七、使用历史记录

浏览器的历史记录记录着平时我们上网浏览过的网页，可以利用历史记录回头搜索之前的网页，或者前几天浏览过的网页。

①打开浏览器后，单击右上角的“工具”按钮，然后在下拉菜单中单击“浏览器栏”，在右侧弹出的菜单中单击“历史记录”。

图 3-2-13

②通过快捷按键“Ctrl+Shift+I”调出收藏夹侧边栏，然后单击历史记录，在显示的记录中按照日期找寻想要查看的网页。

八、电子邮件(E-mail)

电子邮件(E-mail)是一种用电子手段提供信息交换的通信方式，是互联网应用最广的服务。通过网络的电子邮件系统，用户可以以非常低廉的价格、非常快速的方式，与世界上任何一个角落的网络用户联系。

电子邮件可以是文字、图像、声音等多种形式。

电子邮件地址一般由用户名和主机域名两部分组成，中间用符号“@”来连接，且每个用户的电子邮件地址是唯一的，具体形式如 GZCHEN@126.COM。

发送过程如下：

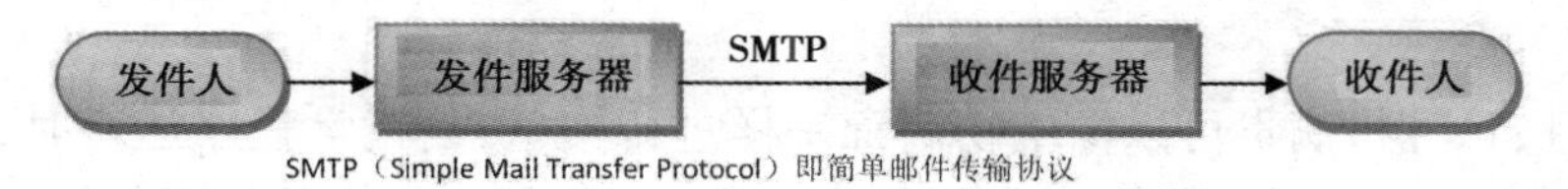

图 3-2-14

用户可以到各个邮箱站点申请免费邮箱。如到网易邮箱首页点击注册，然后按照网页

提供的提示逐步填入个人信息，接着按照提示进入到自己申请的邮箱。发邮件时，纵使对方不在网上，邮件也会发送到邮件服务器中保存起来。

注意：密码构成最好包含字母、数字及其他字符，如@、#、$、&等，不要简单地用生日或电话数字作为密码，注意一定要记住（先写下来）邮箱的用户名和密码。

发送、接收邮件操作：

（1）发邮件：在"收件人"处填写完整的邮箱地址（如 GZDZXX@ 126.COM）。

• 当发给多个收件人时，邮箱地址之间用英文下的"；"号隔开。如 aaaaaaa@ 126.COM；1111111@ QQ.COM。

• "主题"：填写与本次邮件相关的文字，如：王晓易的作业。邮件简短的内容可直接写在内容窗口中。

• 如果要发送一个文件，用"添加附件"来完成。当附件大小超过邮箱的普通附件大小时，则会提醒用户使用超大附件进行添加，上传时间相对久一点，具体视网速而定。

• 发多个文件时，可以先把这些文件进行压缩打包，生成一个压缩文件后再添加附件来发送。

（2）收邮件：进入邮箱后点击"收件箱"就可以查看所收到的所有 E-mail。

（3）回复邮件：进入收件箱后，点开要查看的邮件，然后点开右上角的"回复"按钮就可以编辑邮件，编辑完成后点击"发送"按钮。

九、计算机病毒及查杀

在畅游网络时，难免会因为遇到计算机病毒而使我们的文件或软件甚至是计算机系统等遭到破坏，因此了解计算机病毒以及如何查杀病毒则显得至关重要。

1.计算机病毒

计算机病毒（Computer Virus）是编制者在计算机程序中插入的破坏计算机功能或者数据的代码，能影响计算机使用，能自我复制的一组计算机指令或者程序代码。

计算机病毒具有传播性、隐蔽性、感染性、潜伏性、可激发性、表现性或破坏性。计算机病毒的生命周期：开发期→传染期→潜伏期→发作期→发现期→消化期→消亡期。

计算机病毒是一个程序，一段可执行代码。就像生物病毒一样，具有自我繁殖、互相传染以及激活再生等生物病毒特征。计算机病毒有独特的复制能力，它们能够快速蔓延，又常常难以根除。它们能把自身附着在各种类型的文件上，当文件被复制或从一个用户传送到另一个用户时，它们就随同文件一起蔓延开来。

2.病毒特点

• 繁殖性：计算机病毒可以像生物病毒一样进行繁殖，当正常程序运行时，它也进行自身复制，是否具有繁殖、感染的特征是判断某段程序为计算机病毒的首要条件。

• 破坏性：计算机中毒后，可能会导致正常的程序无法运行，计算机内的文件被删除或受到不同程度的损坏。计算机病毒还会破坏引导扇区及 BIOS，从而使硬件环境受到破坏。

• 传染性：计算机病毒传染性是指计算机病毒通过修改别的程序将自身的复制品或其变体传染到其他无毒的对象上，这些对象可以是一个程序也可以是系统中的某一个部件。

• 潜伏性：计算机病毒潜伏性是指计算机病毒可以依附于其他媒体寄生的能力，侵入后的病毒潜伏到条件成熟才发作，会使计算机变慢。

• 隐蔽性：计算机病毒具有很强的隐蔽性，可以通过杀毒软件检查出来少数，隐蔽性计算机病毒时隐时现、变化无常，这类病毒处理起来非常困难。

• 可触发性：编制计算机病毒的人，一般都为病毒程序设定了一些触发条件，例如，系统时钟的某个时间或日期、系统运行了某些程序等。一旦条件满足，计算机病毒就会"发作"，使系统遭到破坏。

3.病毒的查杀

(1)杀毒软件常识

杀毒软件可以查到病毒，但是不一定能杀掉所有病毒。

一台计算机每个操作系统下不必同时安装两套或两套以上的杀毒软件（除非有兼容或绿色版，其实很多杀毒软件兼容性很好，国产杀毒软件几乎不用担心兼容性问题），另外建议查看不兼容的程序列表。

杀毒软件对被感染的文件处理有多种方式：清除、删除、禁止访问、隔离、不处理。

• 清除：清除被蠕虫感染的文件，清除后文件恢复正常。相当于如果人生病，清除是给这个人治病，而删除是人生病后直接杀死。

• 删除：删除病毒文件。这类文件不是被感染的文件，本身就含毒，无法清除，可以删除。

• 禁止访问：禁止访问病毒文件。在发现病毒后用户若选择不处理则杀毒软件可能将病毒禁止访问。用户打开时会弹出错误对话框，内容是"该文件不是有效的 Win32 文件"。

• 隔离：病毒删除后转移到隔离区。用户可以从隔离区找回删除的文件。隔离区的文件不能运行。

• 不处理：不处理该病毒。如果用户暂时不知道是不是病毒可以暂时先不处理。

大部分杀毒软件是滞后于计算机病毒的。所以，除了及时更新升级软件版本和定期扫描以外，还要注意充实自己的计算机安全以及网络安全知识，做到不随意打开陌生的文件或者不安全的网页，不浏览不健康的站点，注意更新自己的隐私密码，配套使用安全助手与个人防火墙等。这样才能更好地维护好自己的计算机以及网络安全！

(2)360 杀毒软件的使用

360 杀毒是 360 安全中心出品的一款免费的云安全杀毒软件，具有查杀率高、资源占用少、升级迅速等优点。它创新性地整合了五大领先查杀引擎，包括国际知名的 BitDefender 病毒查杀引擎、小红伞病毒查杀引擎、360 云查杀引擎、360 主动防御引擎以及 360 第二代 QVM 人工智能引擎，为用户带来安全、专业、有效、新颖的查杀防护体验。其防、杀病毒能力得到多个国际权威安全软件评测机构认可，荣获多项国际权威认证。

打开 360 杀毒软件，在界面上显示了已开启的病毒防御情况，并提供了快速扫描、全盘扫描、自定义扫描和宏病毒扫描。

图 3-2-15

- 点击“快速扫描”，对 Windows 系统目录及 Program Files 目录进行快速杀毒；
- 点击“全盘扫描”可以对所有磁盘进行扫描杀毒；
- 点击图中的检查更新，接着弹出“升级”窗口进行更新。

项目检测

一、选择题

1.所谓互联网，是指（　　）。

A.同种类型的网络及其产品相互连接起来

B.同种或异种类型的网络及其产品相互连接起来

C.大型主机与远程终端相互连接起来

D.若干台大型主机相互连接起来

2.互联网络的基本含义是（　　）。

A.计算机与计算机互联　　B.计算机与计算机网络互联

C.计算机网络与计算机网络互联　　D.国内计算机与国际计算机互联

3.计算机网络最突出的优点是（　　）。

A.运算速度快　　B.运算精度高

C.存储容量大　　D.资源共存

4.我们将鼠标移到网页上面部分的内容上，发现鼠标的形状变成了手型，在网页上的这种文字或图标我们称为（　　）。

A.收藏　　B.超级链接　　C.邮件　　D.指针

5.计算机网络是计算机与（　　）结合的产物。

A.电话　　B.通信技术　　C.线路　　D.各种协议

6.IE 收藏夹中保存的内容是(　　)。

A.网页的内容　　B.网页的 URL　　C.网页的截图　　D.网页的映像

7.用户要想在网上查询 WWW 信息,必须安装并运行一个被称为(　　)的软件。

A.HTTP　　B.YAHOO　　C.浏览器　　D.万维网

8.下列有关因特网的叙述,(　　)的说法是错误的。

A.因特网是国际计算机互联网　　B.因特网是计算机网络的网络

C.因特网上提供了多种信息网络系统　　D.万维网就是因特网

9.在浏览网页时,可下载自己喜欢的信息是(　　)。

A.文本　　B.图片　　C.声音和影视文件　　D.以上信息都可以

10.如果电子邮件到达时,你的计算机没有开机,那么电子邮件将(　　)。

A.退回给发件人　　B.永远保存在服务器的主机上

C.过一会儿对方重新发送　　D.永远不会发送

11.Internet 最重要的信息资源是 Web 网页,浏览网页最常用的软件是(　　)。

A.Word　　B.Internet Exporer　　C.Outlook Express　　D.Photoshop

12.万维网的简称为(　　)。

A.www　　B.Http　　C.Web　　D.Internet

13.下列四项中,合法的电子邮件地址是(　　)。

A.wang-em.hxing.com .cn　　B.em.hxing.com .cn-wang

C.em.hxing.com .cn@ wang　　D.wang@ em.hxing.com .cn

14.如果没有固定使用的计算机,使用邮件的最好方式是(　　)。

A.使用邮件管理软件来管理电子邮件　　B.不能使用电子邮件

C.使用基于 Web 方式的邮件　　D.以上都不对

15.电子信函(电子邮件)的特点之一是(　　)。

A.比邮政信函电报电话传真都要快

B.在通信双方的计算机之间建立起直接的通信线路后即可快速传递数字信息

C.采用存储—转发方式在网络上逐步传递数据信息,不像电话那样直接及时但费用低廉

D.在通信双方的计算机都开机工作的情况下可快速传递数字信息

16.下面关于木马病毒的目的的说法,正确的是(　　)。

A.木马病毒的目的是在联网的计算机里强行弹出广告信息

B.木马病毒的目的是偷窃别人隐私,盗窃别人密码和数据而获得经济利益

C.木马病毒的目的是破坏计算机系统,导致系统瘫痪或无法正常使用

D.木马病毒的目的是通过自我复制、主动传播的能力,造成网络阻塞

17.我们如果要将自己使用的计算机上的文件传送到远处的服务器上,称为(　　)。

A.复制　　B.上传　　C.下载　　D.粘贴

18.下列关于计算机病毒的描述,正确的是(　　)。

A.正版软件不会受到计算机病毒的攻击

B.光盘上的软件不可能携带计算机病毒

C.计算机病毒是一种特殊的计算机程序,因此数据文件中不可能携带病毒

D.任何计算机病毒一定会有清除的方法

19.QQ 是(　　)。

A.FTP 软件　　B.邮件管理软件　　C.搜索引擎　　D.即时通信软件

20.下列选项中,具有网络搜索引擎功能的网站有(　　)。

A.www.5566.net　　B.www.jyt.edu.cn

C.www.baidu.com　　D.www.google.com

二、判断题

1.在 Internet 网上可以传递多媒体信息。(　　)

2.E-mail 是用户或用户组之间通过计算机网络收发信息的服务。(　　)

3.WWW 是利用超文本和超媒体技术组织和管理信息浏览或信息检索的系统。(　　)

4.向对方发送电子邮件时,要求对方一定开机。(　　)

5.发送电子邮件时,一次发送操作只能发送给一个接收者。(　　)

6.使用电子邮件的首要条件是拥有一个电子信箱,电子信箱是由提供邮件服务的机构,为用户在与因特网相连的计算机上的磁盘上开辟的一块存储区域。(　　)

7.因特网上一台主机的域名由 3 部分组成。(　　)

项目小结

本项目讲解了浏览器相关使用的操作、利用搜索引擎查询资料、如何收发电子邮件,以及在遇到病毒时如何使用学过的方法来查杀病毒。

Word 文字处理软件

Word 是微软公司办公软件 Microsoft Office 的组件之一，简称文字处理软件，是我们日常工作、生活中必备的办公软件之一。在 Word 的环境中可以创建各种文档，如公文、邀请函等；可以创建内容、版面丰富多彩的图文混排文档，如报刊、宣传海报、宣传单等；可以创建表格，如求职简历、销售单、登记表等。

知识目标

- 熟悉 Word 的启动和退出；熟悉 Word 的基本操作，如创建、保存、打开、关闭文档等。
- 熟悉 Word 文档的编辑和格式设置。
- 熟悉 Word 表格的制作，并对表格进行修饰。
- 掌握快捷键、快捷菜单、工具栏和菜单命令的使用。
- 掌握在文档中插入图片、图形、艺术字等，并对它们进行相应设置。
- 掌握在文档中插入页眉/页脚，以及设置文档的一些特殊效果，如分栏、首字下沉等。
- 掌握对文档进行页面设置和打印等。

能力目标

- 能根据要求在 Word 文档环境中录入文档。
- 能根据要求对 Word 文档进行格式设置。
- 能根据要求对 Word 文档页面进行合理设置。
- 能根据需求在 Word 环境中进行图文混排。

学习模块

项目一　Word 入门

项目二　制作办公类文档

项目三　页面及版式设计

项目四　制作板报

项目五　制作表格

项目一 Word 入门

项目目标

- 认识 Word 窗口界面，熟悉界面的结构及名称。
- 熟练掌握 Word 新建、编辑、保存等基本操作；
- 熟悉在 Word 环境中录入各种常用字符。
- 熟悉 Word 环境中字体格式的设置。
- 熟悉 Word 环境中段落格式的设置。
- 掌握边框底纹的操作。
- 掌握项目符号与编号的操作。

项目任务

任务一 Word 文档创建与编辑

任务二 字体、段落格式设置

任务三 项目符号/编号、边框/底纹的操作

任务四 排版

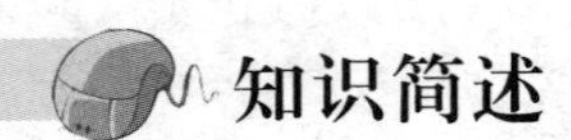

知识简述

一、Word 简述

Word 是微软公司办公软件 Microsoft Office 的组件之一，简称文字处理软件，是我们日常工作、生活中必备的办公软件之一。在 Word 的环境中可以进行各种文字的编辑、制作图文混排的文档、建立表格等。

Word 环境中编辑的文档默认扩展名为：.docx。

二、启动 Word 环境，新建 Word 文档

启动 Word 的方法有很多种，常用的启动方法有：

方法 1:使用开始菜单——单击“开始→Microsoft Office→Microsoft Word”命令,即可启动 Word,同时新建 Word 文档。

方法 2:使用快捷方式——双击建立在 Windows 桌面上的 Microsoft Office Word 的快捷图标或快速启动栏中的图标,即可启动 Word。

方法 3:打开已有的 Word 文档——双击任意已经创建好的 Word 文档,在打开该文档的同时,启动 Word 应用程序。

三、退出 Word 环境

常用的退出 Word 环境的方法有:

方法 1:单击 Word 窗口右上角的“关闭”按钮。

方法 2:单击“文件→退出”命令即可。

方法 3:按快捷键 Alt+F4。

四、认识 Word 环境的工作界面

Word 工作界面由标题栏、选项卡标签、快速访问工具栏、功能区、文本编辑区、状态栏、视图方式和显示比例等组成,如图 4-1-1 所示。

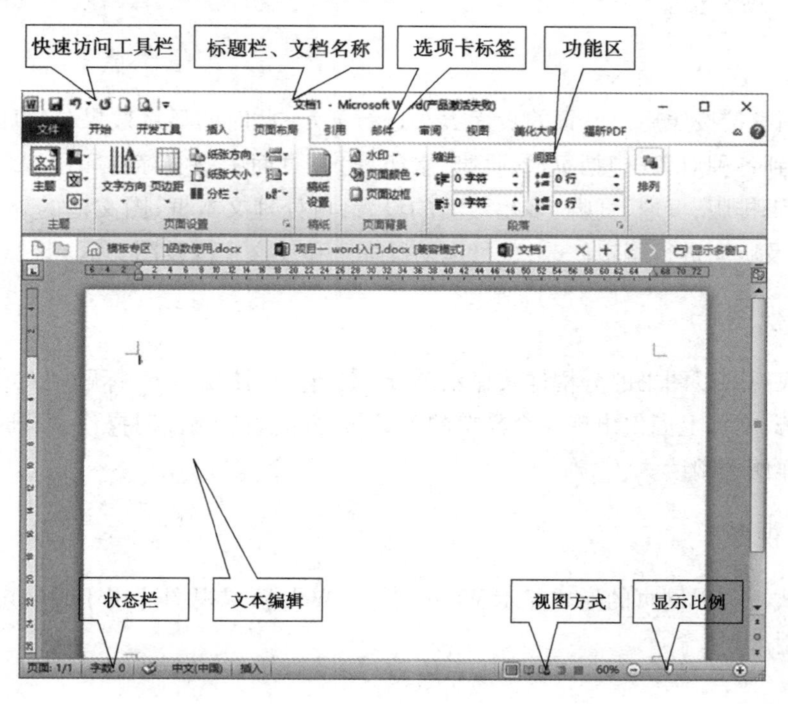

图 4-1-1

● 标题栏:位于 Word 窗口最上方,由左至右分别有快速访问工具栏、文档名称、最小化、

最大化(或还原)、关闭按钮。

• 选项卡标签:位于标题栏的下方,由文件、开始、插入、页面布局、引用、邮件、审阅、视图等标签组成,单击每个选项卡,在功能区将显示其对应的功能。

• 功能区:位于选项卡标签的下方,显示的是当前选项卡标签的内容,当前选项卡标签不同,功能区的内容也随之改变。

• 状态栏:位于 Word 窗口的最下方,用来显示该文档的基本数据,如“页面:2/8”表示该文档一共有 8 页,当前显示的是第 2 页;“字数”显示文档中的总字数,单击它可打开“字数统计”对话框,将显示更加详尽的统计信息。

• 显示比例:Word 环境有三种调整显示比例的方法:

方法 1:用鼠标拖动位于 Word 窗口右下角的显示比例按钮 100% 。

方法 2:选择“视图”中“显示比例”组中的“显示比例”,进行详细的设置。

方法 3:鼠标快捷键缩放显示比例——按住 Ctrl 键+滚动鼠标滑轮。

五、Word 的文档视图

Word 环境中提供了多种视图模式,包括页面视图、阅读版式视图、Web 版式视图、大纲视图、草稿等,用户可以在“视图”选项卡的“文档视图”组中选择需要的文档视图模式,也可在状态栏右下角选择视图模式。

1.页面视图

页面视图直接按照用户设置的页面大小进行显示,此时的显示效果与打印效果完全一致,可从中看到各种对象(包括页眉、页脚、水印等)在页面中的实际打印位置。在页面视图中,可进行编辑排版、页眉、页脚、多栏版面的设置,可处理文本框、图文框的外观,并且可对文本、格式以及版面进行编辑修改,也可拖动鼠标来移动文本框及图文框。

2.阅读版式视图

阅读版式视图以图书的分栏样式显示 Word 文档。在该视图下,标题栏、功能区、状态栏都将隐藏起来,文档上面仅出现一个简单的工具条,方便用户阅读时操作。此时的文档就像翻开的书一样便于阅读。

3.Web 版式视图

Web 版式视图以网页的形式显示 Word 文档。Web 版式视图适用于发送电子邮件和创建网页时使用。

4.大纲视图

大纲视图按照文档中标题的层次来显示文档,可以方便地折叠、展开各种层级的文档。

在该视图下,还可以通过拖动标题来移动、复制或重新组织正文,方便长文档的快速浏览和修改。

5.草稿

草稿视图也称为普通视图,它取消了页面边距、分栏、页眉、页脚和图片等元素,仅显示标题和正文,是最节省计算机系统硬件资源的视图模式。

六、文档的创建与打开

1.创建新的文档

启动 Word 环境,系统将自动建立一个名为“文档 1”的新文档,用户可直接使用。如果在使用 Word 的过程中,还需重新创建另一个或多个新文档,使用方法有:

方法 1:单击“文件→新建”命令,在弹出的对话框中选择“空白文档”,单击“创建”按钮,即可新建一个空白文档。

方法 2:快捷操作 Ctrl+N。

2.打开已有文档

当用户需要对已经存在的文档进行编辑、修改等操作时,必须先打开该文档。使用方法有:

方法 1:单击“文件→打开”命令,在弹出的“打开”对话框中选择查找范围,选中需要打开的文件,单击“打开”按钮,即可打开已有文档。

方法 2:快捷操作 Ctrl+O。

七、文本的输入与编辑

1.文本的输入

新建文档或打开已有的文档后,就可以直接在文档中输入内容了。

- 在 Word 中输入文字时,每按一次回车键,就表示一个自然段的结束,另一个自然段的开始。为了便于区分每个独立的段落,在段落的结束处都会显示一个段落标记符号。段落标记符号不仅用来标记一个段落的结束,它还保留着有关该段落的所有格式设置,如对齐方式、缩进方式等。
- 每输入到一行的末尾时,Word 会自动将插入点转到下一行。

提示

在 Word 环境中录入文本,除非有新的段落产生,否则不要按回车键。

- 中英文录入——直接通过键盘录入。
- 输入法之间的切换——Ctrl+Shift。
- 搜狗拼音输入法内中文与英文之间的切换——Shift，搜狗拼音输入法的工具栏如图4-1-2所示。

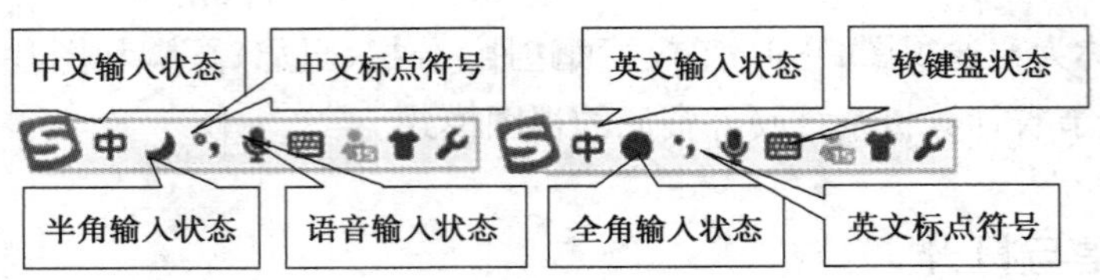

图 4-1-2

- 可以通过软键盘输入特殊符号。

2.文本的编辑

在 Word 文档中，文档最基本的编辑包括选定文本、删除文本、移动文本和复制文本。

- 删除文本：先选定要删除的文本，然后按 Delete 键即可删除；或把插入点定位到要删除的文本之前，通过退格键进行删除；若把插入点定位到要删除的文本之后，则需要通过 Delete 键进行删除。也就是退格键用于删除插入点前面的对象、Delete 键用于删除插入点后面的对象。
- 选择文本：在词组之间双击鼠标可以选择某一词组；鼠标单击行的前面空白处可以选择一行；鼠标双击某段落前面的空白处可以选择某段落；鼠标连续三击段落前面的任意空白处可以选择全文；按住鼠标左键拖动可以选择某一区域、按住 Ctrl+鼠标拖动可以选择不连续的文本。
- 合并某两个段落：如果要将某两个段落合并成一个段落，只需要将两个段落之间的段落标记↵删除。
- 拆分段落：如果要将一个段落拆分成两个段落，只需在拆分处按回车键。

八、文档的保存与关闭

1.文档的存储类型

Word 文档可以存储的文件类型，如图 4-1-3 所示。

- .docx：Word 默认的保存文档类型。
- .html 或.htm：网页文档，用于网页制作，通过浏览器打开。
- .dotx：文档模板，用于制作同类型版式的文档。

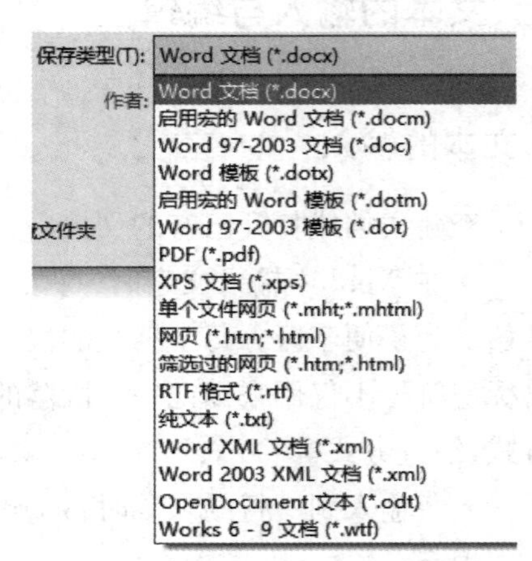

图 4-1-3

2.文档的保存

新建的文档或编辑的文档只是暂时存放在计算机的内存中,若文档未经保存就关闭Word 程序,文档内容就会丢失,所以必须将文档保存到磁盘上,才能达到永久保存的目的。保存文档的方法如下:

(1)保存新文档

首次保存文档时,必须指定文件名称和文件存放的位置以及保存文档的类型,方法有:

方法 1:单击"文件→保存(S)"命令,弹出"另存为"对话框,在弹出的对话框中选择好文件存储的位置、文件名,如图 4-1-4 所示。

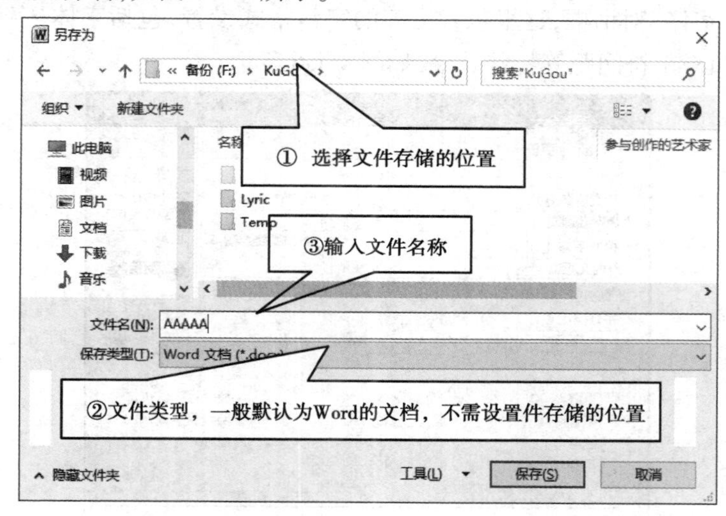

图 4-1-4

方法 2:按快捷键 Ctrl+S,弹出"另存为"对话框。

(2)保存已有文档

如果文档不是第一次保存,又不需要更改文件类型、名字、存储位置,保存文件时,直接执行"文件→保存"命令保存,不会弹出"另存为"对话框;或按快捷键 Ctrl+S 直接存储即可。

(3)另存为文档

如果要将文档保存为其他名称,或其他格式,或保存到其他文件夹中,单击"文件→另存为"命令,弹出"另存为"对话框,设置文件的名字、类型、存储位置等参数,完成文件的保存。

九、设置字体格式

设置字体格式主要是对文字的字体、字形、字号、颜色、下划线、上标、下标及动态效果等进行设置。

无论选择哪种方法,设置字体格式都得先选定需要设置格式的文本,然后再设置字体格式。

方法1:单击“开始”选项卡中“字体”组的各项命令如图4-1-5所示,可以设置选定文本的字体、字号、颜色、加粗、倾斜等。

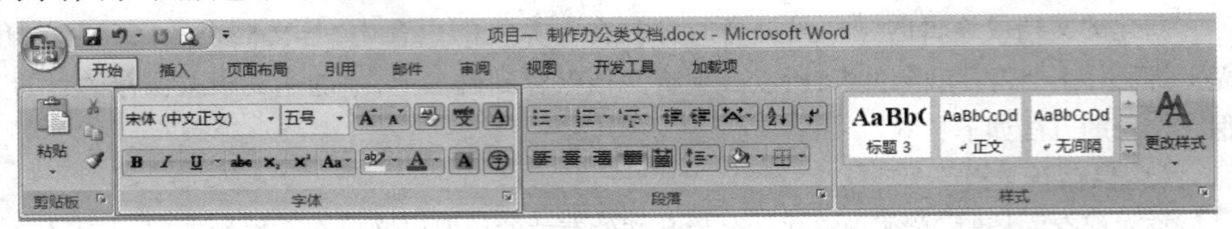

图 4-1-5

方法2:如果以上方法需要设置的字体格式不够用的话,可以单击“字体”组右下角的命令按钮,弹出“字体”对话框,这里包含更多的字体格式设置,包括字体、字形、字号、颜色、上下标、阴影、空心、字符间距等特殊效果,如图4-1-6所示。

图 4-1-6

1.字体

常用的字体有宋体、楷体、黑体、微软雅黑。一般标题采用黑体、微软雅黑,正文采用宋体、楷体等。在文章中适当地变换字体,可以使文章显得结构分明、重点突出。Word环境中包含了多种中英文字体,也可以根据需要装入其他字体。

2.字号

用于设置字体的大小,Word环境中有两种字号:中文字号和英文字号。中文字号从初号到八号共16级,字号越小,字越大;英文字号以磅值为单位,从5磅到72磅共21级,磅值越小,字越小。

3.字形

Word 环境中可以把文字设置成常规字形、倾斜字形、加粗字形等。

4.字体颜色

Word 环境中可以给文字设置预设的“主题颜色”，也可以在“其他颜色”中选择合适的颜色。

5.字体效果

字体效果是指文字的显示效果，如删除线、阴影、阳文、阴文、上标、下标等。

6.字符间距

字符间距是指文本中相邻两个字符间的距离，包括 3 种类型，分别是“标准”“加宽”和“紧缩”。

7.字符缩放

可以很容易将文本设置成扁体字或长体字。从“字符缩放”子菜单中选择缩放比例，如果选择一个小于 100%的缩放比例，可以将选定的文本设置为长体字；如果选择一个大于 100%的缩放比例，可以将选定的文本设置为扁体字。

8.字符边框和底纹

设置字符边框是指文字四周添加线型边框，设置字符底纹是指文字添加背景颜色。

十、设置段落格式

在编辑文档时，需要对段落格式进行设置，段落格式设置主要指段落的缩进、段间距、行间距、对齐方式、大纲级别等，如图 4-1-7 所示。

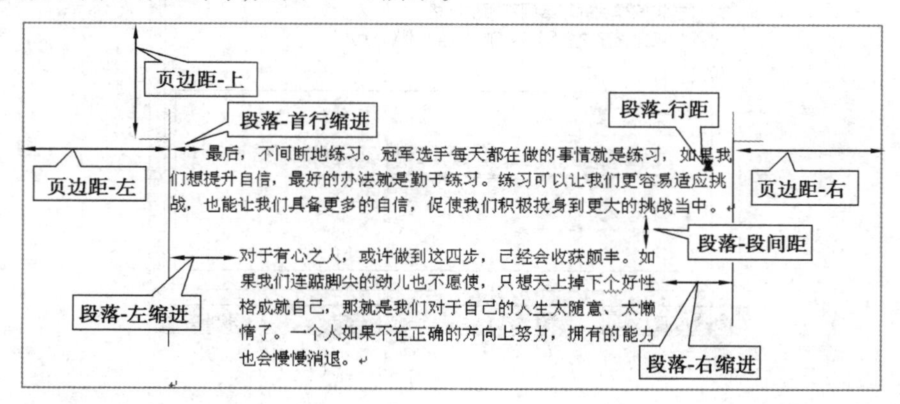

图 4-1-7

设置段落格式可以使文档结构清晰,层次分明。

操作对象:光标所在的段落。

设置段落格式通常有以下方法:

方法 1:在“开始”选项卡中的“段落”组中设置,主要可以设置段落的对齐方式、行间距、段间距等,如图 4-1-8 所示。

图 4-1-8

方法 2:单击“段落”组右下角的 命令按钮,弹出“段落”对话框设置段落的格式。常见的段落格式包括对齐方式、缩进、特殊格式、间距、行距等,如图 4-1-9 所示。

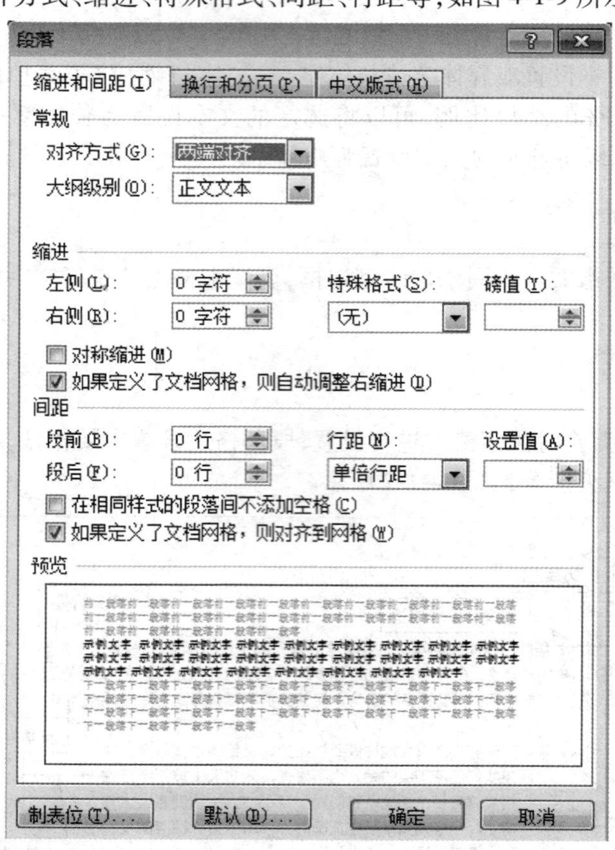

图 4-1-9

方法 3:段落缩进一般可通过设置制表位或使用 Tab 键实现。

方法 4:通过拖动窗口标尺上的游标,如图 4-1-10 所示。

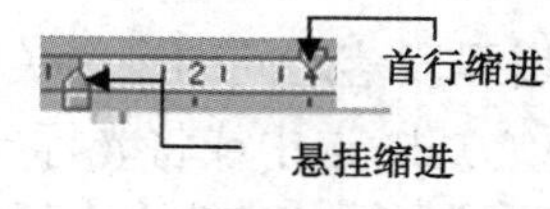

图 4-1-10

1.对齐方式

Word 环境中有 5 种对齐方式,分别是左对齐、右对齐、居中对齐、两端对齐、分散对齐。

2.缩进

段落缩进可分为一般缩进和特殊格式缩进两种。左缩进和右缩进为一般缩进,指整个段落与左、右页边界之间的距离。特殊格式缩进有首行缩进、悬挂缩进,可以对段落中第一行的缩进量进行设置。

- 左缩进:控制段落中所有行与左边界的距离。
- 右缩进:控制段落中所有行与右边界的距离。

3.特殊格式

- 首行缩进:控制段落的第一行第一个字的起始位置。
- 悬挂缩进:控制段落中第一行以外的其他行的起始位置。

4.段间距

段间距是指段落与段落之间的距离,包括段前间距和段后间距。在段落之间适当地设置一些空白,使文章的结构更清晰、更易于阅读。

5.行间距

行间距是指文本中行与行之间的垂直距离。Word 中提供了多种可供选择的行距,如"单倍行距""1.5 倍行距""2 倍行距""最小值""固定值"和"多倍行距"等。

十一、项目符号和编号

在文档中适当采用项目符号和编号可以使文档内容清晰、层次分明。

项目符号和编号都是以自然段落为标志。项目符号是为选中的自然段落编辑符号,如◆、●等;编号则是为选中的自然段落编辑序号,如 1、2、3 等。

1.设置项目符号

项目符号是指放在文本前以强调效果的点或其他符号。为了让文本更醒目,可以给文本添加项目符号。

方法:选中或将光标放在需要设置项目符号的段落,单击"开始"选项卡中"段落"组的"符号"按钮,选中合适的项目符号,如图 4-1-11 所示。

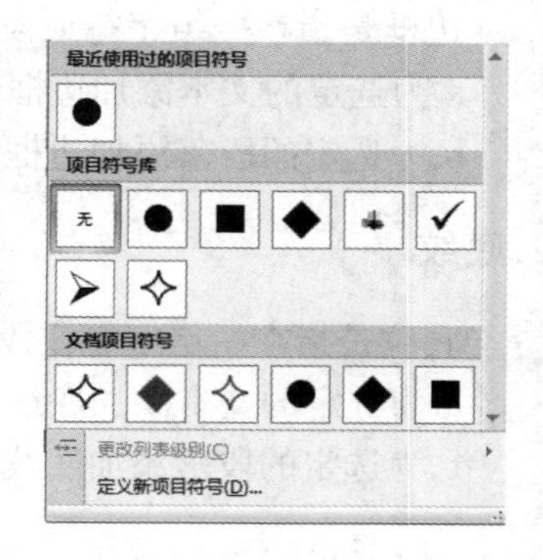

图 4-1-11

2.设置编号

编号是指放在文本前具有一定顺序的字符。使用编号可

以增强段落之间的逻辑关系,从而提高 Word 文档的阅读性。

方法:选中或将光标放在需要设置项目符号的段落,单击“开始”选项卡中“段落”组的“编号”按钮,选中合适的序号,如图 4-1-12 所示。

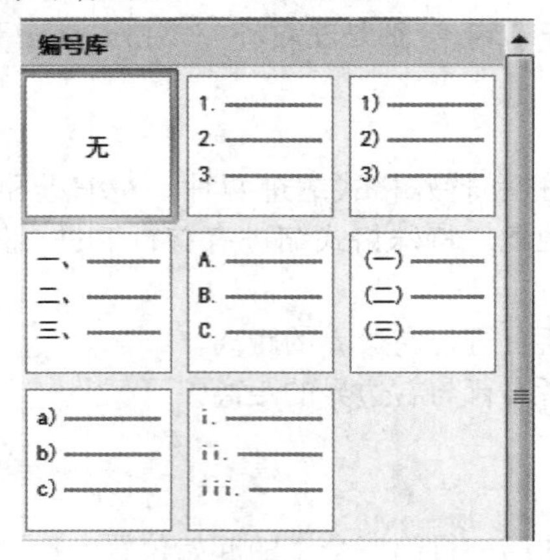

图 4-1-12

十二、边框与底纹

边框和底纹用于美化文档的版面,用户可以为文字、图形和表格添加边框,并用底纹填充背景,从而达到美化文档的效果。

操作对象:

- 所选定的字符。
- 所选定的段落。

操作提示:

单击“开始”选项卡中段落组的按钮,在弹出的下拉菜单中选择 边框和底纹(O)... 。

1.边框

边框是指在一组字符或段落周围应用边框。操作步骤如图 4-1-13 所示。

a.为选定的文本添加边框。

b.为选定的段落添加边框。

2.底纹

底纹是指在一组字符或段落添加底纹效果。操作步骤如图 4-1-14 所示。

a.为选定的文本添加底纹。

b.为选定的段落添加底纹。

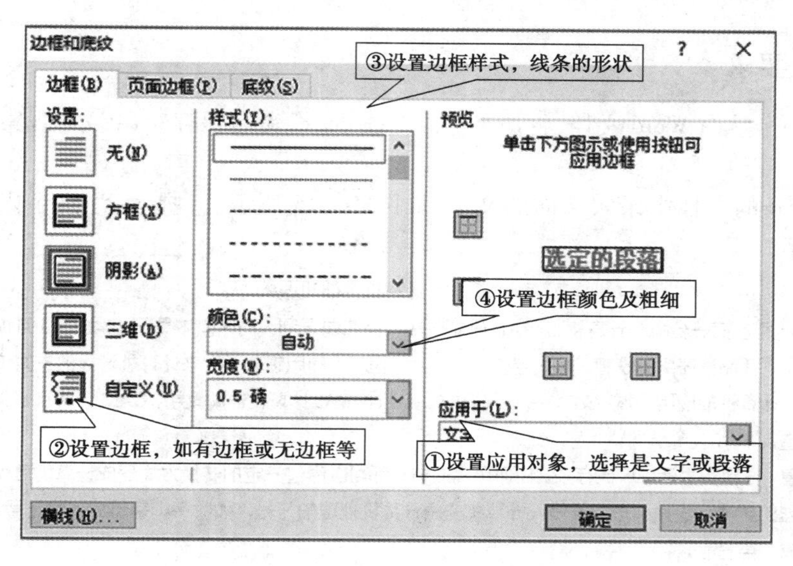

图 4-1-13

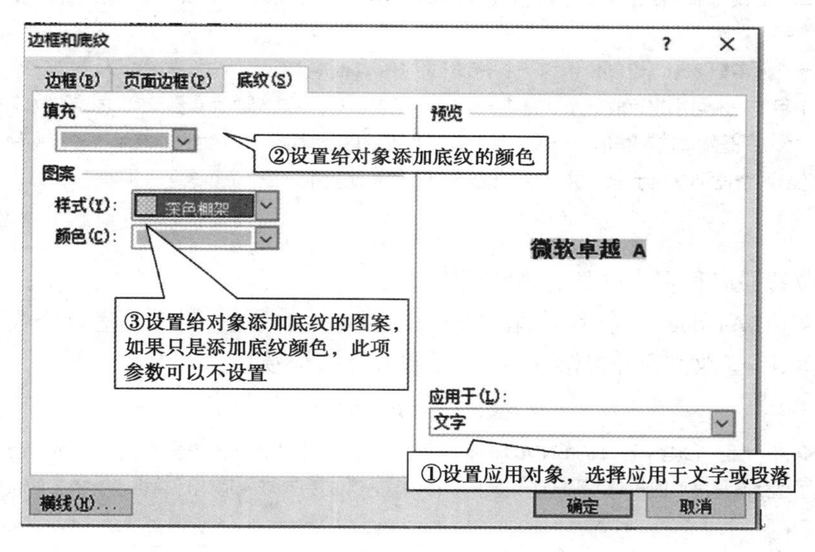

图 4-1-14

项目检测

任务一　Word 文档创建与编辑

学习目标

①熟练掌握 Word 新建、编辑、保存等基本操作；

②熟悉在 Word 环境中录入各种常用字符。

任务实施及要求

①新建一个空白 Word 文档，将该文档以"A1.docx"命名保存。（提示：观察标题栏的变化）

②在 Word 的文档中录入下面的文字，如图 4-1-15 所示。（提示：注意录入的过程中段落与行的关系）

第一章　　计算机基础知识↵

1946 年，第一台电子计算机 ENIAC 研制成功。美籍匈牙利人冯·诺依曼于 1946 年 6 月提出了"存储程序"的设想。冯·诺依曼的"存储程序"的思想成了后来计算机设计的主要依据。计算机的应用领域：CAD——计算机辅助设计、CAI 计算机辅助教学、CAM 计算机辅助制造。↵

信息：在现实生活中广泛存在。任何形式的信息都可以通过一定的转换方式变成计算机直接处理的数据。数据：指能够输入计算机并由计算机处理的符号，如数字、字母、各种符号、图表、声音等。↵

计算机的数据单位在计算机内部，数据是以二进制形式存储和运算的，采用的单位有位、字节、字。↵

字节：通常把 8 个二进制位作为一个字节，即 1B=8bit。↵

一个字节一般可用来存放一个字符或一个在 0 到 255（十六进制数为 0 到 FF）之间的数。↵

位（bit）：是指二进制数的一个位。是计算机数据的最小单位。一个位只能表示 0 和 1 两种状态；两个位可以表示 00、01、10、11 四种状态，依此类推，三个位可表示八种状态（23）。↵

图 4-1-15

③按原位置原名称保存文档，关闭文档。

④打开文档"A1.docx"，参考下面的样文，如图 4-1-16 所示，对文档进行修改。（提示：哪些地方分段落，哪些地方合并段落，哪些位置插入特殊符号）

第一章　　计算机基础知识↵

1946 年，第一台电子计算机 ENIAC 研制成功。美籍匈牙利人冯·诺依曼于 1946 年 6 月提出了"存储程序"的设想。冯·诺依曼的"存储程序"的思想成了后来计算机设计的主要依据。↵

计算机的应用领域：CAD——计算机辅助设计、CAI 计算机辅助教学、CAM 计算机辅助制造。↵

信息：在现实生活中广泛存在。任何形式的信息都可以通过一定的转换方式变成计算机直接处理的数据。数据：指能够输入计算机并由计算机处理的符号，如数字、字母、各种符号、图表、声音等。↵

■☆★№§②③①＋－×÷≌√∞しすせそ ABCDＡＢＣＤ，、。：；？！……↵

计算机的数据单位在计算机内部，数据是以二进制形式存储和运算的，采用的单位有位、字节、字。↵

位（bit）：是指二进制数的一个位。是计算机数据的最小单位。一个位只能表示 0 和 1 两种状态；两个位可以表示 00、01、10、11 四种状态，依此类推，三个位可表示八种状态（23）。↵

字节：通常把 8 个二进制位作为一个字节，即 1B=8bit。一个字节一般可用来存放一个字符或一个在 0 到 255（十六进制数为 0 到 FF）之间的数。↵

图 4-1-16

⑤将文档以“A1 修改.doc”命名保存在学生个人盘中。

提问：最后保存的文件有几个，文档中的内容相同吗？

任务二　字体、段落格式设置

学习目标

①掌握通过字体格式化功能实现字体大小、颜色等的编排；

②掌握通过段落格式化功能调整段落的对齐方式、段间距、行间距。

任务实施及要求

①新建一个空白 Word 文档，文档命名为“A2.docx”，录入如图 4-1-17 所示的文字，保存在自己文件夹中。

我们如若时刻保持积极向上，乐观大度的生活态度，天天都会有好心情，生命也因此不再沉重。能让你少些压力，多些动力；少些烦恼，多些快乐。对自己好一点，对别人好一点，学会善待自己，不再为不在乎你的人掉眼泪；学会欣赏别人，懂得感恩和宽容身边的每一位朋友。保持一颗纯真的童心，做最简单的自己！

生活里，很多时候都是我们自己庸人自扰。就像乘坐列车的旅客，列车还没有出发，就开始担忧这个那个的。其实，列车是否会到达目的地并不是最重要的，重要的是享受当下。窗外的风景正风光，何必为昨天的遗憾而闷闷不乐，又何必为明天的到来而惶恐不安呢。拥抱今天吧，和旅途中的风景，来一场快乐的盛宴。

喜欢自己，是快乐的起点。一个不懂自爱的人，是没有能力去爱别人，关心别人，珍惜别人的。只有爱自己的人才知道，快乐的秘诀不在于获得更多，而在于珍惜既有。其实人人都承蒙恩宠、享有莫大的福气，真正最幸福、最快乐的人，是了然于人生的不完美，却又能在这不完美中，感恩并珍惜自己所拥有的一切。

生活里，每一天都是新生的一天，我们没有必要为了昨天的逝去而伤感，也没有必要为了明天的到来而苦恼，享受现在当下，把握还在点滴流转的今天才是真实的。昨天的过去，应该懂得好好保存。明天的未来，应该懂得好好准备。今天的现在，应该懂得好好分享

图 4-1-17

②全文的格式设置：字号为小四，首行缩进 2 字符。

③第一段格式：字体为幼圆，1.5 倍行间距，并将其中的“少些压力，多些动力；少些烦恼，多些快乐”格式设为加粗，红色字体，阴影文字效果。

④第二段格式设置：段前段后间距为 1 行，字体为隶书，并将文中的“**拥抱今天吧，和旅途中的风景，来一场快乐的盛宴**”格式设为字符底纹，深蓝色，加粗斜体，字号为四号。

⑤第三段格式设置：左缩进 4 字符，右缩进 4 字符，取消首行缩进，并将文中的“只有爱自己的人才知道，快乐的秘诀不在于获得更多，而在于珍惜既有”格式设为字符间距加宽 2 磅，红色的双线下划线，阳文文字效果。

参考步骤：

①将光标定位在第 3 段的任意位置，单击“段落”组右下角的命令按钮，弹出对话框，设

置如图 4-1-18 所示。

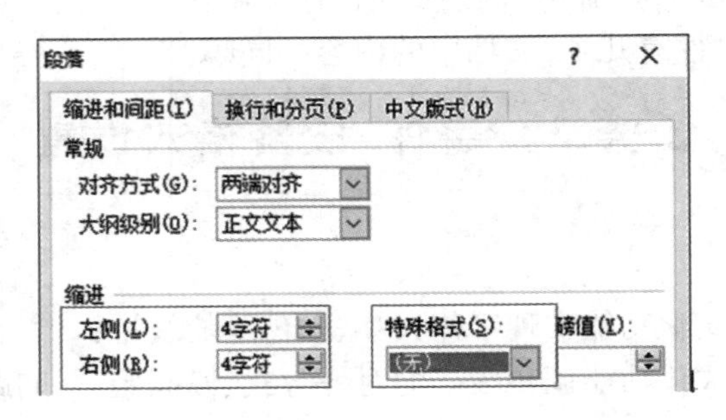

图 4-1-18

②选择文本“只有爱自己的人才知道,快乐的秘诀不在于获得更多,而在于珍惜既有”,右键单击,在弹出菜单中选择“字体”,弹出“字体”对话框,设置如图 4-1-19 所示。

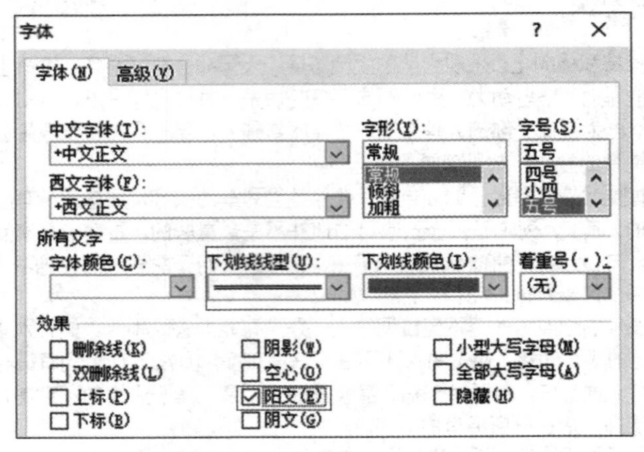

图 4-1-19

③单击“字体”对话框中的“高级”选项,设置如图 4-1-20 所示。

字体
字体(N)　高级(V)
字符间距
缩放(C): 100%
间距(S): 加宽　磅值(B): 2磅

图 4-1-20

④第四段格式设置:段前间距为 1 行,悬挂缩进 2 字符,并将文中的“昨天的过去,应该懂得好好保存。明天的未来,应该懂得好好准备。今天的现在,应该懂得好好分享”格式设置为四号,加粗,橙色。

⑤完成以上的操作,参考效果图如图 4-1-21 所示。

我们如若时刻保持积极向上，乐观大度的生活态度，天天都会有好心情，生命也因此不再沉重。能让你**少些压力，多些动力；少些烦恼，多些快乐**。对自己好一点，对别人好一点，学会善待自己，不再为不在乎你的人掉眼泪；学会欣赏别人，懂得感恩和宽容身边的每一位朋友。保持一颗纯真的童心，做最简单的自己！

生活里，很多时候都是我们自己庸人自扰。就像乘坐列车的旅客，列车还没有出发，就开始担忧这个那个的。其实，列车是否会到达目的地并不是最重要的，重要的是享受当下。窗外的风景正风光，何必为昨天的迹憾而闷闷不乐，又何必为明天的到来而惶恐不安呢。**拥抱今天吧，和旅途中的风景，来一场快乐的盛宴**。

喜欢自己，是快乐的起点。一个不懂自爱的人，是没有能力去爱别人，关心别人，珍惜别人的。只有爱自己的人才知道，快乐的秘诀不在于获得更多，而在于珍惜所有。其实人人都承蒙恩宠、享有莫大的福气，真正最幸福、最快乐的人，是了然于人生的不完美，却又能在这不完美中，感恩并珍惜自己所拥有的一切。

生活里，每一天都是新生的一天，我们没有必要为了昨天的逝去而伤感，也没有必要为了明天的到来而苦恼，享受现在当下，把握还在点滴流转的今天才是真实的。**昨天的过去，应该懂得好好保存。明天的未来，应该懂得好好准备。今天的现在，应该懂得好好分享**

图 4-1-21

任务三　项目符号/编号、边框/底纹的操作

学习目标

①熟悉项目符号/编号的使用；

②能使用边框/底纹美化版面。

任务实施及要求

说明：打开“素材.doc”文档，完成下面的操作，将文件以“A3.doc”命名。

①将素材下方的项目符号等段落参考样图效果添加合适的项目符号，样图如图 4-1-22 所示。

②将素材下方的编号等段落参考样图效果添加合适的编号，样图如图 4-1-23 所示。

③将素材下方的边框等段落参考样图效果添加合适的边框，样图如图 4-1-24 所示。

④将素材下方的底纹等段落参考样图效果添加合适的底纹，样图如图 4-1-25 所示。

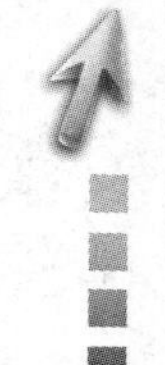

- 如何对待别人的批评↵
- 批评只是批评者自己的一人之见，只有你才知道正确与否。别人说你“没进步”时，如果没有真凭实据的话，你就不要认真。即使对方权势再大也要如此。↵
  - ◎ 对方的批评意见要有事实依据，否则你可以否认和说明自己的意见，你还可以请他拿出证据，有道理再接受也不迟。↵
  - ◎ 别人提出批评时，要让对方说完，以取得完整的信息，然后再说明自己的看法，不要打断对方的谈话，那样会显得缺少接受批评的度量，并有可能激化矛盾。↵

图 4-1-22

1. 如何对待别人的批评↵
2. 批评只是批评者自己的一人之见，只有你才知道正确与否。别人说你“没进步”时，如果没有真凭实据的话，你就不要认真。即使对方权势再大也要如此。↵
   (一) 对方的批评意见要有事实依据，否则你可以否认和说明自己的意见，你还可以请他拿出证据，有道理再接受也不迟。↵
   (二) 别人提出批评时，要让对方说完，以取得完整的信息，然后再说明自己的看法，不要打断对方的谈话，那样会显得缺少接受批评的度量，并有可能激化矛盾。↵

图 4-1-23

如何对待别人的批评↵

批评只是批评者自己的一人之见，只有你才知道正确与否。别人说你“没进步”时，如果没有真凭实据的话，你就不要认真。即使对方权势再大也要如此。↵

↵

对方的批评意见要有事实依据，否则你可以否认和说明自己的意见，你还可以请他拿出证据，的道理再接受也不迟。↵

图 4-1-24

如何对待别人的批评↵

批评只是批评者自己的一人之见，只有你才知道正确与否。别人说你“没进步”时，如果没有真凭实据的话，你就不要认真。即使对方权势再大也要如此。↵

↵

对方的批评意见要有事实依据，否则你可以否认和说明自己的意见，你还可以请他拿出证据，的道理再接受也不迟。↵

图 4-1-25

任务四　排　版

学习目标

①掌握通过字体、段落、项目符号等功能调整段落的格式；

②能使用所学过的知识点参照样图对文档进行排版。

任务实施及要求

①新建 Word 文档，命名为“A4.doc”，将文档保存至自己的文件夹中。

②在文档中录入如图 4-1-26 所示的文字。

③标题：字体为微软雅黑，小三号，居中，字符间距为加宽 2 磅，段后间距 0.5 行，添加如样文所示的边框底纹。

别怕内向，去靠近你的梦想↵

首先，你得用提前的计划应对困难。大多数的内向者羡慕外向者能够热情而迅速地与他人建立关系。实际上，如果内向者做过充足的准备，并提前做好预案，在人际交往领域一样可以做到卓越。↵

接下来，要积极地展示自我。内向者往往觉得，如果自己做得好，别人一定会看得到。如果别人没有看到或者不够认可，那一定是自己做得不够好。实际上，调查研究表明，如果不阐述自己的成就，人们就无从了解你的能力或者潜力。↵

第三步，鼓励自己走出舒适区。就像我第一次在课堂上提问时，手都在颤抖。可当我站起来之后，我发现自己特别平静。有句话说：我们总要知道，来到这个世界，到底可以做些什么？我们每一天都在面临变化，今天走出舒适区，是为了明天有更多自由的舒适区。↵

最后，不间断地练习。冠军选手每天都在做的事情就是练习，如果我们想提升自信，最好的办法就是勤于练习。练习可以让我们更容易适应挑战，也能让我们具备更多的自信，促使我们积极投身到更大的挑战当中。↵

对于有心之人，或许做到这四步，已经会收获颇丰。如果我们连踮脚尖的劲儿也不愿使，只想天上掉下个好性格成就自己，那就是我们对于自己的人生太随意、太懒惰了。↵

一个人如果不在正确的方向上努力，拥有的能力也会慢慢消退。每个人都有自己的弱势，但也可以在自己渴望的领域日益精进、变得更强。↵

只要敢于突破、不断磨砺，终有一天，你会发现，自己的弱势可能正是难得的优势。↵

图 4-1-26

④全文格式：字号为小四号，行间距为 1.5 倍，首行缩进 2 个字符，左、右各缩进 2 个字符。

⑤第一段格式：字体为楷体，斜体，加双线下划线，下划线颜色任意设置。

⑥第二、三段格式：字体为隶书，颜色为橙色，添加如样文所示的边框底纹。

⑦第四、五段格式：加粗，加着重号。

⑧最后段落格式：段前间距 1 行，段后间距为 2 行，参考样图 4-1-27 所示添加底纹。

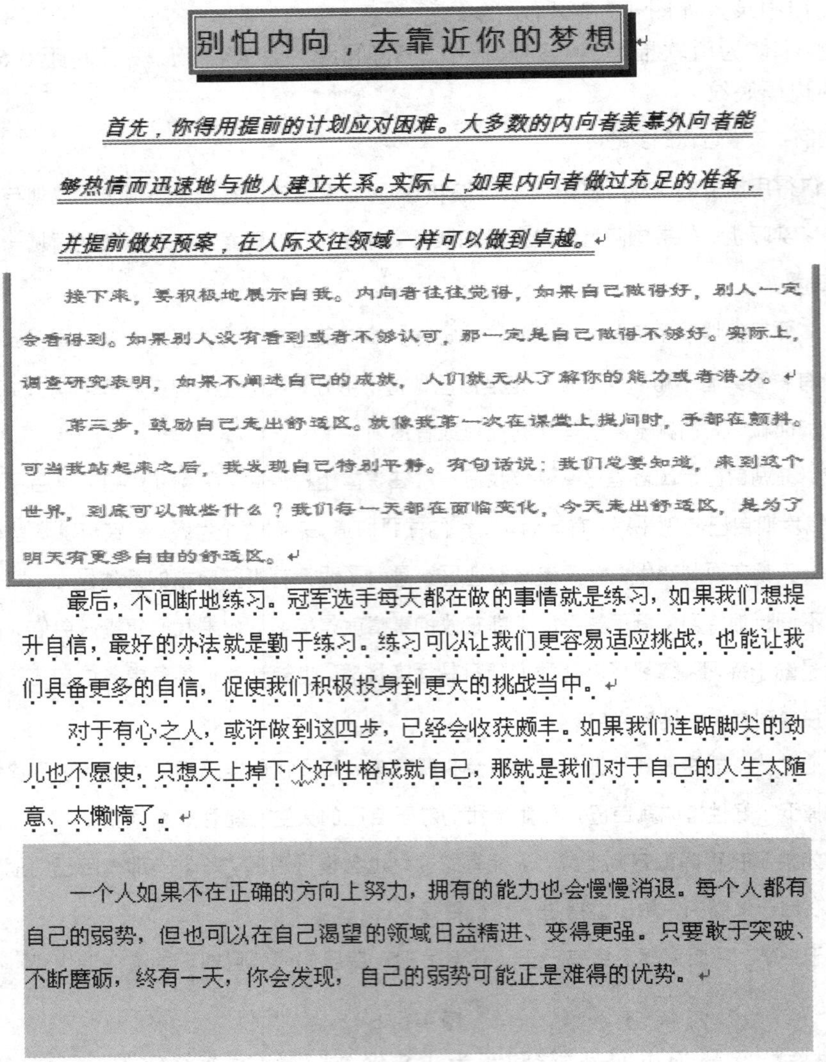

别怕内向，去靠近你的梦想

首先，你得用提前的计划应对困难。大多数的内向者羡慕外向者能够热情而迅速地与他人建立关系。实际上，如果内向者做过充足的准备，并提前做好预案，在人际交往领域一样可以做到卓越。

接下来，要积极地展示自我。内向者往往觉得，如果自己做得好，别人一定会看得到。如果别人没有看到或者不够认可，那一定是自己做得不够好。实际上，调查研究表明，如果不阐述自己的成就，人们就无从了解你的能力或者潜力。

第三步，鼓励自己走出舒适区。就像我第一次在课堂上提问时，手都在颤抖。可当我站起来之后，我发现自己特别平静。有句话说：我们总要知道，来到这个世界，到底可以做些什么？我们每一天都在面临变化，今天走出舒适区，是为了明天有更多自由的舒适区。

最后，不间断地练习。冠军选手每天都在做的事情就是练习，如果我们想提升自信，最好的办法就是勤于练习。练习可以让我们更容易适应挑战，也能让我们具备更多的自信，促使我们积极投身到更大的挑战当中。

对于有心之人，或许做到这四步，已经会收获颇丰。如果我们连踮脚尖的劲儿也不愿使，只想天上掉下个好性格成就自己，那就是我们对于自己的人生太随意、太懒惰了。

一个人如果不在正确的方向上努力，拥有的能力也会慢慢消退。每个人都有自己的弱势，但也可以在自己渴望的领域日益精进、变得更强。只要敢于突破、不断磨砺，终有一天，你会发现，自己的弱势可能正是难得的优势。

图 4-1-27

项目小结

本项目主要是学习了 Word 环境中最基本的格式编排工具的使用，并使用格式化工具对文本版面进行排版，使文章的结构更清晰、更易于阅读。

项目二　制作办公类文档

项目目标

- 熟悉纸张大小、页边距等的设置。
- 学会使用字体、段落格式编排文档。
- 学会使用项目符号和编号编排文档。
- 给文字或段落添加边框和底纹。
- 格式刷工具的使用。

项目任务

任务一　制作“比赛通知”
任务二　制作“招生简章”
任务三　制作“获奖证书”
任务四　编排“微博选摘”

拓展任务

拓展一　编排“年度工作计划”
拓展二　自由发挥

知识简述

一、页面设置

- 纸张大小:A4 是目前常用的纸张大小。
- 页边距:正文与页面边缘的距离,分为上、下、左、右页边距。

二、字体格式化

字体格式化主要包括设置文档中字符的字体、字形、字号、颜色、下划线、字形、字符间距

等操作。

操作的对象:选定的文本。

选定文本的方法:

方法1:通过微型工具栏设置,可进行字体、字号、颜色、对齐方式等设置,如图4-2-1所示。

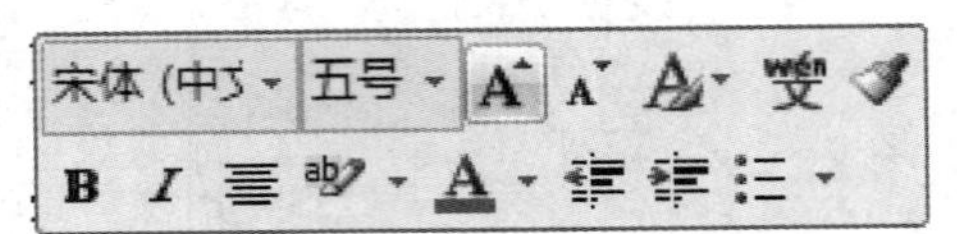

图4-2-1

方法2:通过"开始"选项卡设置,可进行字体上下标、下划线等设置,如图4-2-2所示。

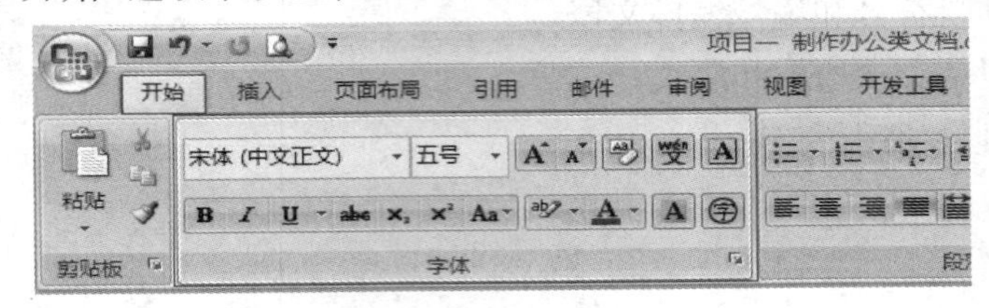

图4-2-2

方法3:通过"字体"对话框设置,包括字体、字形、字号、颜色、上下标、阴影、空心、字符间距等特殊效果。

三、段落格式化

段落格式化主要包括设置文档中段落的对齐方式、缩进方式、间距等。

- 段落对齐方式:包括左对齐、右对齐、居中对齐、两端对齐、分散对齐等。
- 段落缩进方式:包括左缩进、右缩进、首行缩进、悬挂缩进。
- 间距:包括段前间距、段后间距、行距。
- 操作的对象:选定的段落或光标所在的段落。

方法1:段落缩进一般可通过设置制表位或使用Tab键实现。

方法2:通过拖动窗口标尺上的游标。

方法3:通过窗口功能区及"段落"对话框设置。

四、项目符号与编号

项目编号可使文档条理清楚,重点突出,提高文档编辑速度。

操作对象:选定的段落或光标所在的段落。

五、边框与底纹

操作对象选定的文本、段落设置边框与底纹。

六、格式刷

能够将光标所在位置的所有格式应用到所选文字上面，大大减少了排版的重复劳动。

方法

先把光标放在设置好格式的文字上，然后单击格式刷，然后选择需要同样格式的文字，按住左键拉取范围选择，松开鼠标左键，相应的格式就会设置好。

小技巧

- 单击格式刷：首先选择某种格式，单击格式刷，然后在你想设置格式的某个内容，则两者格式完全相同，完成之后格式刷就没有了，鼠标恢复正常形状，再次使用还需要再次单击格式刷图标。
- 双击格式刷：首先选择某种格式，双击格式刷，然后在你想设置格式的某个内容上刷一下，则两者格式完全相同，单击完成之后格式刷依然存在，可以继续单击选择你想保持格式一样的内容，想要退出格式刷编辑模式只要单击格式刷就可以或者按 Esc 键。

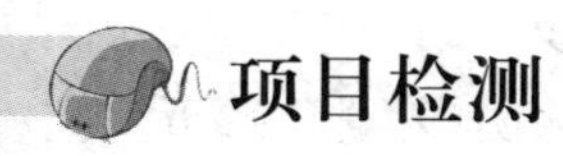

项目检测

任务一　制作“比赛通知”

学习目标

①了解页面纸张大小、页边距的设置；
②掌握通过字体格式化功能实现字体大小、颜色等的编排；
③掌握通过段落格式化功能调整段落的对齐方式、段间距、行间距；
④掌握使用边框底纹美化版面。

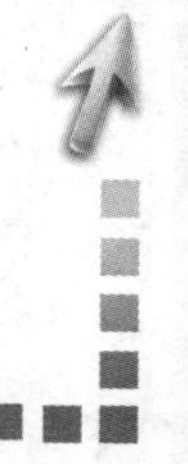

任务实施及要求

打开文档“比赛通知.docx”，按下面的要求完成各项操作，最终效果参考样文“比赛通知样文.docx”，如图 4-2-3 所示，完成后以原文件名保存至自己的文件夹中。

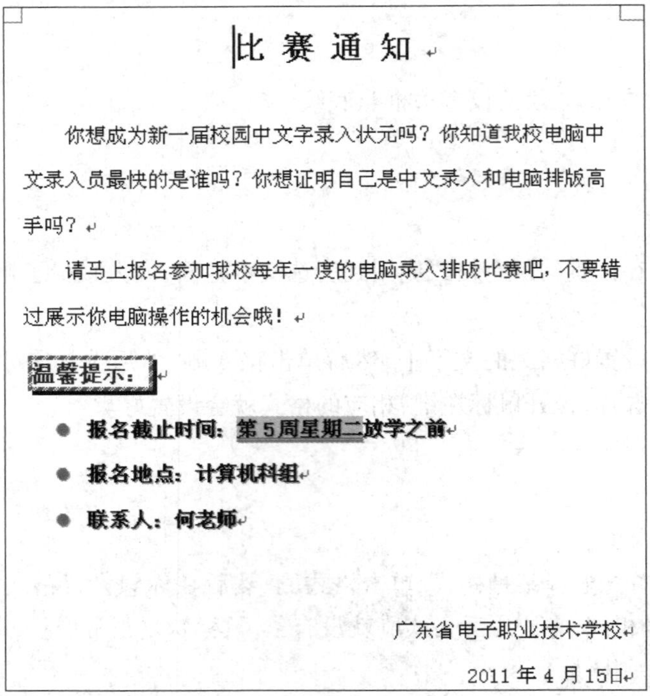

比 赛 通 知

你想成为新一届校园中文字录入状元吗？你知道我校电脑中文录入员最快的是谁吗？你想证明自己是中文录入和电脑排版高手吗？

请马上报名参加我校每年一度的电脑录入排版比赛吧，不要错过展示你电脑操作的机会哦！

温馨提示：

- **报名截止时间：第 5 周星期二放学之前**
- **报名地点：计算机科组**
- **联系人：何老师**

广东省电子职业技术学校

2011 年 4 月 15日

图 4-2-3

①页面设置：纸张的大小为 B5，上下边距为 2 cm，左右边距为 3 cm；纸张方向为纵向。

②文中标题“比赛通知”的格式：二号，黑体，字符间距加宽 5 磅，居中对齐，段后间距为 2 行。

③第一、二段的格式：首行缩进 2 字符，行距为 1.5 倍，四号。

④第三段的格式：小三号字，加粗，添加 3 磅的蓝色如样文所示的边框线。

⑤第四至六段的格式：添加项目符号，项目符号颜色为绿色，文字效果为阴影。将“第五周期二”设置为绿色双线下划线，添加字符底纹。

⑥第七、八段的对齐方式为右对齐，第七段的段前间距为 3 行。

任务二　制作“招生简章”

学习目标

①掌握通过字体、段落格式化命令调整文本；

②掌握使用边框、底纹美化版面；

③掌握使用格式刷快速排版版面。

任务实施及要求

打开文档“招生简章.docx”，按下面的要求完成各项操作，最终效果参考“招生简章样文

.docx”,如图 4-2-4 所示,完成后以原文件名保存。

①标题:加粗,三号,居中。

广东省电子职业技术学校招生简章

广东省电子职业技术学校(原广东省电子技术学校)创建于 1974 年,是广东省创办最早的电子信息(IT)类全日制省属重点中专学校,直属于省教育厅。07 年被国家人事部、教育部评为“全国教育系统先进集体”单位。

2011 年学校开设“电子类”、“光电类”、“计算机类”、“商务类”、“经贸类”和“教育类”6 大专业类别,17 个专业方向。其中“电子技术应用”专业 02 年被教育部评定为全国首批示范专业,“计算机应用”专业 05 年被省教育厅批准为省重点建设专业。

教育模式

1. 普通全日制中专招生专业。
2. 中高职三二分段班大专班。
3. “高中起点中专 + 成人大专班”。
4. 工学结合班。

各专业可获取证书

(01)手机维修初中级证;	(02)办公软件高级操作员证;
(03)电子维修工中级证;	(04)微机安装调试与维修中级证;
(05)电子线路 CAD 中级证;	(06)计算机辅助设计(CAD)中级证;
(07)制冷设备维修工中级证;	(08)局域网中高级管理员证;
(09)电子商务员证;	(10)会计电算化证;
(11)会计上岗证;	(12)计算机应用基础中级证;
(13)计算机办公软件应用中级证;	(14)电工上岗证;
(15)汽车维修工证;	(16)物业管理上岗证;
(17)营销师中级证;	(18)计算机多媒体制作证;
(19)网页设计证;	(20)维修电工中级证。

专业介绍

- 电子技术类
- 光电技术类
- 计算机类
- 商务类
- 经贸类

图 4-2-4

②第二、三段:首行缩进 2 字符,段前段后间距 1 行。

③教育模式、各专业可获取证书、专业介绍、顶岗实习与介绍等段落的格式:隶书,小三,深蓝色,添加 3 磅的橙色粗线阴影边框。

操作提示:

● 选择文本“教育模式”,设置格式为隶书,小三,深蓝色,添加 3 磅的橙色粗线阴影边框。

● 双击“开始”选项卡格式刷,分别将格式应用到各专业可获取证书、专业介绍、顶岗实习与介绍等段落。

④参考样文:给“教育模式”下的第一段添加边框底纹。

⑤参考样文:给“教育模式”下第二至第五段添加如样文所示的编号。

⑥给“专业介绍”下的电子技术类、光电技术类、计算机类、商务类、经贸类、教育类设置格式:黑体,四号,加粗,绿色的圆圈类项目符号。

操作提示:

● 选择文本“电子技术类”,设置格式为黑体,四号,加粗,绿色的圆圈类项目符号。

● 双击“开始”选项卡格式刷,分别将格式应用到光电技术类、计算机类、商务类、经贸类中。

⑦参考样文,为各专业的主干课程和就业方向设置格式(提示:也可自由设置格式)。

⑧最后两段的格式可以自由设置。

任务三　制作“获奖证书”

学习目标

运用所学习的知识点,并根据要求排版。

任务实施及要求

要求:新建一个 Word 的空白文档,参考图 4-2-5,按下面的要求完成各项操作,完成后以“荣誉证书.docx”命名保存。

荣誉证书

XXX 同学

荣获广东省电子职业技术学校 2011—2012 学年第一学期___等奖学金。特发此证,以资鼓励。

广东省电子职业技术学校

二〇一二年一月

图 4-2-5

①页面尺寸:纸张大小设置为宽 25 cm,高 17.8 cm,纸张方向为横向,上下页边距为 3.5 cm,左边距为 3.5 cm,右边距为 4 cm。

②格式要求:

• 文中的字体大小要有区别,但具体多大,自己定义。而且整个页面字体大小设置要适当,不能整个页面留太多空白。

• 正文的段落距离前后段落加大点空隙,具体加大多少自己决定。

思考

如何给荣誉证书添加彩色部分的边框底纹,效果如图 4-2-6 所示。

图 4-2-6

任务四　编排"微博选摘"

学习目标

①掌握通过字体、段落格式化命令调整文本；
②掌握使用边框、底纹美化版面；
③掌握使用格式刷快速排版。

任务实施及要求

要求：打开素材"微博摘选.docx"，参考样文"微博摘选样文.docx"，如图 4-2-7 所示，按下面的要求完成各项操作，完成后保存到自己的文件夹中。

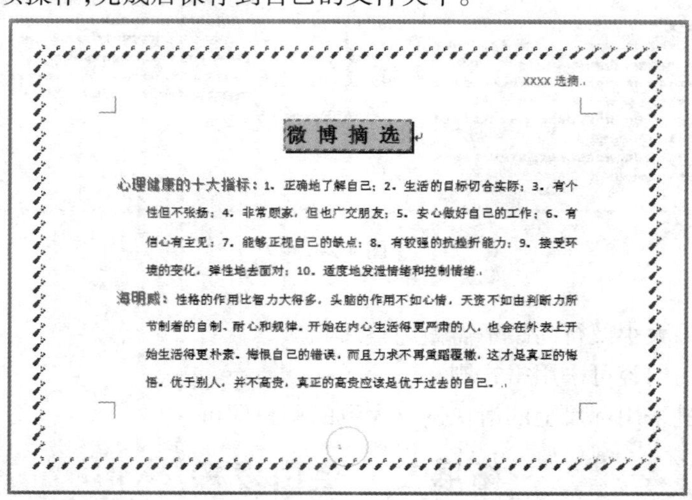

图 4-2-7

①页面格式：纸张大小为 B5，左、右边距为 3.5 cm，上、下边距为 4 cm。

②标题：二号字，加粗，字符间距加宽 5 磅，居中，段后间距为 1 行，字符添加 3 磅边框

（线性任选一种），添加文字（底纹的颜色任选一种）。

③正文格式：四号字，悬挂缩进2字符。

④每个段落的第一句话格式：三号，红色，阴影效果（提示：使用格式刷）。

⑤页眉的右侧输入：×××选摘（×××为自己的班级学号）。

⑥页脚的居中位置插入页码，页码格式任选一种。

⑦为文档添加艺术页面边框（边框线性任选一种）。

拓展任务

拓展一　编排“年度工作计划”

打开文档“年度工作计划.docx”，按下面的要求完成各项操作，最终效果参考“年度工作计划样文.docx”，如图4-2-8所示，完成后以原文件名保存。

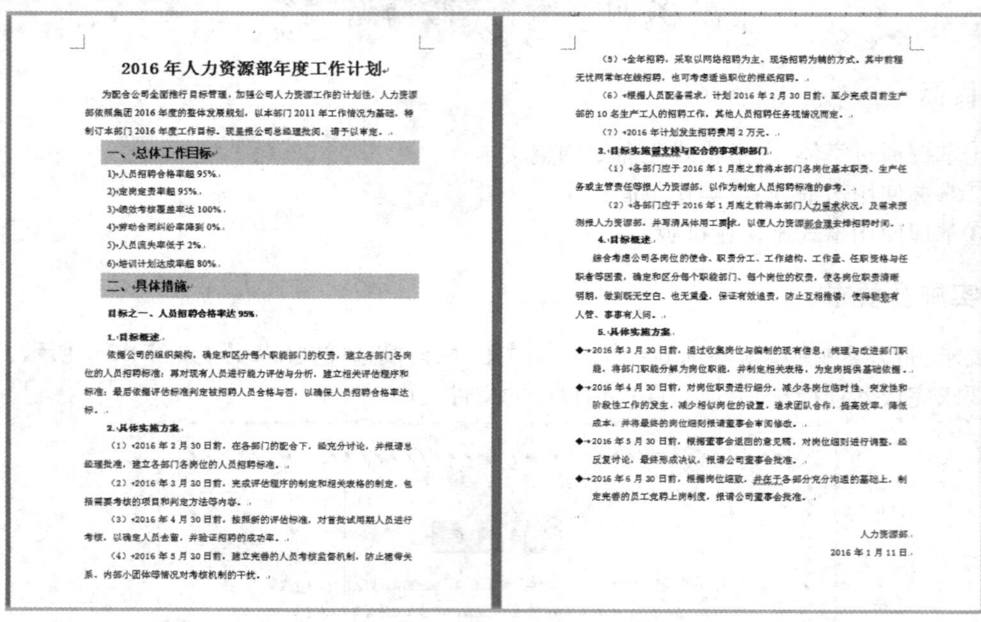

2016年人力资源部年度工作计划

为配合公司全面推行目标管理，加强公司人力资源工作的计划性，人力资源部依照集团2016年度的整体发展规划，以本部门2011年工作情况为基础，特制订本部门2016年度工作目标。现呈报公司总经理批阅，请予以审定。

一、总体工作目标

1) 人员招聘合格率超95%。

2) 定岗定责率超95%。

3) 绩效考核覆盖率达100%。

4) 劳动合同纠纷率降到0%。

5) 人员流失率低于2%。

6) 培训计划达成率超80%。

二、具体措施

目标之一、人员招聘合格率达95%

1. 目标概述

依据公司的组织架构，确定和区分每个职能部门的权责，建立各部门各岗位的人员招聘标准；再对现有人员进行能力评估与分析，建立相关评估程序和标准；最后依据评估标准判定被招聘人员合格与否，以确保人员招聘合格率达标。

2. 具体实施方案

（1）2016年2月30日前，在各部门的配合下，经充分讨论，并报请总经理批准，建立各部门各岗位的人员招聘标准。

（2）2016年3月30日前，完成评估程序的制定和相关表格的制定，包括需要考核的项目和判定方法等内容。

（3）2016年4月30日前，按照新的评估标准，对首批试用期人员进行考核，以确定人员去留，并验证招聘的成功率。

（4）2016年5月30日前，建立完善的人员考核监督机制，防止裙带关系、内部小团体等情况对考核机制的干扰。

（5）全年招聘，采取以网络招聘为主、现场招聘为辅的方式。其中前程无忧网常年在线招聘，也可考虑适当职位的报纸招聘。

（6）根据人员配备需求，计划2016年2月30日前，至少完成目前生产部的10名生产工人的招聘工作，其他人员招聘任务视情况而定。

（7）2016年计划发生招聘费用2万元。

3. 目标实施需支持与配合的事项和部门

（1）各部门应于2016年1月底之前将本部门各岗位基本职责、生产任务或主管责任等报人力资源部，以作为制定人员招聘标准的参考。

（2）各部门应于2016年1月底之前将本部门人力需求状况，及需求预测报人力资源部，并写清具体用工要求，以便人力资源部合理安排招聘时间。

4. 目标概述

综合考虑公司各岗位的使命、职责分工、工作结构、工作量、任职资格与任职者等因素，确定和区分每个职能部门、每个岗位的权责，使各岗位职责清晰明朗，做到既无空白、也无重叠，保证有效追责，防止互相推诿，使得物物有人管、事事有人问。

5. 具体实施方案

◆ 2016年3月30日前，通过收集岗位与编制的现有信息，梳理与改进部门职能，将部门职能分解为岗位职能，并制定相关表格，为定岗提供基础依据。

◆ 2016年4月30日前，对岗位职责进行细分，减少各岗位临时性、突发性和阶段性工作的发生，减少相似岗位的设置，追求团队合作，提高效率，降低成本，并将最终的岗位细则报请董事会审阅修改。

◆ 2016年5月30日前，根据董事会返回的意见稿，对岗位细则进行调整，经反复讨论，最终形成决议，报请公司董事会批准。

◆ 2016年6月30日前，根据岗位细致，并在于各部分充分沟通的基础上，制定完善的员工竞聘上岗制度，报请公司董事会批准。

人力资源部

2016年1月11日

图4-2-8

要求：

- 文中字体的大小及行间距不需做调整。
- 相同格式的内容可采用格式刷。
- 文中的缩进采用标尺上的滑块进行大致的调整即可。

拓展二　自由发挥

要求：新建一个Word的空白文档，利用下面的文字，在一页A4纸的版面中排版，完成后以“转正申请书.docx”命名保存。

文字资料如下：

转正申请书

尊敬的人事部：

我于 2016 年 1 月 1 日进入公司，根据公司需要，目前担任办公室的内勤一职，负责综合部的日常事务性工作。到今天，3 个月试用期已满，故根据公司相关规章制度，申请转为公司正式员工。

从进入公司的第一天开始，我就融入公司的大家庭中，现将这 3 个月的工作情况汇报如下：

工作认真负责，极富工作热情，能够在规定时间内顺利完成领导交办的各项工作任务。

工作踏实勤奋，能够在工作过程中，做到处处留意，尽量将事情考虑周全，做到让客户和领导放心。

具有良好的沟通技巧，性格开朗，乐于在工作过程中起到“润滑剂”的作用，具有较强的团队合作意识。

具有很强的进取心，积极学习新知识、新技能，注重自身的发展和进步，以期待将来能学以致用，同公司共同发展、进步。

总之，经过 3 个月的试用期，我认为我能够积极、主动、熟练地工作，可以胜任领导交办的工作任务。转正之后，我会加倍努力，将自己的工作越做越好，以实际工作业绩来报答领导对我的厚爱和培养。

申请人：×××

2016 年 3 月 1 日

项目小结

本项目主要讲解了使用 Word 环境中的字体格式化、段落格式化、添加项目符号/编号、添加边框与底纹等功能对文档进行编辑，要求读者能根据所学知识点灵活运用排版、编辑文档。

项目三　页面及版式设计

项目目标

- 掌握页面设置(纸型、页边距、页面边框等)。
- 掌握设置页眉和页脚的方法(包括首页不同的页码设置、改变起始页码等)。
- 掌握首字下沉、分栏等文档的个性化设置方法。
- 掌握在文档中使用查找替换功能的方法和技巧。
- 利用文档网格设置文档的行和字符数。
- 设置不同风格的文档背景(包括填充图片、水印效果)。
- 掌握 Word 中公式的编辑方法。

项目任务

任务一　制作小卡片
任务二　编辑公司请柬
任务三　编辑“气象科普”
任务四　制作讲座信息
任务五　设置页面——语文试卷的制作
任务六　设置页面——信笺的制作
任务七　在 Word 中插入公式

知识简述

一、页面设置

在建立新的文档时,Word 已经自动设置其默认的页边距、纸型、纸张的方向等页面属性。其基本设置项可以直观地在“页面布局”功能区中录入,也可以通过打开“页面设置”对话框进行设置。

1.页边距设置

页边距是指文档正文部分到纸张四周的距离,使用 Word 内置的页边距如图 4-3-1 所示。

Word 内置的页边距有普通、窄、适中、宽、镜像几种，用户可以根据需要灵活选择，如果不选，一般默认为“普通”类型。

- 自定义页边距

方法 1：显示标尺，在标尺上拖动右边距或左边距标记即可修改页边距。

方法 2：在“页边距”相关选项中对页边距进行设置，如图 4-3-2 所示。

普通
上：2.54 厘米　下：2.54 厘米
左：3.18 厘米　右：3.18 厘米

窄
上：1.27 厘米　下：1.27 厘米
左：1.27 厘米　右：1.27 厘米

适中
上：2.54 厘米　下：2.54 厘米
左：1.91 厘米　右：1.91 厘米

宽
上：2.54 厘米　下：2.54 厘米
左：5.08 厘米　右：5.08 厘米

镜像
上：2.54 厘米　下：2.54 厘米
里：3.18 厘米　外：2.54 厘米

图 4-3-1

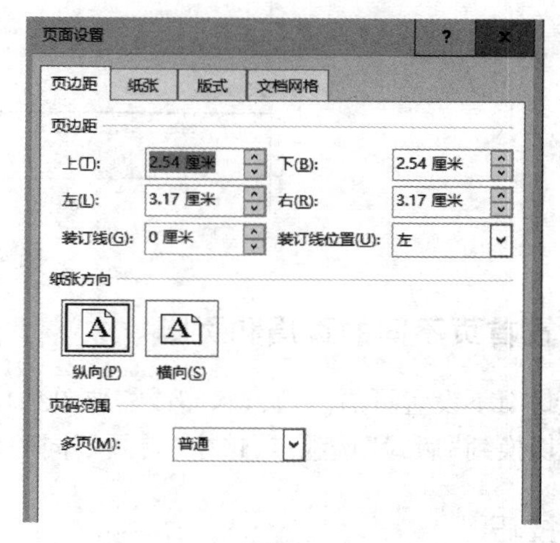

图 4-3-2

2.纸张大小与方向设置，版面垂直对齐设置

Word 默认的打印纸张为 A4，其宽度为 210 mm，高度为 297 mm，符合国际标准纸张大小，且页面方向为纵向。要使页面达到横向的布局效果，就要在“纸张方向”功能里选择“横向”功能。注意：当纸张横向时，其页面的上、下、左、右边距也会随着相应变换。如果仍使用原来的边距，需要及时调整过来。在“页面设置”的“版式”选项卡里，设置版面垂直对齐方式。

3.创建页眉和页脚

页眉是指每页上边距到纸张边的那部分区域内容，页脚是指页的下边距到纸张底部的那块区域内容。页眉和页脚中常常放置一些章节标题、图片、LOGO、作者信息、日期、页码和页数等信息内容。

页眉的插入可以通过“插入”→“页眉”，在页面视图下，页眉部分呈现清晰待编辑状态，而相应的正文部分则显示为灰色，此时所做的一切输入设置，都将自动呈现到文档的每一页中，文档中的全部页都具有相同的页眉页脚。

完成页眉页脚编辑后，可以单击“关闭页眉/页脚”按钮，回到正文编辑状态。

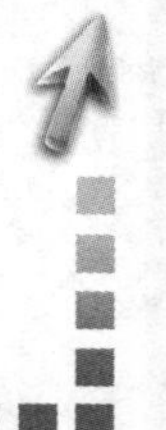

Word 中页眉和页脚有许多内置样式可以套用(图 4-3-3),这时在下拉菜单中可以根据需要选择一栏或三栏格式,选中上边的可替代文本,输入新的文本即可。同时 Word 还提供了一些艺术型的页眉和页脚供选择。

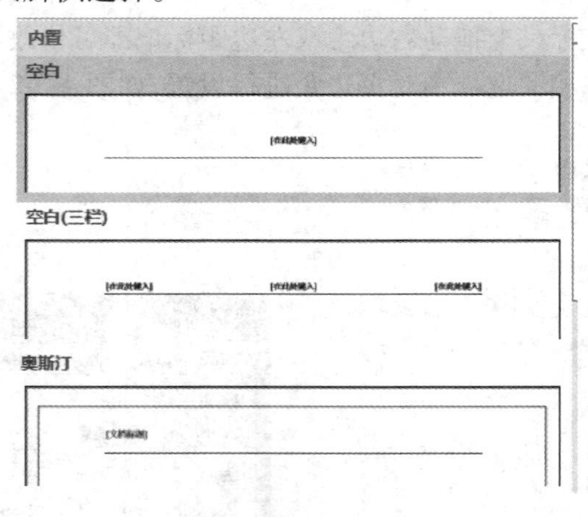

图 4-3-3

4.设置首页不同的页眉和页脚

封面不设置页眉、页脚、水印或需要单独设置,可选定"首页不同"。

切换到"版式"选项卡,选中"首页不同"复选框。

小技巧

- ◆双击页眉或页脚区域,可以快速进入页眉页脚编辑区;双击正文区域,可以返回正常编辑窗口。
- ◆单击"页眉页脚"工具栏上的"在页眉和页脚间转换"按钮,可以快速切换页眉/页脚区域。
- ◆如何去除页眉处的横线。
  - ➢ 默认打开页面的页眉处,总有一条横线,这条横线实际上是段落的下框线。
  - ➢ 选中页眉处的段落符号,在选项卡"边框"下拉列表中选"无边框线"即可。

5.设置页码

页码格式,一般有Ⅰ、Ⅱ或 i、ii、iii。正文的页码格式都是 1、2、3 或"第 1 页共×页"这样的类型(图 4-3-4)。

设置页码的起始值

6.设置页面的垂直对齐方式

在"垂直对齐方式"版式下拉列表中可设置文本段落在页面中的垂直对齐方式(图

4-3-5)：顶端对齐、居中对齐、两端对齐、底端对齐。

7.设置页眉页脚距边界的距离

如图 4-3-5 所示，可以在打开的“版式”选项卡进行设置，也可以在页眉页脚编辑窗工具栏里进行修改。

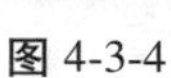

图 4-3-4

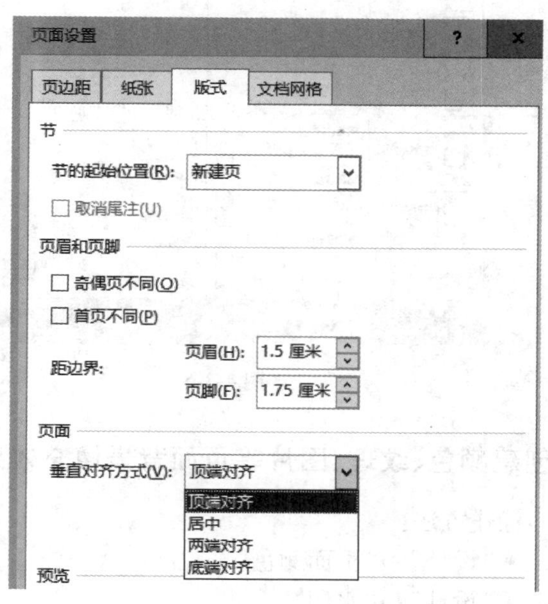

图 4-3-5

8.设置文档网格

在网格中选中“指定行和字符网格”先固定字符跨度和行跨度。

在“字符数”和“行数”选区中分别设置每行的字符数和每页的行数。

二、为页面添加艺术效果的边框与底纹

页面边框一经设置，便会出现在文档的每个页中。Word 中提供了线条型和艺术型边框。

1.线条型页面边框

单击“设计”选项卡的“页面边框”按钮，出现“边框和底纹”对话框，如图 4-3-6 所示，在样式库里选择一个边框线的形状、颜色、宽度，在左边的设置框里选择是否带阴影，应用于整篇文档即可。

2.艺术型页面边框

在艺术型下拉框中选择边框图案（图 4-3-7），在宽度框内选择图案大小，注意观察右边

的预览窗，避免图案过大或过小。

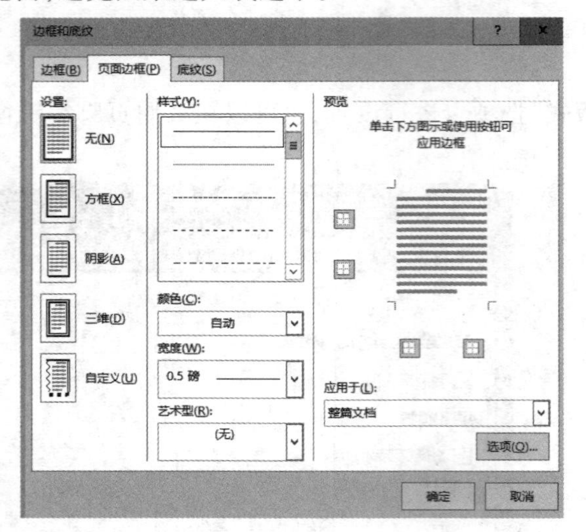

图 4-3-6

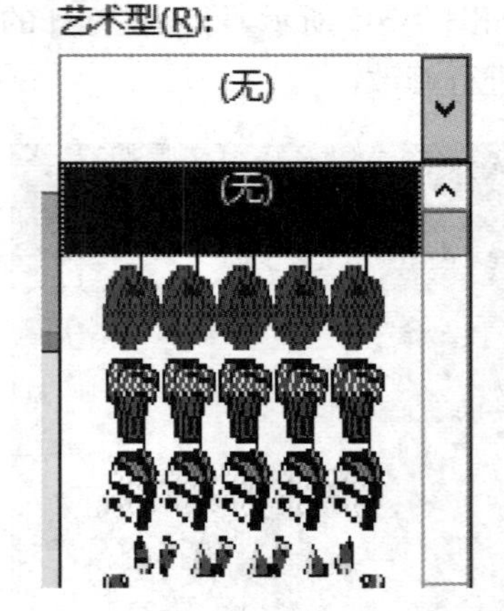

图 4-3-7

3.创建颜色、纹理、图片等页面背景填充效果

操作方法：

- “设计”→“页面颜色”。
- “设计”→“水印”。

设置内容：

- 创建颜色、纹理、渐变、图案图片等填充效果。
- 创建文字水印、图片水印。

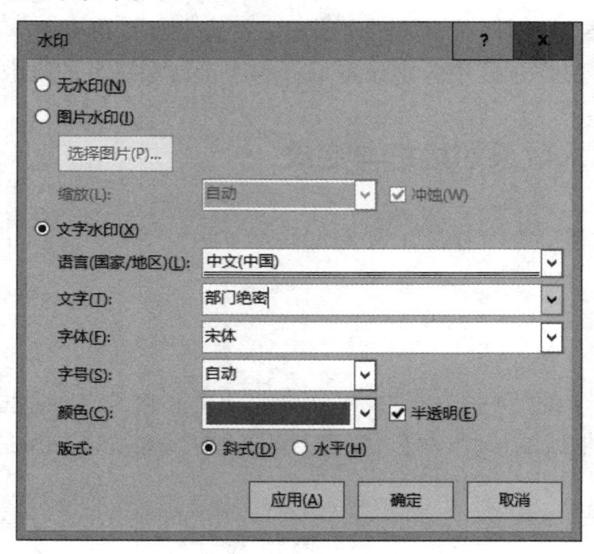

图 4-3-8

除了提供十几款常见水印文字样式可以直接套用外，用得较多的还是“自定义水印”，在图 4-3-8 中，可以在“文字”框中输入文字，为水印选择字体、大小、颜色、是否倾斜，设置完毕还可以“应用”一下看看效果如何。

如果选择“无水印”，可以删除水印。

三、分栏排版

在一篇文档中合理利用分栏进行排版，可以创建不同风格的文档，节省版面。版面越大越需要进行分栏，配上插图使读者更易于轻松阅读，分栏排版常见于报纸、杂志等媒体。

分栏大体上有两种形式：一种是整篇文档分为几栏，另一种是文中部分段落进行分栏。后者需要选中部分段落文字进行操作。

设置方法：“页面布局”→“分栏”。

设置内容：

- 不等栏距分栏。
- 等栏距分栏。

在 Word 中分栏排版有预设的几种情况可以选：两栏、三栏、两栏偏左、两栏偏右，如图 4-3-9所示。如果不属于上面几种，可以选择“更多分栏”，打开“分栏”对话框，在“栏数”里填入适当的值(图 4-3-10)。

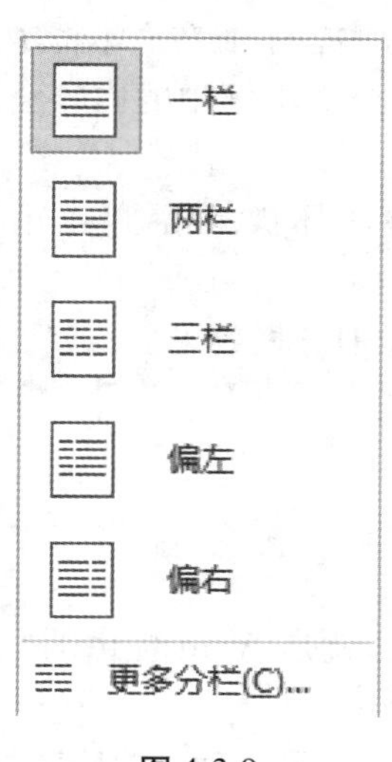

图 4-3-9

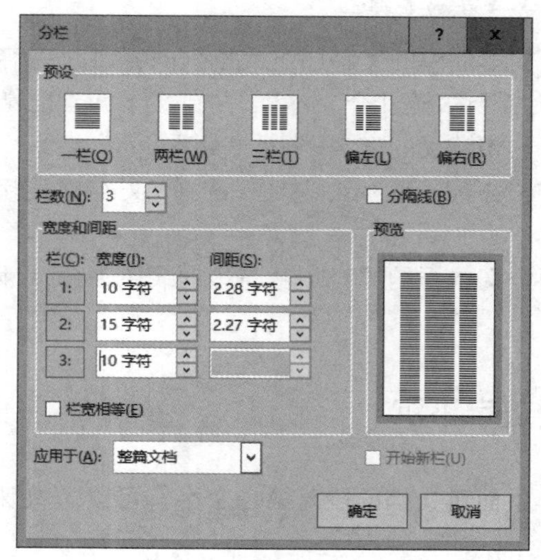

图 4-3-10

如果取消“栏宽相等”复选框，就可以分别设置每栏的宽度和各个栏之间的距离。

可以通过“分割线”选项来设置栏中间是否加分割线；通过是否选择“栏宽相等”选项来控制每栏的宽度并调整栏间距。

小技巧

- 取消分栏的操作：将光标放置在栏中，选择“分栏”→“一栏”即可。
- 打开“显示/隐藏编辑标记”按钮，可以看到刚才的删除栏前后还有两个分节符号，这两个分节符号是控制字符，是刚才分栏后留下的，虽然不可打印，最好将这两个分节符一起删掉，保持一篇文档为一个节易于后续段落的操作。

四、文本框

文本框使排版更加便捷，版面效果灵活。

文本框中可以放置文字、表格、图片。

框中的内容可以随文本框整体移动。

小技巧

- 创建文本框链接

当文本框中的文字超过文本框的容量时，就会有部分内容不能在文本框中显示出来，这时需要多建几个文本框，并在文本间建立链接。一个文本框中的内容会融入另一个与它相链接的文本框中。

方法：右击第一个文本框，选择“文本框链接”，鼠标成杯状，然后单击第二个文本框。

- 将两个文本框的填充颜色与边框线条去掉，可以实现类似分栏效果。

五、设置首字下沉

Word 里面对文档的段落第一个字符可以做特殊处理，这就是 Word 提供的“首字下沉”功能。

下沉根据效果分为两种，一种是向段落内缩进式的“下沉”，另一种是向段落外突出式的“悬挂”式下沉（图 4-3-11），选择“插入”→“首字下沉”，将光标放在选项“下沉”或“悬挂”上即可以看到效果。

其他设置需打开“首字下沉”对话框（图 4-3-12），选择下沉的行数、下沉的字体及距离正文的值。

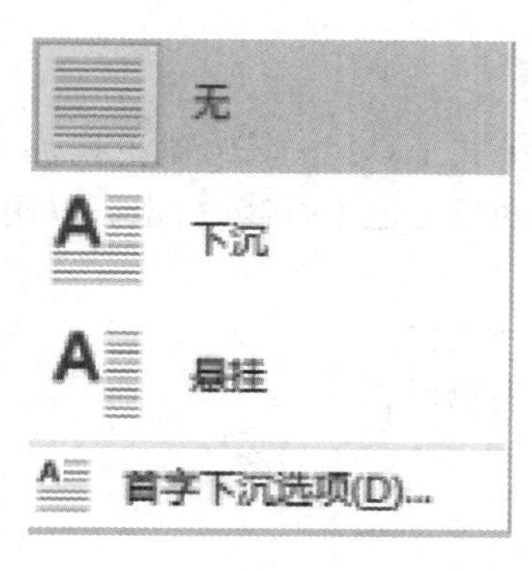

图 4-3-11

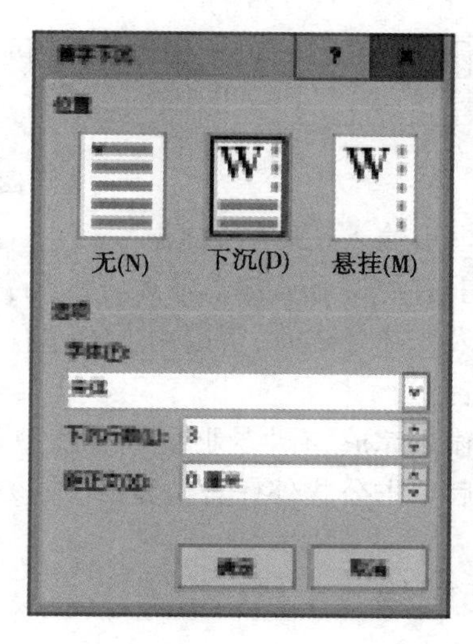

图 4-3-12

小技巧

- 如果想进一步设置下沉文字的特殊格式，可以选中该下沉文字的外框，再在字体格式栏里进行设置。

六、Word 中公式的输入

选择插入公式，就可以看到“公式”工具栏了。在“公式”工具栏上有 19 个按钮，包括了 8 种类型的符号集，11 类结构模板。如分式符号、积分符号、求和符号、微分符号、函数符号等，在显示出的工具板中单击你所需要的样板或符号，即可将它们插入文档中。在文档中插入数学公式有两种方法：

方法一：调用内置公式库

单击“插入”选项卡中公式右边的下拉箭头，弹出内置公式库（图 4-3-13），其中包含一些常用的数学公式，如傅立叶级数、勾股定理、二项式定理等，单击即可调用。

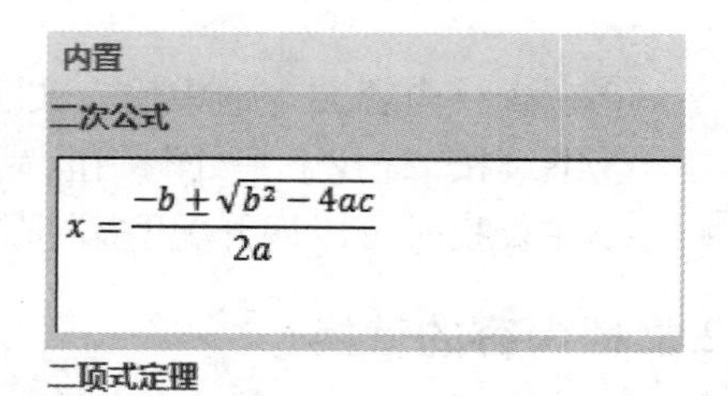

图 4-3-13

方法二：使用“公式工具”编辑公式

①单击插入公式按钮 π 公式，在插入点位置将弹出一个“公式框”，选中“公式框”，激活“公式工具”选项卡（图 4-3-14）。

②根据输入公式的结构在工具栏上选择恰当的结构，如分数，然后在出现的分数结构里选择代表分子和

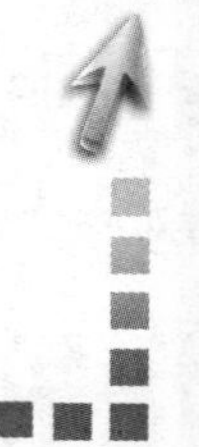

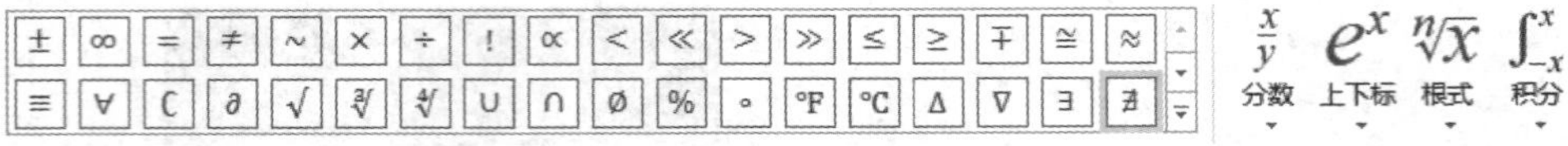

图 4-3-14

分母的文本框里输入正确的数据。

③键盘上有的符号从键盘输入，没有的符号从公式工具栏的符号集里找。

④在输入复杂公式时，可以用上下左右光标键随意定位进行修改，也可以用鼠标单击来选择编辑位置。

⑤公式输入完成，有“专业型”和“线型”两种显示模式。

⑥完成后单击公式外任意位置，完成该公式的编辑。

七、查找与替换

Word 提供了查找、替换功能，可以实现按提供的内容和格式在文档中自动查找指定内容，并选择将找到的内容是否替换成其他内容。

1.文档内容的查找

①将光标定位到查找开始处(通常是文档起始位置)，查找将从光标处向后搜索相关内容，单击“查找”按钮，打开“查找和替换”对话框，如图 4-3-15 所示。

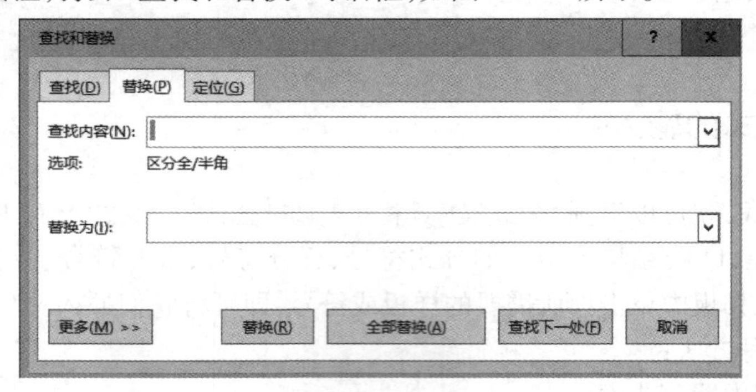

图 4-3-15

②在查找内容文本框中输入文字，然后单击“查找下一处”按钮，开始查找。

③继续按“查找下一处”按钮，完成在文档中的查找。

④在查找时可以展开“更多”按钮，为查找字符添加限定格式的查找条件。

2.文档内容的替换

替换的操作方法：

①一次性将符合条件的字符进行全部替换，结束。输入查找内容与替换内容后，选择“替换”按钮，结束操作。

②逐一替换，此操作可以控制替换与否，在“查找下一处”与“替换”之间进行选择，跳过符合条件但不需要替换的字符。

查找内容与替换内容的设置：

可以为查找和替换的内容设置特别的格式。

①查找字符替换为其他字符：如"计算机"替换为"computer"。

②查找字符替换为带格式的字符，如：

• 将文中"计算机"替换为红色的"computer"。

• 为文中红色的"computer"单词加上下划线。

③格式 1 替换为格式 2，将"查找"和"替换"文本框中的内容清空，光标定位在查找框中，选择下面的格式设置。

例：将文中所有蓝色的文字替换成红色文字（图 4-3-16），在设定过程中，可以使用"不限定格式"按钮来取消文本框中已经设置好的格式。

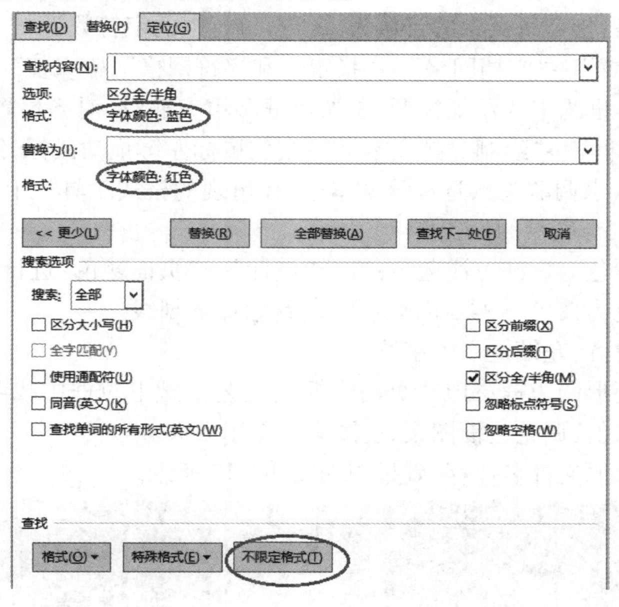

图 4-3-16

④字符替换为空（即删除该字符的操作）。

• 删除文中的空格：将光标定位到查找开始处（通常是文档起始位置），启动"查找与替换"对话框，在查找文本框中输入一个空格符号，替换文本框中不用输入字符，保持空白即可。

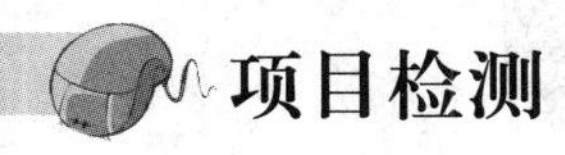

项目检测

任务一　制作小卡片

学习目标

①掌握自定义纸张大小、文档网格的设置；

②掌握页面背景和艺术边框的设置；

③掌握文字边框和底纹的设置；

④掌握字体格式设置，竖排文本技巧。

任务实施及要求

打开素材“水调歌头.docx”文档，按下面的要求完成各项操作，最终效果参考样文“小卡片.docx”，完成后以“小卡片.docx”文件名保存至自己的文件夹中。

①设置纸张自定义大小为 18 cm×10 cm，左、右边距为 2 cm，上、下边距为 1.5 cm。

②在页面设置中将版面垂直对齐方式设置为居中，将文字方向设置为从上向下垂直纵向排列：单击“页面设置”→“版式”，在“垂直对齐方式”列表中，选择居中。

③设置文档网格：指定每页中的行数为 13 行，每行中的字符数为 13 个。

④打开“页面设置”→“文档网格”→“指定行和字符网格”，输入值。

⑤使用竖排文本框为卡片添加标题，添加边框和填充底纹，对齐位置使用“中间居右”；选择“插入”→“文本框”→“绘制竖排文本框”，按住鼠标左键拖动鼠标，绘制一个矩形框，在其中输入标题文字：《水调歌头》，选择该文本框，在出现的格式工具栏上选择“形状填充”→“形状轮廓”进行边框与底纹的设置。

⑥添加页面背景色为标准色浅蓝色：打开“设计”→“页面颜色”进行选择。

⑦全文字体颜色为白色，3 号，字体为华文行楷，加下划线。

⑧全部文本左对齐，左缩进 2 个字符。

⑨为页面添加菱形的边框：打开“页面边框”，在艺术型下拉框中找到菱形图案，在宽带下拉框中适当减小数值，调整边框图案，使图案不至于太大。

⑩完成设置后以原文件名保存，效果图如图 4-3-17 所示。

图 4-3-17

任务二　编辑公司请柬

学习目标

①掌握通过文本框布局美化版面；

②掌握使用背景填充和背景图像、底纹美化版面；

③掌握使用形状图形与艺术字、图片相结合进行混合排版。

任务实施及要求

请柬，也称请帖，是为邀请客人而发出的专用通知书。使用请柬，表示主人的重视和对客人的尊重。

新建文档，按下面的要求完成各项操作，最终效果参考“请柬样文.docx”，完成后以原文件名保存。

参考步骤如下：

(1)制作封面

①新建文档，将纸张大小设为 B5，纸张方向为横向。

②插入一个矩形自选图形，将大小调整为 B5 纸张大小，填充为红色，矩形无线条，环绕方式为“衬于文字下方”。

③插入图片“彩带.png”，调整大小和位置。

④插入形状“正方形”，黄色双线边框，如图 4-3-18 所示(类似边框与颜色均可)。

⑤输入艺术字“邀”，适当调整大小，方正舒体，金黄色带青色阴影，如图 4-3-19 所示。

⑥调整艺术字“邀”的位置，使其与正方形对象进行组合，形成一个整体。

⑦同上制作一个大小相当的艺术字“请”。

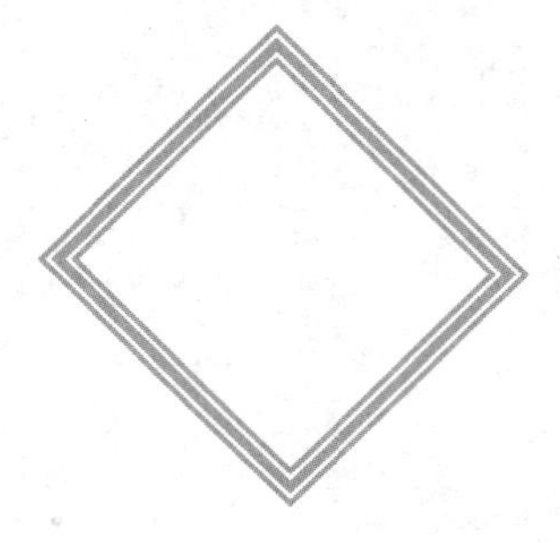

图 4-3-18

图 4-3-19

至此，封面制作完毕。

(2)制作请柬内部

①在文中插入分页符号，在第二页中制作请柬内容。

②插入图片“背景 1.jpg”，取消“锁定纵横比”功能，将图环绕方式设为“衬于文字下方”并放大到与页面同样大小，将图片置于底层。

③在右边插入竖排文本框，并输入文字，一号宋体字，首行缩进 2 个字符，字间距加宽

1.3 磅,在留空的地方设置字符底纹效果。

④在页面中插入“邀”艺术字,线条为黄色,填充红色,拖放到适当大小。

⑤将文本框的线条和填充均设为“无色”,效果如图 4-3-20 所示。

图 4-3-20

任务小结

该请柬主要由图片、艺术照、文本框、矩形框组成,没有嵌入正文行的文字,处理好对象之间的层次关系为主要任务,尤其注意对象环绕方式的选择。

请柬共有两页,如果在编辑首页时先通过插入一个分页符预留一页,可以方便第二页的编辑。

在输入一个艺术字后,可以采用复制的方法生成另外两个艺术字,只需做细微的修改(如编辑更改文字、添加阴影效果、更改文字颜色)即可。

任务三　编辑“气象科普”

学习目标

①掌握分栏的设置;

②掌握页眉页脚的设置;

③掌握页面边框与水印设置;

④掌握文字底纹的设置。

任务实施及要求

在 Word 环境下,按样文将素材文件“区别雾与霾.docx”调出来按照样文中的“区别雾与霾样文.docx”进行以下操作,完成后以原文件名保存。

①设置纸张大小为 B5,纸张方向为横向,左、右边距为 1.9 cm,上、下边距为 2.54 cm。

②标题文字为艺术字,样式使用列表中的第三行第二列的样式。

③副标题填充底纹“绿色,着色 6,淡色 40%”。

④将第一页其余部分设置为:两栏格式,加分割线。

⑤在第一栏的右下角插入图片“雾.jpg”。

⑥打开“设计”→“水印”功能，按照样文插入一个“气象科普”文字水印，72 号黑体，红色倾斜，半透明效果；双击页面的页眉部分，激活水印，将水印移动到页面的右下角，按照样文适当缩放。完成后关闭页眉页脚退出。

⑦将第二页文字设置为：三栏格式，栏宽相等。

⑧各个段落首行缩进 2 个字符，小标题设置为橙色，小四号字，黑体字，段前段后 0.5 行。

⑨在第二栏插入图片“霾.jpg”，并输入艺术字标题“霾的危害”。

⑩插入一个边线型页眉，左侧输入“作者：××”。

⑪页脚使用空白（三栏）形式，选择居左位置的［在此处键入］替代文本，插入页码，打开设置页码格式框，将编号格式选定为“A，B，C……”，并将页码的起始页设为：F。

⑫选择右侧替代文本，在“插入”→“日期和时间”选项卡中选择中文模式，在列表中选择日期格式，在页脚右侧插入了当前日期，删除中间的替代文本。

⑬设置页脚距边界 2 cm，页眉距边界 1.8 cm。

⑭定位到第二页，为文档添加松树形的艺术页面边框，适当调整其宽度，效果如图4-3-21和图 4-3-22 所示。

作者：XX

区别“雾”与“霾”

上海市气象局

霾和雾都会对人们的视程产生影响，给生活带来不便。二者的区别概括地来说有以下几种：

雾是悬浮在贴近地面的大气中的大量微小细水滴（或冰晶）的集合，雾和云的区别仅在于是否接触地面；霾是悬浮在大气中的大量微小尘粒、烟粒或盐粒的集合体，使空气浑浊的一种天气现象。

1.相对湿度：雾主要是以水汽为主，雾的相对湿度一般在 90%以上，而霾在 80%以下。

2.能见度：能见度在 1km 以下的统称为雾，能见度在 1km 以上为叫轻雾；霾的能见度大约在 1km 以上，而小于 10km 的称为灰霾现象。

3.颜色：雾以白色或灰色为主；霾一般呈乳白色，它能使物体的颜色减弱，使远处光高物体微带黄红色，而黑暗物体微带蓝色。

具体来说：

雾与霾区别在于发生霾时相对湿度不大，而雾中的相对湿度是饱和的(如有大量凝结核存在时，相对湿度不一定达到 100%就可能出现饱和)。一般相对湿度小于 80％时的大气混浊视野模糊导致的能见度恶化是霾造成的，相对湿度大于 90%时的大气混浊视野模糊导致的能见度恶化是雾造成的，相对湿度介于 80％～90％ 时的大气混浊视野模糊导致的能见度恶化是霾和雾的混合物共同造成的，但其主要成分是霾。

气象科普

2017 年 4 月 9 日

图 4-3-21

任务小结

先分栏后插入图片，图片放到对应的栏里面。做题思路可以按照先页面布局，再设置段落、字体格式，然后做分栏、插入图片、艺术字、设置页面边框、添加文字水印，最后页眉页脚、页眉页脚边距的顺序来做。

作者：XX

什么是霾：

霾是悬浮在大气中的大量微小尘粒、烟粒或盐粒的集合体，使空气混浊，水平能见度降低到10km以下的一种天气现象。

霾一般是乳白色，它使物体的颜色减弱，使远处光亮物体微带黄红色，而黑暗物体微带蓝色。组成霾的粒子极小，不能用肉眼分辨。当大气凝结核由于各种原因长大时也能形成霾。在这种情况下水汽的进一步凝结可能使霾演变为轻雾、雾或云。

霾和雾的区别

雾和霾从气象角度来讲是两种不同的天气现象，雾是是湿的，霾是干的。雾的主要特点是近地面层，它的高度大概不超过400米，就是在这以下的气层里面的微小水滴组成的。它的能见度比较低，甚至低到50米这样的能见度。霾主要成分是一种灰尘，通常所说的尘埃，比如硫酸、硝酸这样一些微小的颗粒物。

霾的危害

霾的危害

1、影响身体健康。灰霾的组成成分非常复杂，包括数百种大气颗粒物。其中有害人类健康的主要是直径小于10微米的气溶胶粒子，如矿物颗粒物、海盐、硫酸盐、硝酸盐、有机气溶胶粒子等，它能直接进入并粘附在人体上下呼吸道和肺叶中。由于灰霾中的大气气溶胶大部分均可被人体呼吸道吸入，尤其是亚微米粒子会分别沉积于上、下呼吸道和肺泡中，引起鼻炎、支气管炎等病症，长期处于这种环境还会诱发肺癌。此外，由于太阳中的紫外线是人体合成维生素D的惟一途径，紫外线辐射的减弱直接导致小儿佝偻病高发。另外，紫外线是自然界杀灭大气微生物如细菌、病毒等的主要武器，灰霾天气导致近地层紫外线的减弱，易使空气中的传染性病菌的活性增强，传染病增多。

2、影响心理健康。灰霾天气容易让人产生悲观情绪，如不及时调节，很容易失控。

3、影响交通安全。出现灰霾天气时，室外能见度低，污染持续，交通阻塞，事故频发。

霾的防护

在霾天气下普通市民应做到：老人孩子少出门，行车走路加小心，锻炼身体有讲究。

老人孩子少出门：中等和重度霾天气下，近地面空气中积聚着大量有害人类健康的气溶胶粒子，它能直接进入并粘附在人体上下呼吸道和肺叶中，引起鼻炎、支气管炎等病症。

2017年4月9日

气象科普

图 4-3-22

任务四　制作讲座信息

学习目标

①能使用所学知识根据要求排版多页版面；

②设置首页不同的页眉页脚；

③掌握相关页面文字格式化设置；

④掌握查找与替换功能的使用；

⑤掌握段落首字效果设置。

任务实施及要求

打开“讲座信息.docx”文档，按“讲座信息样文.docx”要求完成各项操作，行距和字体大小可以根据样文自行调整。完成后以原文件名保存。

①设置页面。

- 纸张大小：32 开纸。
- 页面边距：上、下边距为 2.2 cm，左、右边距为 2.1 cm。
- 设置页眉和页脚的插入方式为首页不同。页眉距边界位置为 1.9 cm，页脚距边界位置为 1.5 cm。

②设置字体段落格式。

- 标题字体为宋体，小二号，蓝色，加粗，阴影效果，标题第二行字体大小加宽 150%。

• 正文第一段字体为四号字，行距设置为 1.5 倍，两端对齐。

• 第一段首字下沉 3 行，选择下沉文字，将字体设为楷体，红色。

• 在第二页的“讲座主题”“主讲专家”“讲座时间”“讲座地点”等段落的字符格式设置为楷体，加粗，倾斜，四号，并把标题文字设为红色，添加双波浪下划线。

③添加项目符号。

• 在“讲座主题”“主讲专家”“讲座时间”“讲座地点”4 段文字之前添加项目符号 ✚，设置左缩进 2 个字符，段前间距 0.5 行，行距 1.5 倍。

④按照样文添加页眉页脚文字。

• 添加相关的文字：首页页眉“学生会活动”，其余页页眉“技术讲座”。

• 在第二页页脚添加页码，格式为“第 X 页(共 Y 页)”，其中的 X 表示页码，Y 表示页数，完成后复制一份到首页的页脚。

⑤查找替换。

• 把文中的“信息”替换成加粗的“information”。

• 利用替换中的格式设置，把文中的红色字替换为蓝色字。

⑥末段“讲师简介”部分为悬挂缩进方式，1.5 倍行距，5 号宋体，放在第 3 页。

⑦打开“讲座信息图片素材.docx”，复制其中的图片，粘贴，环绕方式“衬于文字下方”。调整位置和方向(水平、垂直旋转)，放到文章末尾。

⑧使用文本框，按照样文在第一页的右上角输入期刊号，适当调整文字大小，取消文本框的边框，并使用“茶色，背景 2”填充，效果如图 4-3-23 和图 4-3-24 所示。

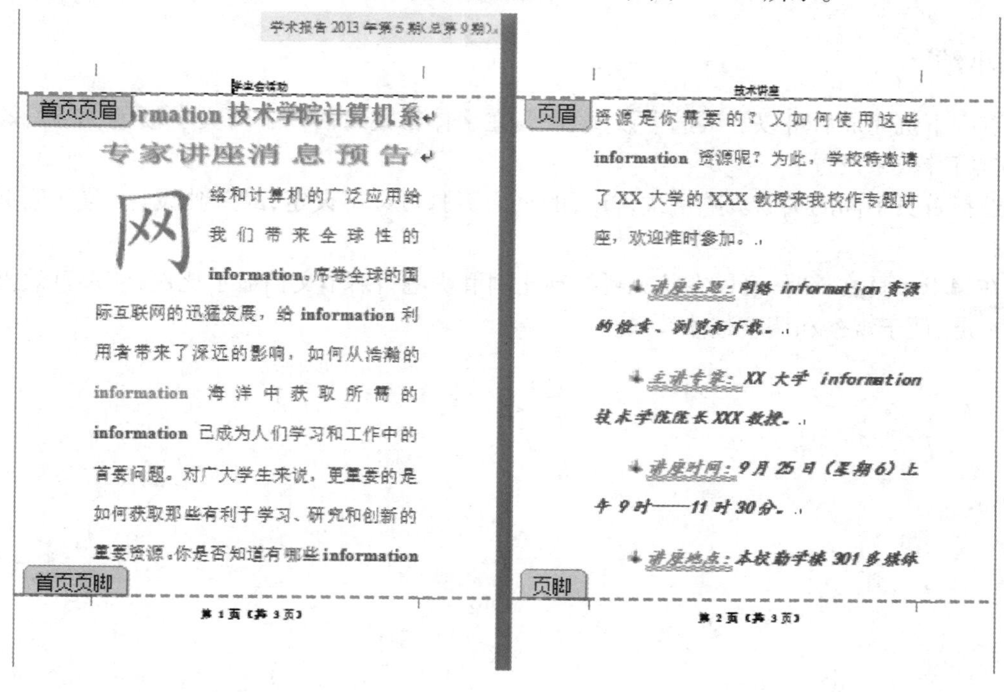

图 4-3-23

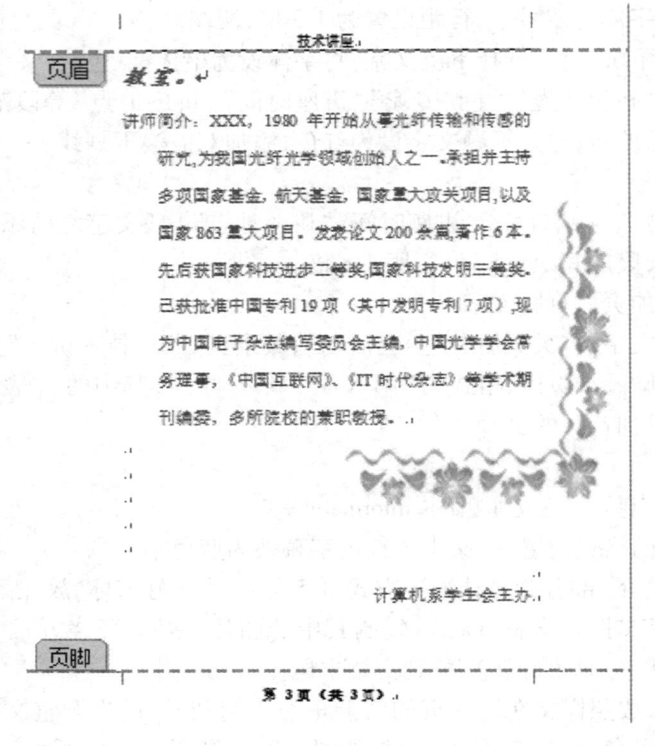

图 4-3-24

任务小结

首字下沉完成后可以尝试选中该文字框，在字体格式对话框中对文字颜色、字体、效果等进行特殊效果设置。

选择首页不同的页眉页脚格式，首页的页眉页脚可以不设定，或单独设计，与其他页没有关联。

在编辑多页文档时，可以在状态栏拉动比例滑块适当缩小文档显示比例，使多页效果显示在一屏，便于观察和调整整体效果。

任务五　设置页面——语文试卷的制作

学习目标

①合理利用文本框制作特殊的文档格式；
②设置分栏效果；
③稿纸功能的应用；
④学习使用对象功能插入不同类型的文档；
⑤了解表格基本操作。

任务实施及要求

打开“语文试卷稿纸(样文).docx”文件,照样文制作。

Word 中提供了稿纸格式模板,完成后可以直接打印成稿纸。在本题中,上面是题目和写作要求,下面是空白稿纸格式,如图 4-3-25 所示。

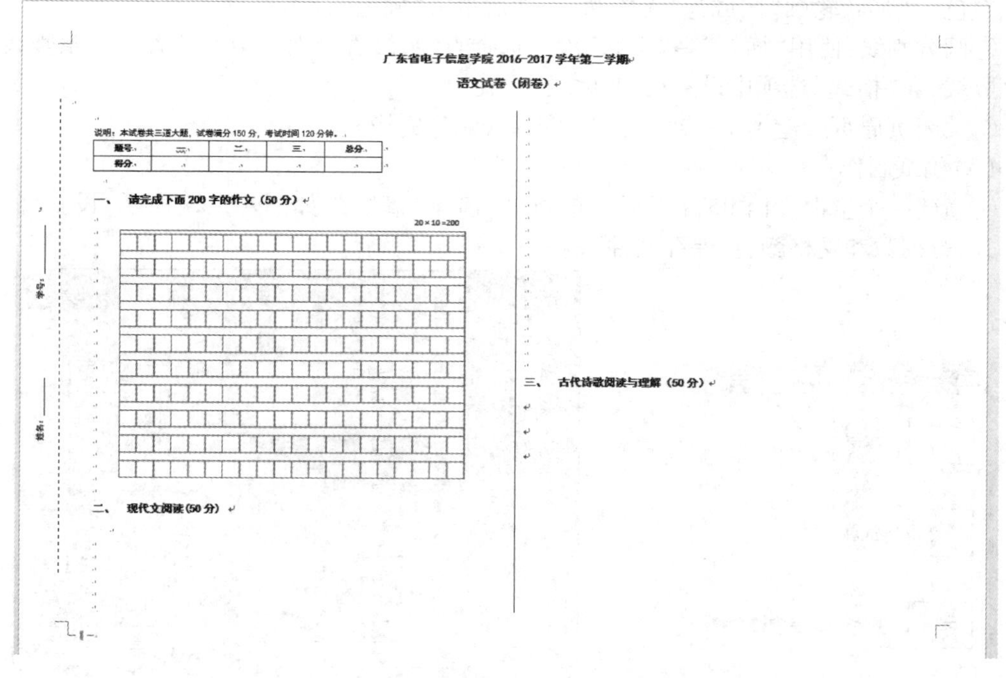

广东省电子信息学院 2016-2017 学年第二学期

语文试卷（闭卷）

说明：本试卷共三道大题，试卷满分 150 分，考试时间 120 分钟。

题号	一	二	三	总分
得分				

一、　请完成下面 200 字的作文（50 分）

20×10=200

二、　现代文阅读（50 分）

三、　古代诗歌阅读与理解（50 分）

学号：

姓名：

图 4-3-25

操作步骤：

(1)试卷页面设置

①新建文件,在页面布局功能区中选择纸张大小设置为 A3(如果试卷纸张有其他要求,可以选择自定义类型),方向为横向排列。

②在此处页边距为默认值,左边设置预留 1 cm 装订线。

③输入试卷标题名称,小三,黑体加粗,居中对齐。

④输入说明部分的文字，插入一个2行5列的表格，并输入表格内的文字。

⑤输入三个大题的题目内容，包括中间的空行。

⑥鼠标选择除标题外的所有内容，单击Word菜单栏中的“页面布局”→“分栏”选项，在“分栏”属性设置对话框中选择“两栏”，加分割线。单击“确定”按钮完成设置。

(2)密封线及其内容的制作

标准化试卷的左侧一般都有密封线，里面有横向输入的考生姓名等保密信息。在这里我们可以用文本框来制作。

①双击文档的页眉部分，进入“页眉和页脚”编辑状态。

②单击Word菜单栏中的“插入”→“文本框”→“竖排”选项，在文档左侧正文之外的位置拖动鼠标插入一个竖排文本框。

③在文本框中输入文字“姓名，学号”用空格加下划线间隔多项内容，然后单击Word菜单栏中的“格式”→“文字方向”选项，如图4-3-26所示。

④在“文字方向”区域中选择第4项“将所有文字旋转270°”。

⑤用鼠标单击文本框的边框，在功能区菜单中选择“格式”选项，在“形状填充”中选“无填充颜色”，“形状轮廓”区域为“无轮廓”。然后单击“确定”返回。

⑥画分割线：使用“插入”→“形状”库中选择直线，沿着页面左边距位置划一条竖线，选中该竖线，在“格式”选项中设置粗细、虚线和颜色。

⑦关闭页眉页脚退到正文编辑状态，密封线制作完毕。

(3)稿纸制作

①新建一个空白文档B5，在“页面布局”中选择“稿纸”，如图4-3-27所示，设置好稿纸的格式，行列数和网格颜色，保存文件“稿纸.docx”。

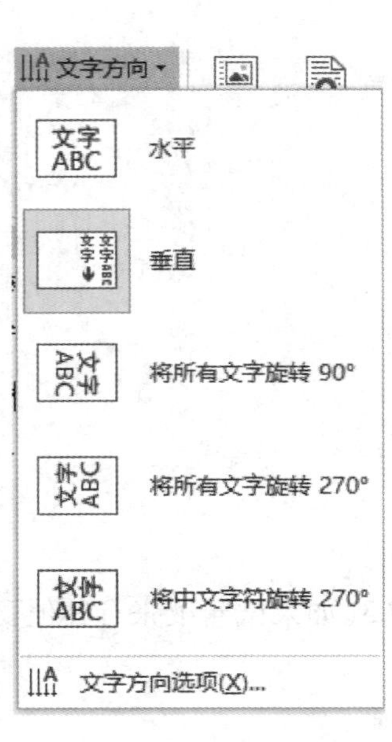

图4-3-26

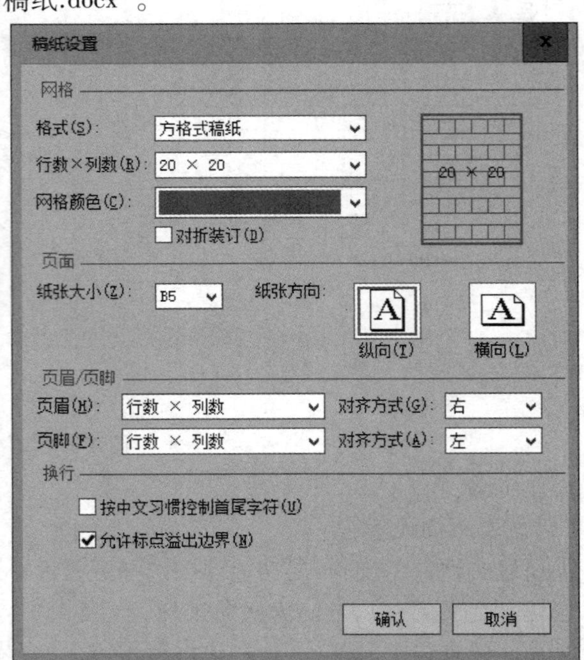

图4-3-27

②返回语文试卷中,“插入”→“对象”,选择来自文件,浏览选择刚才保存的“稿纸.docx”,将保存的稿纸文档导入。

③右击该稿纸对象,设置对象格式,在版式中选择“四周型环绕”。

④设置对象格式,在图片中进行裁剪(图 4-3-28)。根据具体情况将该稿纸对象从下面裁剪 12~13 cm。

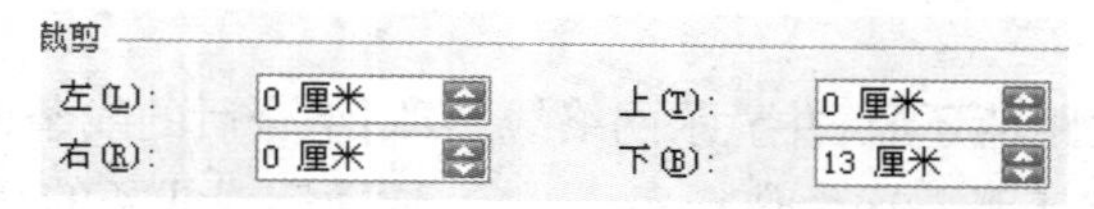

图 4-3-28

(4)输入试卷其他内容

输入其他内容并打印预览。

任务小结

在“页眉和页脚”编辑状态下插入的文本框会自动出现在文档每一页相同的位置上。

由于该稿纸是以对象形式嵌入文档的,在文档使用中,双击插入的稿纸,可以激活该文件,输入的内容关闭该稿纸后会显示在试卷的电子版中。

该语文试卷只是作为一个布局实例参考,在实际应用中一般题目都多于三题,可以根据实际情况添加项目。可以把试卷框架做好后保存一个模板,方便以后使用。

任务六　设置页面——信笺的制作

学习目标

①掌握设置文档网格功能;

②学习形状对象的组合与对齐、分布功能;

③进一步熟悉掌握页眉页脚编辑状态的操作;

④掌握页面装订线的设置。

任务实施及要求

40×18 信笺纸的制作方法:参照“设置页面—信笺(样文).docx”。

①新建文件,设置好页面。

- 纸张大小:16 开纸。
- 页面边距:上、下边距为 3 cm,左、右边距为 2 cm。

②设置文档网格。

- 使用“视图”,打开网格线。
- 打开文档网格标签:“页面布局”→“页面设置”→“文档网格”。
- 设置网格:在“文档网格”中选择“指定字符行和网格”选项,在“字符”中设置每行为 40 字,在“行”中设置每页为 18 行。

③绘制条纹线。

- 切换视图：切换到“页眉和页脚”状态。
- 绘制线条：线条颜色为红色，线条长度为14.4 cm左右，其中一条为虚线，一条为实线。
- 组合线条：将两条线条组合，在“页面设置”→“文档网格”框中打开“绘图网格”功能，将网格的垂直间距设为最小值（0.01行），这时可以将文档中的两条线精密移动到一起，选中它们，右击选择“组合”。
- 将网格的垂直间距值还原，并显示网络线，复制组合后的线条，并与网格线自动贴合。
- 使用“选择对象”工具一次性选择多个对象，快速完成线条的复制工作。
- 页眉和页脚处加两条红色的粗线条。

④添加页眉页脚文字。

- 添加相关的文字：华文中宋，2号，加粗，红色“广东省电子职业技术学校”。
- 添加页脚文字：照样文添加页脚文字（图4-3-29）。

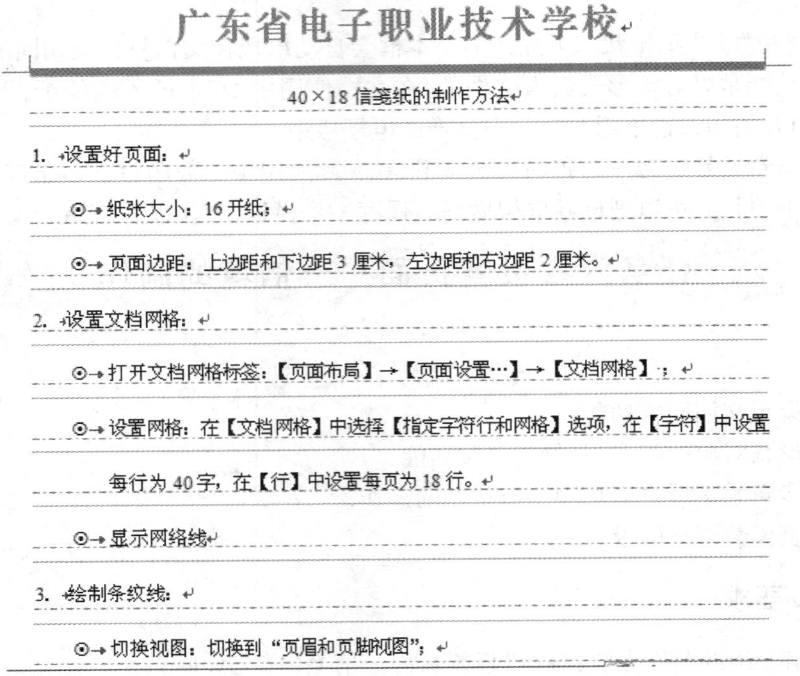

广东省电子职业技术学校

40×18信笺纸的制作方法

1. 设置好页面：

⊙ 纸张大小：16开纸；

⊙ 页面边距：上边距和下边距3厘米，左边距和右边距2厘米。

2. 设置文档网格：

⊙ 打开文档网格标签：【页面布局】→【页面设置…】→【文档网格】；

⊙ 设置网格：在【文档网格】中选择【指定字符行和网格】选项，在【字符】中设置每行为40字，在【行】中设置每页为18行。

⊙ 显示网络线

3. 绘制条纹线：

⊙ 切换视图：切换到“页眉和页脚视图”；

图4-3-29

任务小结

该题目较上题更加灵活，Word在稿纸功能里只提供了有限的几种行和列设置。这题解决了这个问题，可以随意布局一页的行数和每行的字符数。

在页面的背景里画上横线，经过组合复制，利用视图里的显示网格线功能，自动捕捉到网格，方便绘图。

在选择多个对象（非文字内容）时，可以使用Word提供的对象选择工具“开始”→“选择”→“↖选择对象”，按住左键一次性框选出所有对象。在绘图格式菜单里面选择“对齐”→

“左对齐”来完成线条的对齐。

在绘图过程中适当调整网格间距，加强 Word 的分辨率保证线条位置的精确，另外再利用 Word 提供的图形对象自动对齐功能，实现底纹横线的自动对齐。

任务七 在 Word 中插入公式

学习目标

①学会使用 Word 来编写各种类型的公式；
②学会使用公式工具栏提供的各种模板；
③掌握公式中各种符号的输入方法。

任务实施及要求

新建文件，使用“公式”功能输入下列公式，并以文件名“公式.docx”保存。

①输入下面的数学公式及相关内容，如图 4-3-30 所示。

设一元二次方程为 $ax^2+bc+c=0$，那么

(a)判别式 $\Delta=b^2-4ac$

(b)求根公式($\Delta\geqslant0$ 时)

$$x=\frac{-b\pm\sqrt{b^2-4ac}}{2a}$$

(c)根与系数的关系(韦达定理)

$$x_1+x_2=-\frac{b}{a},x_1x_2=\frac{c}{a}$$

两点间距离公式

$$|AB|=\sqrt{(x_1-x_2)^2+(y_1-y_2)^2}$$

图 4-3-30

提示

- x 的平方可以用上标来完成，平方根、分式要用到“公式”工具栏上的“分数”模板、“根式”模板等。
- 公式默认是“内嵌”方式，公式嵌入在文字中，和文字处在同一行，在公式右侧的“公式选项”中更改为“显示”方式后，公式更方便排版布局。
- 完成公式输入后，选择“公式框”，可以放大或缩小公式的字号。

②在文档中输入下面的化学公式，如图 4-3-31 所示。

氢气还原氧化铜：

$$H_2+CuO\xlongequal{\triangle}Cu+H_2O$$

氯化钠溶液和硝酸银溶液：

$$NaCl+AgNO_3=\!=\!=AgCl\downarrow+NaNO_3$$

图 4-3-31

③在文档中输入复杂的数学公式,如图 4-3-32 所示。

$$y=\frac{\sqrt{x+1}}{\sqrt[3]{x-2}\,(x+3)^2}$$

$$\frac{\partial x}{\partial y}=\frac{xz-2\sqrt{xyz}}{\sqrt{xyz}-xy}$$

$$T=(x^2+y^2)\frac{2x-\sqrt{3xy^4}}{x^2y^2}\mathrm{e}^y+\sqrt{\frac{2kD^2}{\sum_{j=1}^{2}h_jD_j}}$$

图 4-3-32

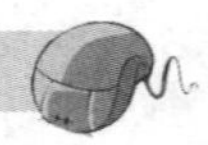

项目小结

单击公式以外的空白区域,返回 Word 文档窗口,可以看到公式以图形的方式插入到了 Word 文档中。如果需要再次编辑该公式,则需要双击该公式打开公式编辑窗口,同时会出现公式工具栏。

在使用过程中,键盘中的符号或 Word 符号库中的字符可以在公式中直接输入使用,没有的符号才从公式工具栏中找,对不熟悉公式的用户可以提高效率。

上述例题只是公式应用中的一小部分,公式工具栏中提供的 8 种类型的符号集几乎包含了目前各个领域所有公式用到的符号,这些内容有待读者进一步开拓发现。

项目四　制作板报

项目目标

- 剪贴画与图片的插入与编辑。
- 艺术字的插入与设置。
- 文本框的应用。
- 自选图形的插入与设置。
- 首字下沉的应用。

项目任务

任务一　报纸版面的编排
任务二　班级板报的编排
任务三　制作公司板报
任务四　制作元旦板报

知识简述

一、插入图片

可以将多种来源的图片和剪贴画插入或复制到文档中。

- 插入剪贴画：剪贴画是由系统提供的现成图片，可通过搜索主题词快速找到。

方法："插入"→"剪贴画"（打开任务窗格）→输入搜索文字（即主题词）→ 搜索→选择需要的图片，如图 4-4-1 所示。

- 插入图片：插入以文件形式存放的图片。

方法："插入"→"图片"→选择图片位置→选择图片文件，如图 4-4-2 所示。

剪贴画和图片插入后，默认的与文字环绕方式为"嵌入式"。

提示

插入之前，应先确定图片或剪贴画插入的位置。

图 4-4-1

图 4-4-2

二、图片的处理——选定图片后进行

1.图片的移动(提示:嵌入式的图片不能随意移动)

方法 1:按住鼠标左键拖动图片到需要的位置。

方法 2:在“图片工具”的“格式”选项卡中单击“位置”按钮,有 9 种图片位置,可根据需要进行选择设置,如图4-4-3所示。

方法 3:可利用“布局”对话框进行准确定位,如图4-4-4所示。

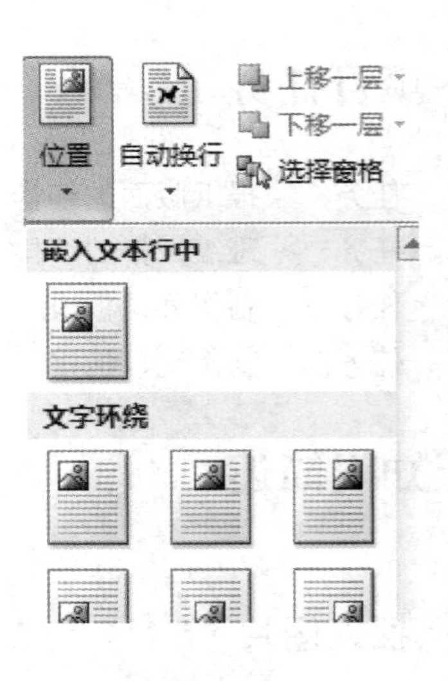

图 4-4-3

2.图片大小调节

近似调整:鼠标指针指向图片周围的八个控点之一,按住鼠标左键拖动。

若要在一个或多个方向上增加或减小大小,可在执行下列操作之一时将大小控点拖向或拖离中心:

- 若要保持图片中心的位置不变,可在拖动大小控点时按住 Ctrl 键。
- 若要保持图片的比例,可在拖动大小控点时按住 Shift 键。
- 若要保持图片的比例并保持其中心位置不变,可在拖动大小控点时同时按住 Ctrl 和 Shift 键。

精确调整:在“图片工具”的“格式”选项卡中,打开“布局”对话框,在“大小”标签下,通过输入图片的高度和宽度或“缩放比例”精确调整图片大小,如图 4-4-5 所示。

提示

当图片不按相同的比例调整大小时,要取消“锁定纵横比”。

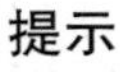

图 4-4-4

图 4-4-5

3.图片的裁剪

裁剪操作通过减少垂直或水平边缘来删除或屏蔽不希望显示的图片区域。裁剪通常用来隐藏或修整部分图片,以便进行强调或删除不需要的部分。

近似裁剪:在“图片工具”的“格式”选项卡中,在“大小”组中单击“裁剪”命令,图片周围出现 8 个形状控点,鼠标左键拖动裁剪框形状控点,如图 4-4-6 所示。

将图片裁剪为精确尺寸:可右击该图片,在快捷菜单上选择“设置图片格式”。在“裁

剪”窗格的“图片位置”下，在“宽度”和“高度”框中输入所需数值。

可以裁剪为指定的形状，也可以按纵横比裁剪。

4.设置文字环绕方式

在“图片工具”的“格式”选项卡中，在“排列”组中单击“自动换行”按钮，出现下拉菜单，选择需要的环绕方式，如图 4-4-7 所示。

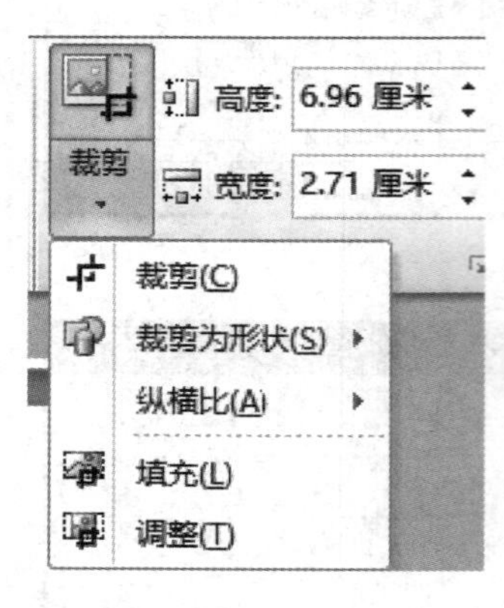

图 4-4-6

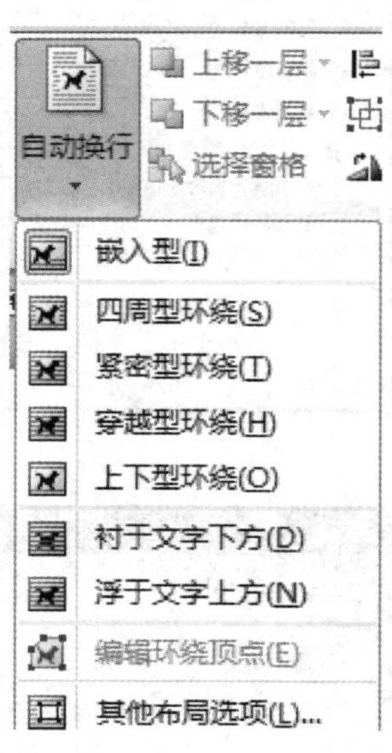

图 4-4-7

各种环绕方式的效果如图 4-4-8 所示。

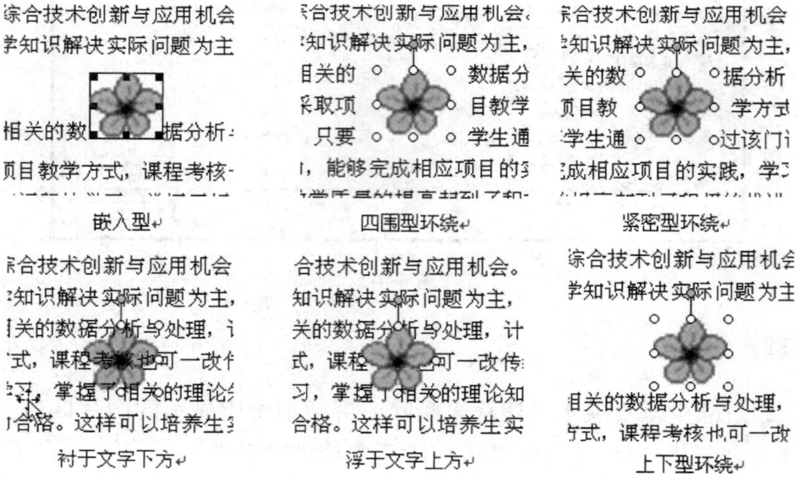

嵌入型　四周型环绕　紧密型环绕

衬于文字下方　浮于文字上方　上下型环绕

图 4-4-8

若选择“紧密型环绕”，还可以编辑环绕顶点，以产生不同的环绕效果。

5.设置图片的对齐方式

①设置若干图片在文档中的对齐方式,需要先选定相关的图片。

②在“图片工具”的“格式”选项卡的“排列”组中,单击“对齐”按钮,有如下对齐方式可以选择,如图 4-4-9 所示。

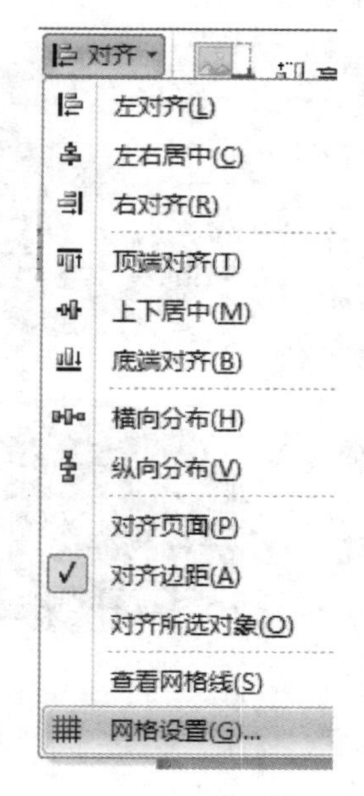

图 4-4-9

提示

嵌入式的图片不能通过“对齐”按钮来设置对齐方式。

多张图片要均匀排列时,注意要选择“对齐所选对象”。

多张图片要重叠排列时,要设置图片所处的层次。

6.设置图片样式

选择“图片样式”库中的预设样式,可以直接自动修饰图片。

若要自定义图片样式,请单击“图片边框、图片效果、图片版式”,然后调整所需的选项。

- 图片边框:为图片添加不同颜色、线形及宽度的边框。
- 图片效果:为图片实现阴影、发光、映像、三维、旋转的视觉效果。
- 图片版式:将图片应用于 SmartArt 图形。

7.图片的调整

(1)删除图片背景

可以使用自动背景消除,也可以使用一些线条画出图片背景,选择哪些区域要保留,哪些要消除,也可以放弃所作的更改。

(2)调整图片颜色

可以调整图片的颜色饱和度、色调,也可以给图片重新着色。

(思考:如何设置透明色?)

(3)更正图片

可以更正图片的亮度和对比度,也可以更正图片的锐化和柔化。

(4)设置图片的艺术效果

可以将艺术效果应用于图片或图片填充,以使图片看上去更像草图、绘图或绘画,一次只能将一种艺术效果应用于图片。

8.图片处理后的效果

效果举例,如图 4-4-10 所示。

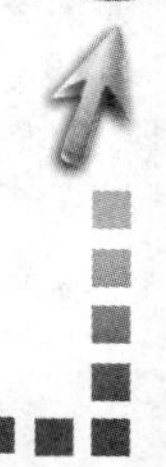

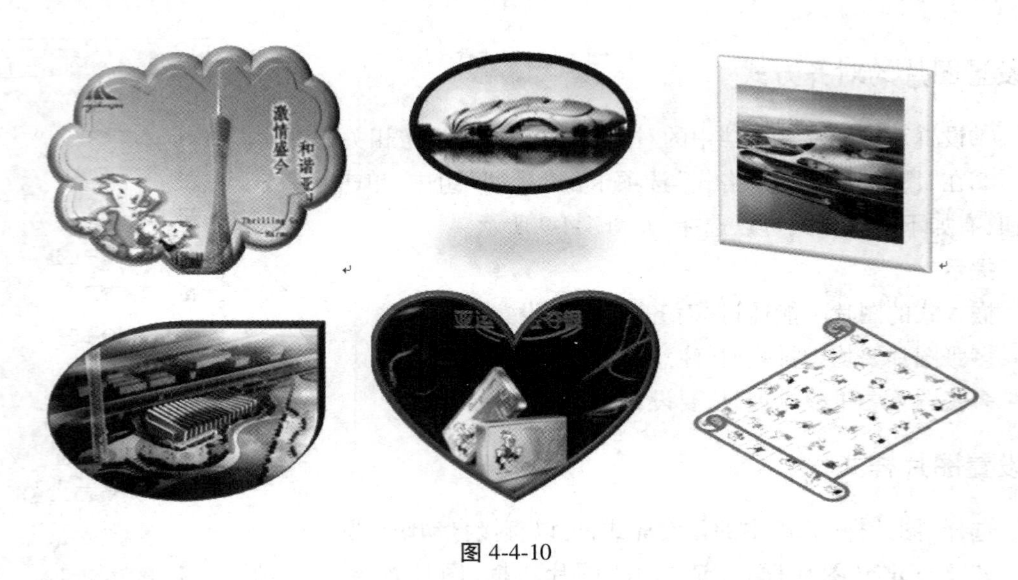

图 4-4-10

三、艺术字

艺术字是添加到文档的装饰性文本。

1.插入与设置艺术字

①在文档中要插入装饰性文本的位置单击。

②在“插入”选项卡上的“文本”组中，单击“艺术字”按钮，选择艺术字样式后，可输入艺术字内容，如图 4-4-11 所示。

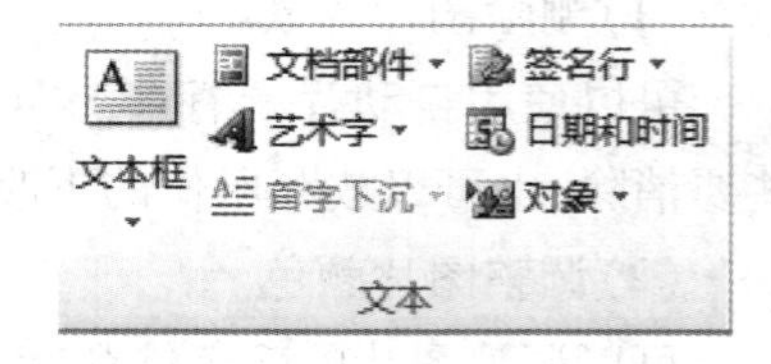

图 4-4-11

艺术字格式设置包括大小、样式、位置、文字环绕方式、形状、边框、填充色、阴影或三维效果等。

设置方法与图片格式设置类似，可在“绘图工具”的“格式”选项卡下进行设置。

设置时注意是对文字设置还是对外框设置：“形状样式”组中的命令是对艺术字周围的外边框进行格式设置，“艺术字样式”组中的命令是对艺术字本身所含的文字进行设置。

“文本效果”中的“转换”命令，可用于设置艺术字的特殊效果——跟随路径和弯曲方式，也称为艺术字形状。

2.利用艺术字设计特效版面

制作倒影文字，如图 4-4-12 所示。

制作倒影式阴影文字，如图 4-4-13 所示。

制作立体文字，如图 4-4-14 所示。

图 4-4-12

图 4-4-13

图 4-4-14

四、文本框

文本框是一个对象，允许在文档中的任意位置放置和输入文本。

1.插入文本框

方法 1:在“插入”选项卡上的“文本”组中，单击“文本框”，选择系统预设样式的文本框。

方法 2:在“插入”选项卡上的“文本”组中，单击“文本框”，在“绘制文本框”或“绘制竖排文本框”中选择其中一种后，按住鼠标左键拖动即可产生一个“横排”或“竖排”的空白文本框，如图 4-4-15 所示。

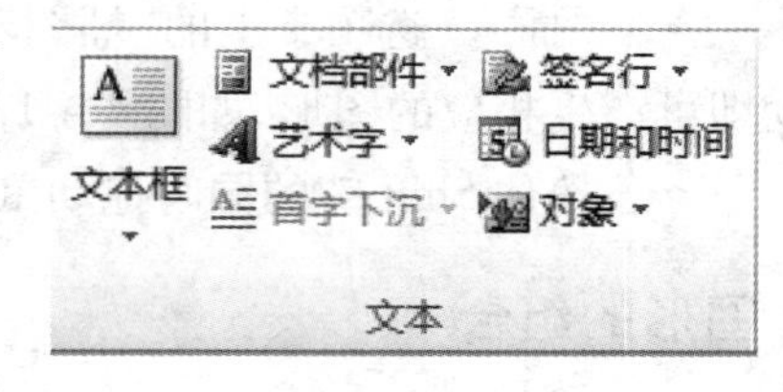

图 4-4-15

若要向文本框中添加文本，在文本框内单击，然后输入或粘贴文本。

说明:若选定文字后再使用方法 2，则所选文字自动插入文本框中。

2.文本框的设置

文本框的设置包括大小、样式、位置、文字环绕方式、形状、边框、填充色、阴影或三维效果等。

设置方法与图片格式设置类似，可在“文本框工具”的“格式”选项卡下进行设置。也可右击文本框的边框线，在快捷菜单中选择“设置形状格式”，在对话框中选择需要设置的项目进行设置，如图 4-4-16 所示。

图 4-4-16

五、绘制图形

1.绘制图形

• 在"插入"选项卡上的"插图"组中,单击"形状",选择要绘制的图形,按住鼠标左键拖动即可产生相应的图形,如图 4-4-17 所示。

• 若按住 Shift 键的同时拖动鼠标,则可绘制正圆、正方形、正三角形等。

2.图形的组合

绘制的多个图形可以组合成一个,组合的方法有以下两种:

方法 1:选定要组合的多个图形,在"绘图工具"的"组合"组中单击"组合"命令即可。

方法 2:选定要组合的多个图形,右击鼠标,在弹出的快捷菜单中单击"组合"命令即可。

3.图形的对齐和分布

选定多个图形,在"绘图工具"的"组合"组中单击"对齐"命令,根据需要选择对齐方式即可。

4.图形的旋转和翻转

方法 1:选定图形,在"绘图工具"的"组合"组中单击"旋转"命令,根据需要选择旋转方式即可。

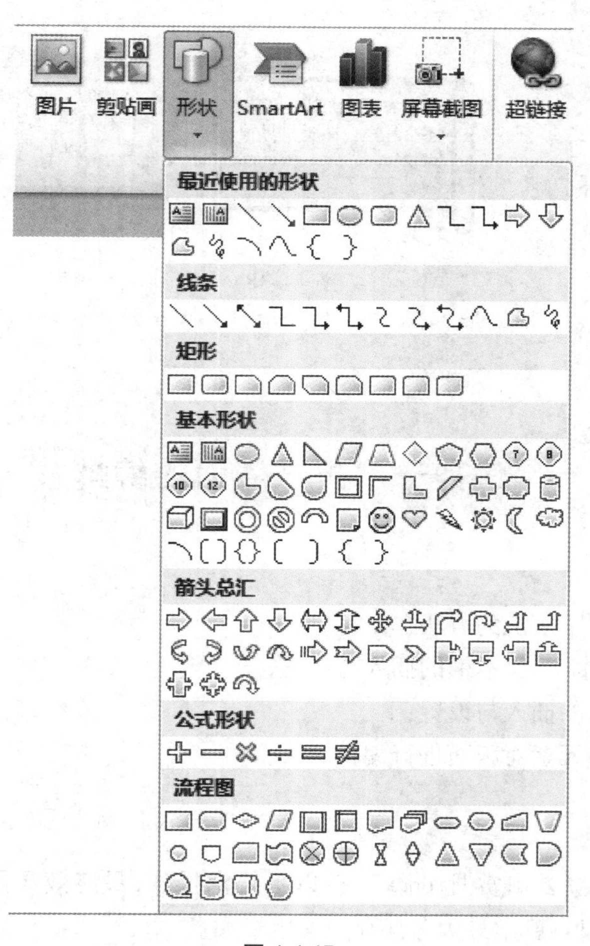

图 4-4-17

方法 2:选定图形,鼠标指向所选图形的绿色控点,再根据需要拖动绿色控点即可旋转图形。

5.添加文字和图形的美化

- 添加文字:右击图形,在弹出的快捷菜单中选择“添加文字”。
- 填充颜色:向绘制的图形中填充颜色。
- 线条颜色:为绘制的图形边框线更改不同的颜色。
- 添加线形、虚线线形、箭头样式。
- 添加阴影、三维效果。

6.各种图形的效果举例

各种图形的效果如图 4-4-18 所示。

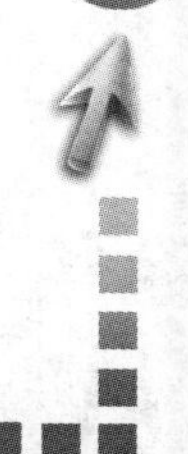

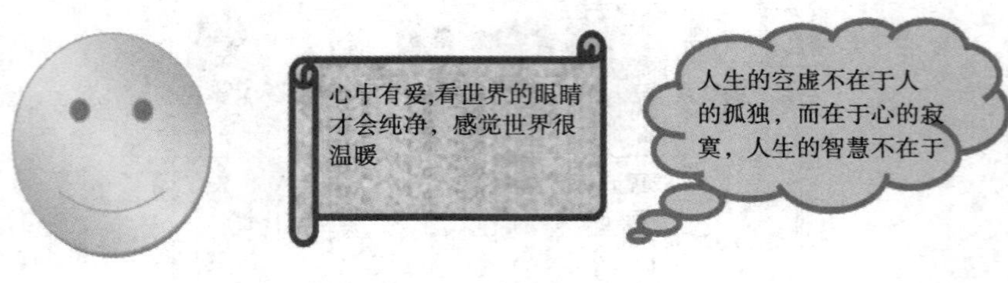

图 4-4-18

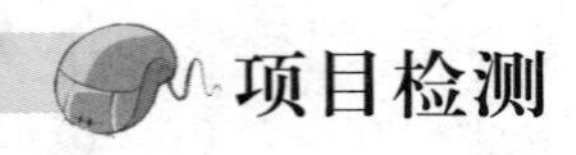

项目检测

任务一　报纸版面的编排

学习目标

①学会分栏和首字下沉的方法；

②掌握图片、艺术字、文本框的插入与设置；

③学会自选图形的插入与设置；

④学会利用各种元素对版面进行编排。

任务实施及要求

打开“12 万市民登云山赏月.docx”，按以下要求操作，最终效果图参考“中秋报道（样文）.docx”。完成后以自己学号为名保存到学生个人盘中。

①将“12 万市民登云山赏月”一文的正文分为两栏，栏宽相等。

②设置第一段首字下沉，下沉 2 行，隶书。

③将图片“白云山.jpg”插入文档中，设置图片高度为 3 cm，宽度为 4 cm，环绕方式为四周型，图片形状为心形，移动图片到合适位置。

④将标题“12 万市民登云山赏月”设置为艺术字，要求：艺术字样式 17，楷体，28 号，加粗，形状“细上弯弧”。

⑤将“市民广州塔摩天轮上赏月”的正文放入一个竖排文本框中，文本框高度为 5 cm，宽度为 13 cm。设置文本框边框为 1.5 磅深红色“方点”线，填充图案“点式菱形”，橙色。将文本框移到合适的位置。

⑥将标题“市民广州塔摩天轮上赏月”设置为艺术字，要求：艺术字样式 18，楷体，16 号，形状“双波形 2”。修改艺术字的环绕方式为紧密型，将艺术字移到合适的位置。

⑦在文档的最后插入自选图形“笑脸”，用红色填充，线型为 1.5 磅黄色实线。将笑脸复制 4 次，调整 5 个“笑脸”均匀排列，将 5 个“笑脸”组合在一起，效果图如图 4-4-19 所示。

12万市民登云山赏月

秋风送爽皓月朗，又知一年佳节至——昨日是辛卯年中秋佳节，广州全城沉浸在团圆欢乐的祥和气氛当中，白天全市各大公园景区尽是一片欢乐的海洋，晚上市民则是流连陶醉于中秋灯会璀璨华灯中。逛公园、观花灯、赏明月、猜灯谜、吃月饼依旧是广州市民最喜欢也是最传统的过节方式。

昨晚人气最为火爆的非白云山莫属，昨日零时到晚上10时，白云山共录得进山人数超12万人次，比去年有所增加。而昨日云台花园共接待游客超过1.1万人次，比平日激增3倍以上，其中游客量最高峰时段出现在19时至22时。

昨晚19时过后，白云山的蜂拥人潮从四面八方开始涌现，白云山外路面交通一度拥挤不堪，现场交警忙个不停。“已经临时设置了交通管制措施，车流量已经有所减少，但周边道路仍是一时难以承载。”现场交通指挥员告诉记者。

位于广州塔455米的全球最高摩天轮至9月1日试运营以来，情侣争相前来尝鲜，更成为最新热门求婚圣地。昨日7时，天色仍微明，因游客要求，原定于7时赏月的第一轮推迟到11时~12时，一个小时后，暮色四合，绚丽多彩的灯光夜景在不知不觉中闪耀在城中各地，处处夜色迷人。记者注意到，昨晚赏月的游客多位「家庭团」，与平时不同，每个观光球舱里增加了一个圆桌，并为每位游客提供一盒应节食品，站在塔顶，只见明月仿如随手可触，广州全貌和璀璨夜色尽在眼底，海心沙、西塔、花城广场、二沙岛、猎德大桥……或现代宏伟，或古朴典雅的「城市地标」，在皓月明星映衬下，共同「奏响」动听的夜景交响曲。

图 4-4-19

任务二　班级板报的编排

学习目标

①掌握分栏和首字下沉的方法；

②学会去除分栏的方法；

③掌握图片的插入与设置；

④掌握文本框、图文框的设置；

⑤掌握页面边框的设置；

⑥掌握快速使用已有文本格式的方法；

⑦学会利用各种元素对版面进行编排和布局。

任务实施及要求

打开“班报.docx”，按“班报(样文).docx”对文档进行排版，最终效果图参考“班报(样文).docx”。完成后以原文件名保存。

①将文档中的分栏清除(并将分栏产生的分节符删除)。

②修改文字“投稿人:刘进”底纹为填充白色、图案为橙色的“浅色棚架”,并将其格式用于另一处文字“投稿人:刘进”。

③修改文档的文本框、图文框格式如“班报(样文)”,边框的颜色是相同的橙色。

④设置“一天一万年”字体格式与“登山去!”格式一样。

⑤将最后三段分栏(偏左)。

⑥按“班报(样文)”在合适的位置插入图片,设置图片格式,调整图片的大小。

⑦设置倒数第三段的首字下沉,字体为华文行楷,下沉 2 行,红色。

⑧添加页面边框。

⑨要求内容在一页纸内,最好不要超出左右边距,效果图如图 4-4-20 所示。

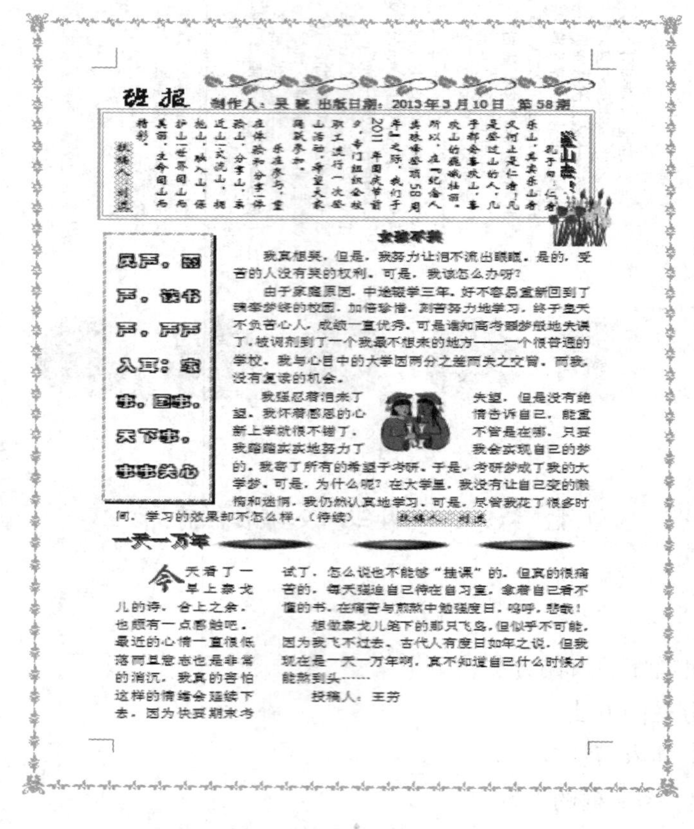

班报　制作人：吴斌　出版日期：2013年3月10日　第58期

登山去！

孔子曰：仁者乐山，其实乐山者又何止是仁者！凡是登过山的人，几乎都会喜欢山，喜欢山的巍峨壮丽。所以，在“纪念人类珠峰登顶58周年”之际，我们于2011年国庆节前夕，专门组织全校职工进行一次登山活动，希望大家踊跃参加。

乐在参与，重在体验和分享一保险山，分享山，亲近山一交流山，拥抱山，融入山，保护山一世界因山而美丽，生命因山而精彩。

投稿人：刘进

风声。雨声。读书声。声声入耳；家事。国事。天下事。事事关心

我真想哭，但是，我努力让泪不流出眼眶。是的，受苦的人没有哭的权利。可是，我该怎么办呀？

由于家庭原因，中途辍学三年，好不容易重新回到了魂牵梦绕的校园，加倍珍惜，刻苦努力地学习，终于皇天不负苦心人，成绩一直优秀，可是谁知高考噩梦般地失误了，被调剂到了一个我最不想来的地方——一个很普通的学校，我与心目中的大学因两分之差而失之交臂，而我没有复读的机会。

我强忍着泪来了，我怀着感恩的心，新上学就很不错了，我踏踏实实地努力了，失望，但是没有绝情告诉自己，能重不管是在哪，只要我会实现自己的梦的，我寄了所有的希望于考研，于是，考研梦成了我的大学梦，可是，为什么呢？在大学里，我没有让自己变的颓痛和迷惘，我仍然认真地学习，可是，尽管我花了很多时间，学习的效果却不怎么样。(待续)　投稿人：刘进

一天一万年

今天看了一早上泰戈儿的诗，合上之余，也颇有一点感触吧，最近的心情一直很低落而且意志也是非常的消沉，我真的害怕这样的情绪会延续下去，因为快要期末考试了，怎么说也不能够“挂课”的，但真的很痛苦的，每天强迫自己待在自习室，拿着自己看不懂的书，在痛苦与煎熬中勉强度日，呜呼，悲哉！

想做泰戈儿笔下的那只飞鸟，但似乎不可能，因为我飞不过去，古代人有度日如年之说，但我现在是一天一万年啊，真不知道自己什么时候才能熬到头……

投稿人：王芳

图 4-4-20

任务三　制作公司板报

学习目标

①学会利用各种元素对版面进行编排和布局;

②使用所学习的知识点根据要求排版。

任务实施及要求

打开文档“公司板报.docx”，按“公司板报(样文).docx”所示对文档进行排版，完成后以原文件名保存。

①设置纸张大小为宽 35 cm，高 24 cm，横向，上、下、左、右边距均为 2 cm。页眉距边界 0 cm，页脚距边界 0 cm。

②设置所有文字为小四号，宋体，首行缩进 2 字符，行距为 1.15 倍，将所有文字分 3 栏显示。

③标题“公司简介”设置为样文所示的艺术字，“主要业务方向和公司宗旨”放入样文所示的文本框中，并按样文设置文本框及文字效果，将文本框放入第二栏开头。

④插入图片“公司.jpg”，按样文调整图片大小、位置和环绕方式，并对图片进行相应的修饰，产生样文所示的效果。

⑤标题“2016 年度工作总结”设置为样文所示的艺术字，放入样文所示的图形中，修饰图形，组合艺术字和图形，并将其放到样文所示位置。

⑥页眉页脚参考样文设置，效果图如图 4-4-21 所示。

热烈庆祝永澳科技发展有限公司成立20周年

永澳科技发展有限公司是一家专业从事嵌入式工业计算机及自动化控制系统设计、开发、销售的高科技公司，成立于 1996 年。公司继承了自控领域的经验，融入当今先进的工业计算机技术，在自动化控制及嵌入式计算机系统领域取得了骄人的业绩，成为在该领域具有较强影响力的公司。

公司下设技术部、工程部、业务部，有较强的设计、研发和生产能力，可为用户提供嵌入式计算机系统产品设计、开发、系统集成、自动化工程实施等服务。随着公司的发展，目前已有自主品牌的四个系列(工业级平板电脑、工作站及平板显示器和 BOX PC) 近 20 款产品投入批量生产。我们的宗旨：专业是基础、服务是保证、质量是信誉。凭借可靠的产品质量和良好的售后服务，科韵赢得了广大用户的认可，产品应用涵盖公共交通，电力、军工、金融、网络安全、船舶制造、医药器械、数控、仪表、科研等行业，并连续多年成为上海地铁和军工科研单位嵌入式计算机产品指定供应商。

公司创办 20 周年以来，在广大员工精心呵护下，正越来越兴旺的发展。20 年来，越过曲曲折折沟沟坎坎的困难时期，凭公司各级领导的正确决策，凭公司领导积累的成熟经验和认真负责的精神，再加上员工吃苦耐劳的精神，任何摆在我们面前的困难都将被我们战胜。

主要业务方向

- 承接自动化工程
- 提供嵌入式电脑系统解决方案
- 提供各规格工业电脑及周边产品

公司宗旨

专业是基础，服务是保证，质量是信誉

放眼当前，公司领导比任何时候都切合实际，非常务实，公司上下团结一致，同舟共济，把公司建设地更美好。最后在公司成立 20 周年之际，祝公司兴旺发达。

2016 年是永澳科技发展有限公司硕果累累的一年，公司班子和员工统一思想、转变观念，以高度的责任心和强烈的使命感，发扬创新、务实、奉献的精神扎扎实实地努力工作，使公司各项业务得到了长足发展，取得了明显的效益。

一、建立健全规章制度，实行规范化管理

2016 年度公司领导把建立健全各项规章制度当作一项重要工作来抓，公司领导亲自抓落实，任何事情都按规章制度来办，并不断督促检查各项规章制度的落实情况。对按制度办事的给予表扬奖励，对不按制度办事的给予批评教育，对违反纪律的进行处罚。经过一段时间的严格整顿，公司员工的思想意识已从过去旧的管理模式，逐渐统一到有章可循，按章办事的思想上来。目前，公司上下政令畅通，人心稳定，员工精神面貌焕然一新，一种规范化、制度化管理的现代企业管理模式已在公司初显雏形。

二、较好地完成了今年的各项经济任务

根据年初各项工作任务指标，行政部、财务部、人力资源部、物流部、生产管理部等完成了全年的任务；截至 12 月底，公司各部完成的工作任务情况如下：

1. 行政部完成全公司的各项行政管理工作；

2. 财务部对全年全公司的财务收支和营销工作作好统筹和分配工作；

3. 生产管理部完成全年 2000 万的产值，创利润 260 万元；

4. 物流部完成全年 400 万的产值，创利润 20 万元；

5. 人力资源部除完成了人事制度改革外，还大力引入技术型人才，进一步增强了我公司的生产、竞争实力。

三、公开向社会承诺，提高服务质量，树立了公司新形象

服务的好坏直接关系到公司的整体形象。公司成立后，为树公司新形象，要求全体员工严格遵守服务标准，热情为客户服务。即工作时要着装整齐、挂牌上岗，待人接物要热情，要讲文明礼貌；不许与客户争吵，不许损坏用户的物品。为方便客户，星期六仍照常上班。

四、存在的困难和问题

1. 公司员工素质参差不齐。

2. 由于公司业务发展较快，与社会各界的沟通、协调力度需要进一步加强。

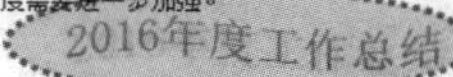

图 4-4-21

任务四　制作元旦板报

学习目标

使用所学习的知识点根据要求排版。

任务实施及要求

打开文档“元旦板报.docx”，按“元旦板报（样文）.docx”所示对文档进行排版。

①设置页面：纸型为 B4，纸张方向为横向，上、下边距均为 2 cm。

②正文文字：小二号。

③插入艺术字：“元旦贺词”和“元旦的来历”均为艺术字，参考样文设置和修饰艺术字（提示：“元旦贺词”和前三段一起分栏）。

④正文前三段设置“项目符号”为“wingdings”字体中的符号“✈”，按样文设置段落格式。

⑤插入图片“101.bmp”，设置图片大小、形状和环绕方式。使用“位置”功能调整图片位置。

⑥设置页面边框为艺术型边框，如样文所示。

⑦后两段文字放入竖排文本框中，调整文本框至合适位置。

⑧其他按样文完成。

⑨完成后保存为“元旦板报.docx”，两种效果图如图 4-4-22 或图 4-4-23 所示。

元旦贺词

✈ 寒暑交迭，万象更新。蓦然间，生命的年轮又划下了一个新的刻度。值此辞旧迎新的时刻， 祝同学们新年有新气象，新年有新收获，新年更有新的进步！！！

✈ 相识是缘，相知更是缘。我们有缘相聚千秋，在茫茫人海里寻找到一份属于自己的欢乐和真情，体会到生命的愉悦和朋友的温暖，这是多么的弥足珍贵。无论你来自长城内外还是大江南北 让我们一起聆听岁月那沉重的脚步声，等待新年的钟声在遥远的地平线上响起。

✈ 新的一年开启新的希望，新的一年承载新的梦想，拂去岁月之尘，让成功和梦想永远萦绕在我们周围。让我们一起为明天加油！为生命喝彩！

元旦的来历

元有始之意，旦指天明的时间，也通指白天。元旦，便是一年开始的第一天。元旦二词，最早出自南朝人萧子云《介雅》诗：四气新元旦，万寿初今朝。历来元旦指的是夏历（农历、阴历）正月初一。在汉语各地方言中有不同叫法，有叫大年初一的，有叫大天初一的，有叫年初一的，一般又叫正月初一。

我国历代元旦的月日并不一致，夏代在正月初一，商代在十二月初一，周代在十一月初一，秦始皇统一六国后，又以十月初一日为元旦，自此历代相沿未改（《史记》）。中华民国建立，孙中山为了行夏正，所以顺农时，从西历，所以便统计，定正月初一（元旦）为春节，而以西历1月1日为新年。

图 4-4-22

元旦贺词

✈ 寒暑交迭，万象更新。倏然间，生命的年轮又划下了一个新的刻度。值此辞旧迎新的时刻，祝同学们新年有新气象，新年有新收获，新年更有新的进步！！！

✈ 相识是缘，相知更是缘。我们有缘相聚千秋，在茫茫人海里寻找到一份属于自己的欢乐和真情，体会到生命的愉悦和朋友的温暖，这是多么的弥足珍贵。无论你来自长城内外还是大江南北，让我们一起聆听岁月那沉重的脚步声，等待新年的钟声在遥远的地平线上响起。

✈ 新的一年开启新的希望，新的一年承载新的梦想。拂去岁月之尘，让成功和梦想永远萦绕在我们周围。让我们一起为明天加油！为生命喝彩！

制作：12 外设 1 班团支部

元旦的来历

元有始之意，旦指天明的时间，也通指白天。元旦，便是一年开始的第一天。元旦一词，最早出自南朝人萧子云《介雅》诗："四气新元旦，万寿初今朝。"历来元旦指的是夏历（农历、阴历）正月初一。在汉语各地方言中有不同叫法，有叫大年初一的，有叫大天初一的，有叫年初一的，一般又叫正月初一。

我国历代元旦的月日并不一致。夏代在正月初一，商代在十二月初一，周代在十一月初一，秦始皇统一六国后，又以十月初一日为元旦，自此历代相沿未改（《史记》）。中华民国建立，孙中山为了行夏正，所以顺农时，从西历，所以便统计，定正月初一（元旦）为春节，而以西历1月1日为新年。

图 4-4-23

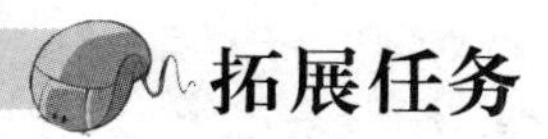

拓展任务

拓展一　设计一幅开业广告宣传单

新建一个 Word 文档，按下面的要求完成各项操作，完成后以"广告宣传单.docx"为文件名保存，最终效果参考"广告宣传单（样文）.docx"。

①广告中艺术字的大小、颜色及格式不要求同样文完全一样。

②图片插入后，可调整大小与页面大小一致，图片环绕方式可设为穿越型，效果图如图 4-4-24 所示。

图 4-4-24

拓展二　设计班级介绍版面

新建一个 Word 文档，按下面的要求完成各项操作，完成后以“班级介绍.docx”为文件名保存，最终效果参考“班级介绍(样文).docx”。

①上面两张图片，可先插入自选图形，然后用图片填充；也可先插入图片，再修改图片形状。

②下面两张图片，可插入图片并修改图片形状后，再对图片做阴影；也可插入图片并修改图片形状后，再插入与图片对应的自选图形，设置好颜色后放于图片下方。

③艺术字的大小、颜色及样式不要求同样文完全一样。

④中间的活页册自己利用自选图形制作，活页册后面的修饰是通过画几个不同颜色的圆角矩形并按不同角度旋转后实现的，效果图如图 4-4-25 所示。

1542 班自班级创立以来，不断探索和改善教学管理模式，努力保证班教学和管理的开展，多年的经验积累，逐渐形成了“探索在现行教育体制下更多更好的人才培养模式”的办学宗旨和充分挖掘学生的各种潜力、全面培养学生的综合素质、使学生能成长为在科学、技术和社会经济等领域具有原始创新能力的人才的培养目标；并在此基础上建立了一套比较完整的创新人才培养模式。

在教学模式上，班级长期以来坚持从“因材施教”的教育理念出发，实行将基础教育和专业教育相结合的先进教学模式，突出基础、能力、素质的全面培养和学生的个性化发展，旨在培养富有创新精神和良好科学素养的人才，探索我国中等教育优秀人才培养的新规律。同时，结合课外科技实践活动，全方位培养学生，丰富学生的实践知识，激发创新意识，增强团队合作精神。

班 级 计 划

一：尽力协助学校搞好“校体育节”和“技能节”。

二：初定开展班际交流会。

三：开展班集体体育活动。(三人篮球赛，乒乓球，三人二足……)

四：开展班集体拓展活动。(代号接龙，传纸游戏，班级猜名牌活动……)

五：总结月工作计划并吸取同学意见。

六：为下个月活动做好准备工作。

1542 班团委干部

职务	姓名
班　长	张　斌
副班长	廖军毅
团支书	刘小春
组织委员	李春辉
学习委员	周家海
宣传委员	陈小梅
纪律委员	高润海
生活委员	杨晓明
劳动委员	戴文泉
体育委员	周海毅
文娱委员	胡红莉

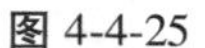

图 4-4-25

拓展三　自由发挥——设计自己班级的介绍版面

要求:版面图文并茂,内容丰富,搭配合理,版面形式符合大众审美观念。

项目小结

本项目主要讲解了使用 Word 环境中的图片、艺术字、文本框、自选图形等功能对文档进行图文混合排版,要求能根据所学知识点选择合适的图文混排元素应用于排版中,制作出丰富的版面形式。

项目五　制作表格

项目目标

- 掌握插入表格的几种方法。
- 能设置表格的行高列宽、表格及单元格中文本的对齐方式。
- 掌握合并和拆分单元格。
- 能设置表格或单元格的边框底纹、应用表样式等。

项目任务

任务一　制作学生求职登记表
任务二　制作员工登记表
任务三　绘制课程表
任务四　修改表格
任务五　绘制调查分析表
任务六　制作销售单

知识简述

一、创建、插入表格

方法 1:执行“插入”→“表格”→“插入表格”,快速制表,在弹出的面板中直接拖动鼠标选择表格的行数和列数,自动生成的表格具有与页面一样的宽度(图 4-5-1),单元格宽度平均分配。

方法 2:执行“插入”→“表格”命令,在弹出的对话框中输入行数和列数以及列宽(带单位),如图 4-5-2 所示,其中 3 个选项的作用分别介绍如下:

- 固定列宽:如果选择该项目,可以在文本框中输入列宽值,此处为 2 cm。
- 根据内容调整表格:选定该项时,表格起始宽度自动变为最小,当表格中输入的文字时,宽度会自动扩大。

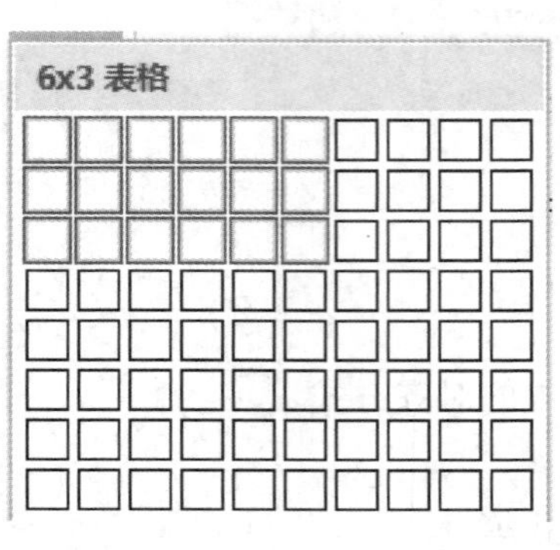

图 4-5-1

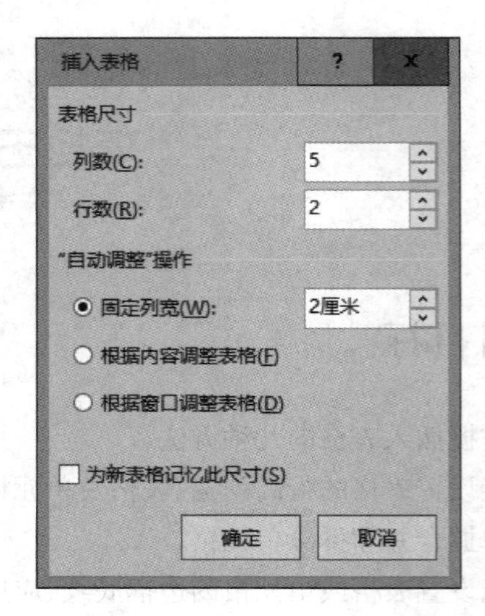

图 4-5-2

• 根据窗口调整表格：该项自动调整表格宽度与页面宽度一致，效果与方法 1 中的快速制表一样。

方法 3：执行“插入”→“绘制表格”命令，鼠标光标变为笔的样子，该方式可以自由绘制表格，一般用于对已有表格进行修补，添加或删除线条，或者创建较为复杂的、较大的、无规律的表格。

首先选择笔的线型、粗细和颜色（图 4-5-3），选择使用绘制表格功能（图 4-5-4），在文档中先画表格外框，再画出内部横竖框线，配合橡皮擦工具可以擦除多余的线条。

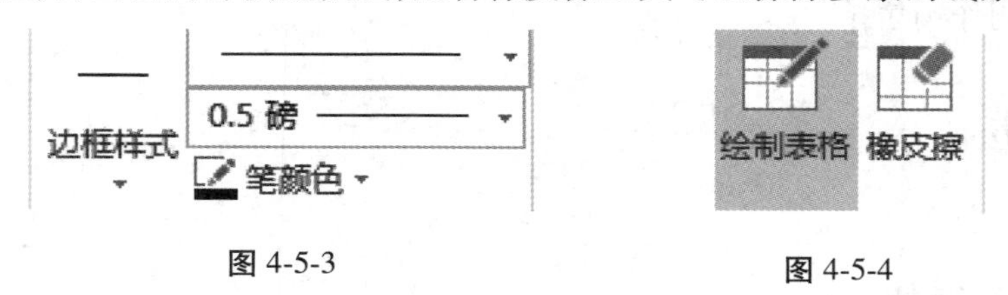

图 4-5-3　　　　图 4-5-4

二、文本与表格之间的转换

1.将文本转换成表格

姓名	学号	性别	成绩
张三	01	男	86
黄蕊	02	女	90

方法：

①首先输入上面的 3 行文本，每一项之间用空格或其他字符间隔(此处用的是空格)(图 4-5-5)。

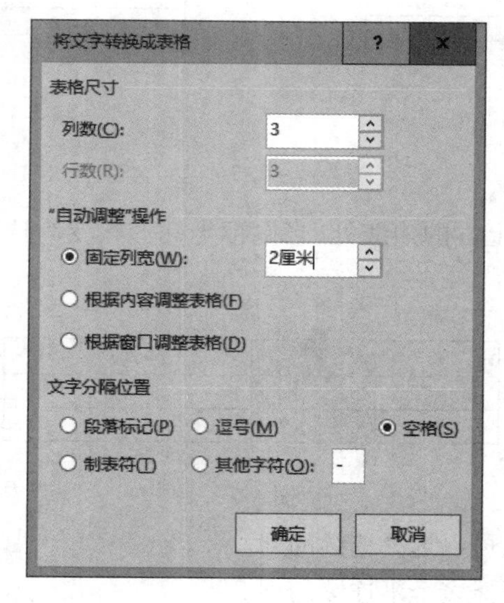

图 4-5-5

②选中输入的文本，执行“插入”→“表格”→“文本转换成表格”。

弹出的对话框中会自动根据所选内容判断出表格的行列数，如果行列数不对，一般是文本输入排列不整齐。输入表格的列宽，“文字分割位置”指文本之间的间隔字符，此处是空格。

③单击“确定”完成转换。

2.将下列表格转换成文本

商　品	数　量	价　格
电视机	20	2007

方法：

①选择表格。

②执行“表格工具”→“布局”→“转换为文本”。

三、修改表格

1.选择表格、行、列、单元格

(1)选择单元格

将鼠标指向单元格的左下角，当鼠标指针变为“↗”时，单击就可以选定(图 4-5-6)。在选

中单元格的情况下，用鼠标拖动该单元格的边框线，可以动态调整单元格的宽度(图 4-5-7)。

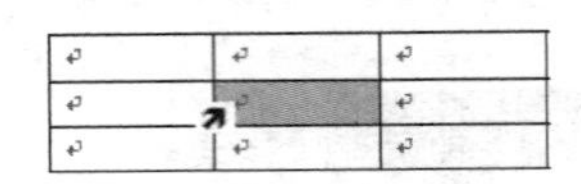

图 4-5-6

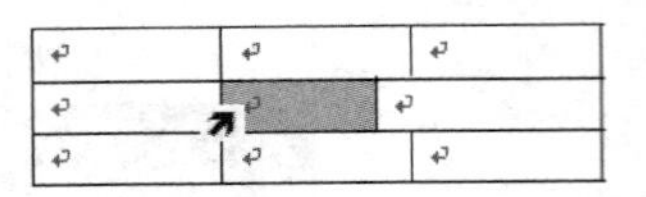

图 4-5-7

(2)选择列

• 将鼠标指向表格列上方的边线处，当鼠标光标形状变为选择标记"🡇"时，单击鼠标，即可选中列(图 4-5-8)。

↵	↵	↵	↵
↵	↵	↵	↵
↵	↵	↵	↵

图 4-5-8

• 按住鼠标横向拖动，可以选择连续的列。

• 配合 Ctrl 键，可以选择多个不连续的列。

(3)选择行

• 鼠标指向表格左边选择区，当指针变为"⇗" 时，单击鼠标，即可选择行。

• 配合 Ctrl 键，可以选择多个不连续的行。

(4)选择整个表格

用鼠标单击表格左上角的"+"符号即可选择表格。

2.调整表格的行高和列宽

方法 1：选中表格，通过"表格工具"→"布局"中的高度、宽度进行调整。

方法 2：将光标放在行线上或列线上，按住左键拖动来调整行高或列宽。

方法 3：打开"表格工具"→"布局"→"属性"框，选择其中的行标签(图 4-5-9)，输入当前行的高度，按要求选择高度值为"最小值"或"固定值"，然后选择下一行，逐一进行调整，同样选择列标签进行调整。

提示

• 用鼠标拖动边框调整单元格的高度时，可以拖动单元格下面的框线，同样要调整单元格的宽度时，拖动单元格右边的框线。

• 当需要多列的宽度一致时，可以选择多列，在"表格工具"→"布局"中选择平均分布各列，同样需要多行行高一致时，选择多行，执行平均分布各行。

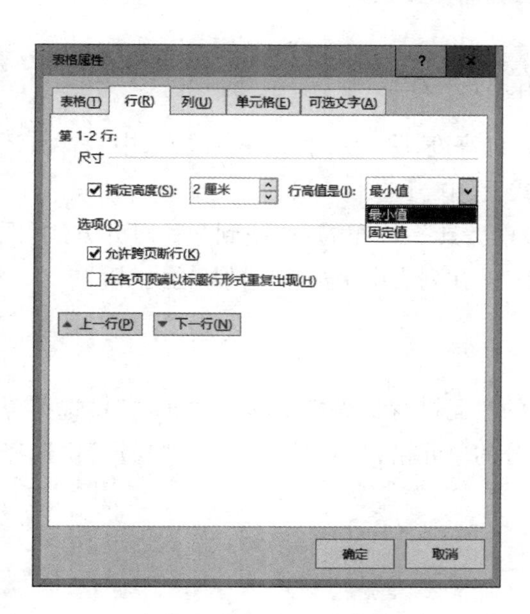

图 4-5-9

3.插入行和列

光标放到单元格中,在“表格工具”→“布局”中选择在上方插入行还是在右侧插入列等选项,如图 4-5-10 所示。

4.删除行和列

光标定位到单元格,在“表格工具”→“布局”中打开删除下拉选项,操作如图 4-5-11 所示。

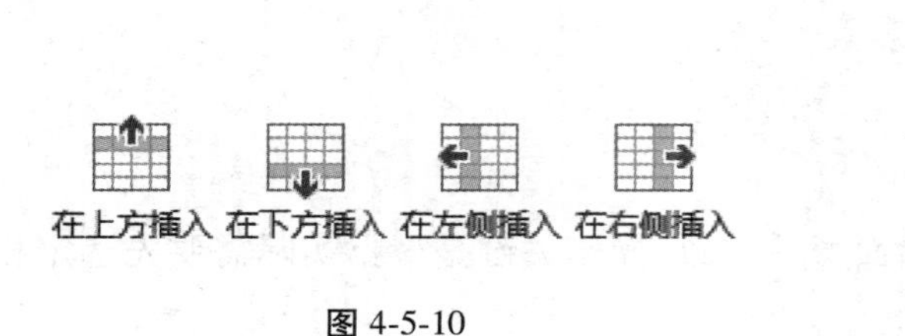

图 4-5-10

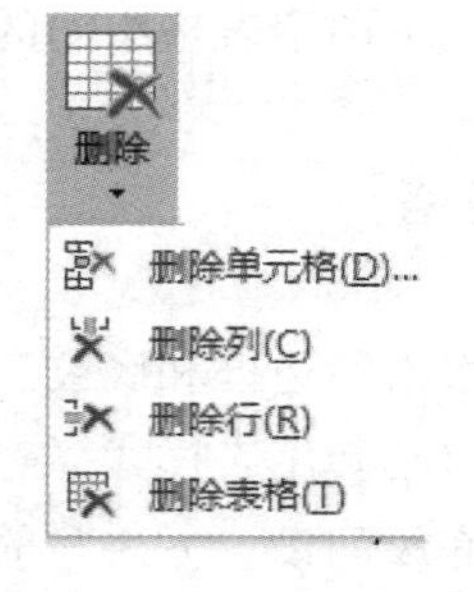

图 4-5-11

5.表格中录入文本

光标在表格中单击,选定插入点,输入文字。

6.设置单元格中文本的对齐方式

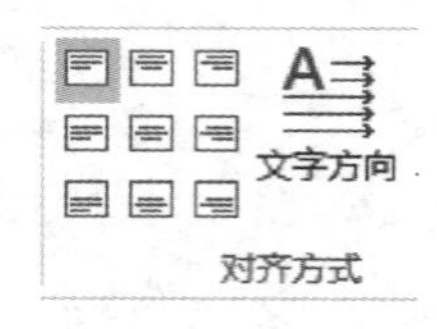

图 4-5-12

单元格一般都有一定的高度，除了水平对齐方式左、中、右外，还增加了一个垂直对齐方式上、中、下。

在设置时可以在“表格工具”→“布局”中找到 9 种对齐方式（图 4-5-12），选择单元格或表格，在列表中单击相应的组合方式。

7.合并与拆分单元格

方法 1：选中需合并的单元格，在“表格工具”→“布局”中选择合并单元格。

方法 2：选中需要拆分的单元格，在“表格工具”→“布局”中选择拆分单元格，输入行、列的值。

8.拆分表格

方法 1：选中表格（或光标放在表格中，或选中需操作的行或列或单元格区域），单击菜单栏上的“表格工具”→“布局”，在显示的面板中进行相应的选择，如图 4-5-13 所示。

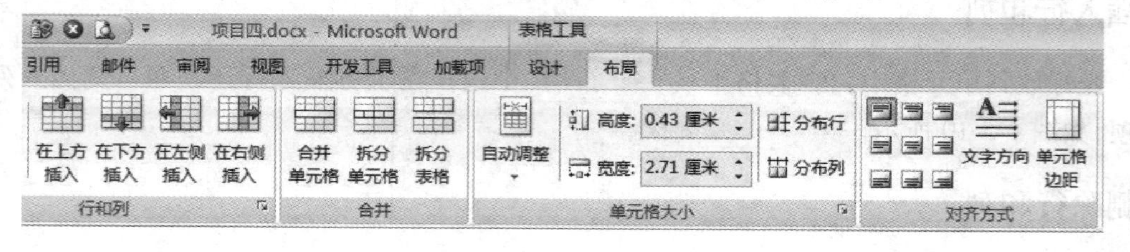

图 4-5-13

方法 2：光标放在要拆分的表格内，使用组合键“Ctrl+Shift+Enter”，上下拆分表格。合并表格只需把上下两个表格中间的段落符号删除，表格会自动合二为一。

四、美化表格

- 添加表格的边框和底纹。
- 表格自动套用表样式。

边框与底纹的设置方法与前面章节一致，操作关键是根据实际需要先选定相应的单元格，再进行内外边框的设置。

五、使用样式快速美化表格

Word 内置有许多表格样式，这些样式中包含了表格的边框和底纹，表格内字体的大小、颜色等效果，使用这些样式可以快速美化表格。

首先选择表格，使用“表格工具”→“设计”→“表格样式”表，在表格样式中选择一个套用，如图 4-5-14 所示套用了“网格表 4”→“着色 2”样式。

如果需要，在表格样式选项表（图 4-5-15）中，可以对表格的标题行、第一列、最后一列进行加强效果设置。

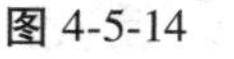

图 4-5-14

☑ 标题行　☑ 第一列
☐ 汇总行　☐ 最后一列
☑ 镶边行　☐ 镶边列

图 4-5-15

项目检测

①打开文档“表格答题卡.docx”，重新命名为“×××表格.docx”（×××为自己的班级学号）。

②以下的各题均在“×××表格.docx”中完成。

任务一　制作学生求职登记表

学习目标

①掌握创建表格，使用鼠标拖动的方法粗略地调整表格的行高和列宽；
②掌握表格的合并；
③掌握使用边框和底纹美化表格。

任务实施及要求

①参考图 4-5-16，制作一个 4 行 5 列的表格，行高列宽参考样文。
②合并其中的一些单元格。
③录入表格中的文字，文字水平垂直居中。
④为表格添加红色点画线外框、细实线内框，选择单元格填充浅灰色。

任务小结

在为表格添加框线时，因为内外框线不一致，难以统一，需在打开的“边框和底纹”对话框中，选择“自定义”。

完成任务后，可以尝试用“绘制表格”的方法再做一遍。

<table>
<tr><td>姓名</td><td></td><td>性别</td><td></td><td rowspan="2"></td></tr>
<tr><td>特长</td><td colspan="3"></td></tr>
<tr><td rowspan="2">求职意向</td><td colspan="2"></td><td>联系电话</td><td></td></tr>
<tr><td colspan="2"></td><td>地址</td><td></td></tr>
</table>

图 4-5-16

任务二　制作员工登记表

学习目标

①掌握创建表格，使用表格的属性设置调整表格行高、列宽；

②掌握表格的合并与拆分；

③掌握使用边框和底纹美化表格。

任务实施及要求

①绘制表格(图 4-5-17)。

<table>
<tr><td>姓名</td><td colspan="2"></td><td colspan="2">性别</td><td colspan="2"></td><td rowspan="5">相片</td></tr>
<tr><td>学历</td><td colspan="2"></td><td colspan="2">健康情况</td><td colspan="2"></td></tr>
<tr><td>固定电话</td><td></td><td>手机</td><td></td><td>固定电话</td><td colspan="2"></td></tr>
<tr><td>住址</td><td colspan="6"></td></tr>
<tr><td>单位</td><td colspan="6"></td></tr>
</table>

图 4-5-17

②给表格加 0.75 磅的红色双线外边框，内部加 0.5 磅的绿色单线边框。

③给表格第 1 列填充玫瑰红的 20%底纹，最后一列填充淡紫色。

任务小结

该任务第三行比较特殊，可以把原来的单元格合并后拆分为 5 列，放置相片的单元格要适当调整宽度。

任务三　绘制课程表

学习目标

①掌握绘制不规则表格的方法；

②能根据需要使用边框、底纹美化表格。

任务实施及要求

①插入 6 行 5 列的表格，如图 4-5-18 所示。

星期 节次	星期一	星期二	星期三	星期四	星期五
一 二					
三 四					
午 休					
五 六					
七 八					

图 4-5-18

②第 1 行行高为 1 cm，第 2、3、5 行行高为 1.5 cm，第 1 列的列宽为 2.5 cm。

③给第一个单元格绘制斜线表头（斜线表头中的字体大小为六号）。

④表格外边添加边框线（线型为最后一种，2.25 磅），内部加单线边框，参考样文填充相应的颜色。

⑤在表格的右侧插入一列，添加星期五的信息，并完善表格。

任务小结

在做斜线表头时，初学者往往经验不足。左上角单元格设计不够大，行列标题超出单元格范围，这种情况下可以在“表格工具”→“布局”→“绘制斜线表头”中，将表头中的字体大小改为小五号。有些是其他原因引起的，如模版被更改，也许就需要逐个选中表头文字去更改。

第一列文字可以调整文字方向为“竖排”。

任务四　修改表格

学习目标

①掌握按指定的要求调整表格的行高、列宽；

②掌握表格中文字对齐方式的设置。

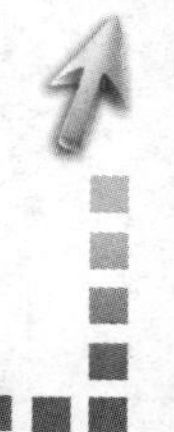

任务实施及要求

将表 4-5-1 输入到自己文档中,按下面的要求完成各项操作。

表 4-5-1

学 号	姓 名	英 语	语 文	逻 辑	数 学
004401	张亚文	85	88		90
004403	李小小	68	94		100
004404	王岩	65	65		85

①删除表格中的第 5 列。

②在第 2 与第 3 行之间插入一行,并录入下列记录:

004402　　陈东　　88　　56　　92

③将表格中的行高调整为固定值 20 磅。

④调整表格中的列宽,第 1 列:3 cm,第 2 列:3.5 cm,第 3、4 列为 2 cm。

思考

将表格单元格对齐方式设置为水平和垂直方向居中,观察表格中的文字是否在单元格中处于中部效果,如果不是,为什么?

任务小结

大部分时候,Word 是以 cm 为单位,这个可以在 Word 选项里进行更改。在调整行列值时,如果题目给出的单位与文字框里的不一致,请在输入数值的同时输入单位,如此处的"磅"。

任务五　绘制调查分析表

学习目标

能使用所学过的知识点参照样图制作表格。

任务实施及要求

①参考图 4-5-19 创建表格。

②给表格套用样式第 5 行第 6 列,并添加如样文所示的内框线,如图 4-5-20 所示。

任务小结

表格套用样式后,如果与实际格式需求还有差距,就需要进行更改,可以直接选中表格

项目进行更改,也可以在“修改表格样式”的“格式”选项中修改。此处在应用样式后,要为表格添加内部竖线,大多数同学会忽略。

表 1-1　境外人士家庭消费情况的抽样调查分析

指标	各消费情况的家庭数					
占家庭年平均支出的比例	家庭基本生活平均总支出		家庭的教育、文化、医疗年平均支出		家庭娱乐性年平均支出	
	家庭数	占比例	家庭数	占比例	家庭数	占比例
A						
B						
C						
D						

图 4-5-19

表 1-1　境外人士家庭消费情况的抽样调查分析

指标	各消费情况的家庭数					
占家庭年平均支出的比例	家庭基本生活平均总支出		家庭的教育、文化、医疗年平均支出		家庭娱乐性年平均支出	
	家庭数	占比例	家庭数	占比例	家庭数	占比例
A						
B						
C						
D						

图 4-5-20

表格做的效果优劣要看每个单元格高低大小是否一致,内部文字是否排列整齐,并且距边框要有一定距离。这常常需要用到平均分布各列的功能,此处如何使用请大家思考。

任务六　制作销售单

学习目标

①掌握通过行高、列宽、合并及拆分、边框和底纹等功能灵活编辑表格;

②能使用所学过的知识点参照样图制作销售单。

任务实施及要求

①插入 6 行 4 列的表格,将行高设置为 0.8 cm,列宽 3 cm。

②参照样文,合并相应的单元格,并适当地调整第 4、5 行的行高及左侧的单元格宽度。

③参照样文,给单元格添加浅蓝色底纹,给表格外部加 2.25 磅的外边框线,内部保留细线。

④在相应的单元格中输入文字,设置单元格中的内容中部对齐(水平居中对齐、垂直居中对齐)。

⑤在表格的外围参考样文输入相应的文字,效果图如图 4-5-21 所示。

NO:

销　售　单

付款单位			
付款金额		付款时间	
发票抬头		展商编号	
收款单位	参展费用总额		
	代收费用总额		
应收费用总额	（大写）　　（¥　　）		

第一联存根

制单：　　　　年　月　日

图 4-5-21

任务小结

该题目的难点是表格“外面”的文字该如何处理？它们与表格应该是一个整体,显然文字放在表格外面会造成很多麻烦,比如在文档中移动表格时,外面的文字会“跑掉”。解决问题的最好办法是放在表格里,把表格线画到里面,外面依然有单元格,只是处于“无框线”状态,仅用来帮助文字定位。

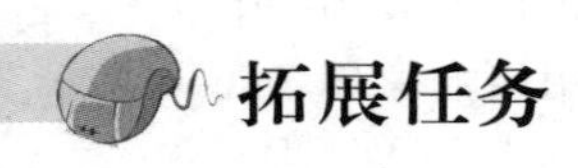

拓展任务

拓展一　制作票据单

①创建一个 5 行 5 列的表格。

②分别设置各列的列宽为:第 1 列 2.7 cm,第二列 1.8 cm,第三列 1.8 cm,第四列 1.8 cm,金额中的各列分别为 0.7 cm(提示:第五列的列宽为 5.6 cm,再将第五列拆分为 8 列)。

③各行的行高均为固定值 18 磅。

④除最后一行的两个单元格为两端对齐外,其余各行中的各单元格的内容均为居中。

⑤按照表格的样式添加边框线,效果图如图 4-5-22 所示。

商品				金额							
商品名称	单位	数量	单价								
	拾　万　仟　佰　拾　元　角　分										

图 4-5-22

拓展二　制作个人简历

要求

①新建空白 Word 文档,纸型大小为 A4 纸。

②制作个人简历,简历在版面中的布局尽可能要布满版面的正文区。

③简介中的内容要属实。

④版面可以参考样文,也可以自创,效果图如图 4-5-23 所示。

个··人··简··历

<table>
<tr><td>姓名</td><td></td><td>出生年月</td><td colspan="2"></td><td rowspan="4"></td></tr>
<tr><td>民族</td><td></td><td>政治面貌</td><td colspan="2"></td></tr>
<tr><td>所在院系</td><td></td><td>操行成绩</td><td colspan="2"></td></tr>
<tr><td>专业</td><td colspan="4"></td></tr>
<tr><td>特长、爱好</td><td colspan="5"></td></tr>
<tr><td colspan="6">学习简历</td></tr>
<tr><td>时□间</td><td colspan="3"></td><td colspan="2">专业</td></tr>
<tr><td></td><td colspan="3"></td><td colspan="2"></td></tr>
<tr><td></td><td colspan="3"></td><td colspan="2"></td></tr>
<tr><td colspan="6">联··系··方··式</td></tr>
<tr><td>通信地址</td><td colspan="2"></td><td>联系电话</td><td colspan="2"></td></tr>
<tr><td>E-mail</td><td colspan="2"></td><td>QQ</td><td colspan="2"></td></tr>
<tr><td colspan="6">家庭关系</td></tr>
<tr><td>关系</td><td>姓名</td><td></td><td>职业</td><td colspan="2">联系电话</td></tr>
<tr><td>父</td><td></td><td></td><td></td><td colspan="2"></td></tr>
<tr><td>母</td><td></td><td></td><td></td><td colspan="2"></td></tr>
<tr><td colspan="6">其他能力及专长</td></tr>
<tr><td>证书</td><td colspan="5"></td></tr>
</table>

图 4-5-23

项目小结

表格是个比较难控制的特殊对象，特别是对初学者而言，在制作时要按顺序循序渐进，先做大表格，再做小修改，然后输入文字，最后修饰。对错误的操作可以用撤销操作修复。

演示文稿

PowerPoint 是微软公司办公软件 Microsoft Office 的组件之一,简称 PPT,又名演示文稿,是我们日常工作、生活中必备的办公软件之一。在 PowerPoint 环境中可以创建文稿、修饰文稿、编辑对象、设置幻灯片动画、文稿放映和打包发布等。利用 PowerPoint 可以制作出产品发布、产品推介、课件、年终总结、演讲稿等领域所需的赏心悦目的演示文稿。

知识目标

- 利用各种模板和版式来设计演示文稿。
- 利用演示文稿的各种视图方式从不同角度查看、编排幻灯片的内容等。
- 向幻灯片中插入各种对象并对它们进行动画设置。
- 设置页眉/页脚、幻灯片母版、背景等。
- 设置幻灯片的放映方式和切换效果。
- 创建交互式演示文稿。
- 放映演示文稿,并能在放映过程中对演示文稿进行控制。
- 对演示文稿进行打包操作。
- 对演示文稿进行页面设置和打印等。

能力目标

- 能够根据实际应用创建含有文本、图片、图形、表格、图表等元素的简单演示文稿。
- 能够根据需要在幻灯片中添加声音、视频。
- 具有根据要求对幻灯片进行主题、背景和母版的设计的能力。
- 具有根据要求对幻灯片的动画效果、切换效果、超链接、动作按钮进行设置的能力。
- 具备对幻灯片进行排练计时、录制旁白设置的能力。

学习模块

项目一　演示文稿的创建和美化

项目二　让幻灯片动起来

项目一　演示文稿的创建和美化

项目目标

- 认识 PowerPoint 窗口界面。
- 掌握新建、保存演示文稿的方法。
- 掌握插入新幻灯片、应用幻灯片版式的方法。
- 掌握幻灯片的复制、移动、删除方法。
- 掌握在幻灯片中添加和编辑对象方法。
- 掌握添加项目符号、背景设置、主题的应用。
- 掌握页面设置方法。
- 能利用已安装的模板创建相册。
- 了解制作幻灯片遵循的规则。

项目任务

任务一　体验演示文稿神奇之旅
任务二　制作“教师节来源”演示文稿
任务三　SmartArt 图形设置
任务四　制作“B2B 电子商务模式”课件
任务五　制作“玫瑰花”相册
任务六　制作“体育节”演示文稿

知识简述

一、启动 PowerPoint，新建演示文稿

启动 Word 的方法有很多种，常用的启动方法主要有：

方法 1：执行“开始”→“程序”→“Microsoft Office Microsoft PowerPoint”命令，即可启动 PowerPoint，同时新建一个演示文稿。

方法 2:双击建立在 Windows 桌面上的 Microsoft Office PowerPoint 的快捷图标或快速启动栏中的图标,即可启动 PowerPoint。

方法 3:双击任意已经创建好的 PowerPoint 演示文稿,在打开该演示文稿的同时,启动 PowerPoint 应用程序。

二、退出 PowerPoint 环境

常用的退出启动 PowerPoint 环境的方法有以下几个:

方法 1:单击 PowerPoint 窗口右上角的"关闭"命令按钮。

方法 2:执行菜单栏"文件"→"退出"命令。

方法 3:按快捷键"Alt+F4"。

三、PowerPoint 窗口界面介绍

PowerPoint 工作界面主要包含选项卡标签、标题栏、功能区、幻灯片/大纲浏览窗格、编辑区、状态栏等多个部分,如图 5-1-1 所示。

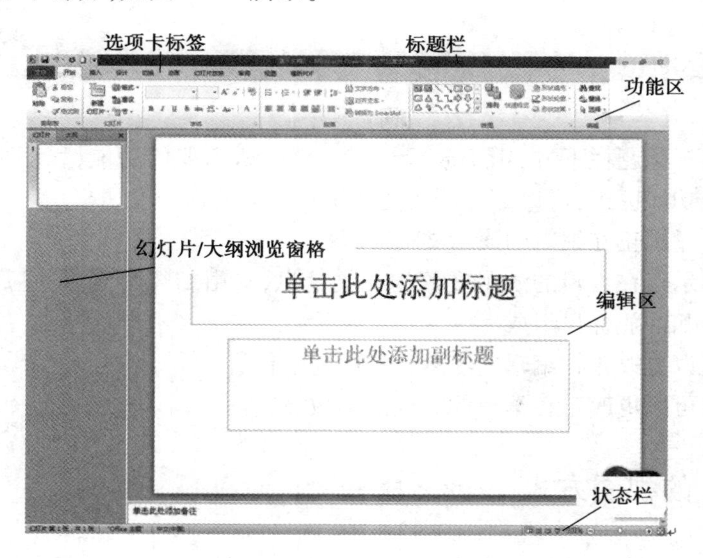

图 5-1-1

● 标题栏:显示正在编辑的演示文稿的文件名以及所使用的软件名。

● 选项卡标签中的"文件"菜单:单击窗口界面的左上角"文件"按钮即可打开,菜单包括"保存""另存为""打开""关闭""信息""最近所用文件""新建""打印""保存并发送"及"帮助"等多个命令,如图 5-1-2 所示。

图 5-1-2

● 功能区：位于标题栏下方，用于放置编辑文档时所需要的功能，程序将各功能划分为若干个组，被称为功能区组，可以更方便快捷地执行相应的命令。

● 编辑窗口：显示正在编辑的演示文稿。

● 状态栏：显示正在编辑的演示文稿的相关信息，它由幻灯片编号、主题名称、语言、视图按钮、显示比例和缩放标尺组成。

● 滚动条：可以更改正在编辑的演示文稿的显示位置。

● 缩放滑块：可以更改正在编辑的文档的缩放设置。

四、PowerPoint 的视图方式

● 普通视图：系统默认的视图模式。在该视图中可以同时显示幻灯片、大纲和备注。

● 大纲视图：主要用于查看、编排演示文稿的大纲。

● 幻灯片视图：主要用于对演示文稿中每一张幻灯片的内容进行详细的编辑。

● 幻灯片浏览视图：以最小化的形式显示演示文稿中的所有幻灯片，在这种视图下可以进行幻灯片顺序的调整、幻灯片动画设计、幻灯片放映设置和幻灯片切换设置等。

● 幻灯片放映视图：用于查看设计好的演示文稿的放映效果及放映演示文稿。

五、利用模板快速创建演示文稿

PowerPoint 系统内置多个精美模板，模板含初始设置，如一些示例幻灯片、背景图片、自定义颜色和字体主题等。

利用模板快速创建演示文稿操作方法：

①在 PowerPoint 窗口，选择“Office 按钮”→“新建”命令，弹出的“新建演示文稿”对话框。

②在“模板”列表中，单击“已安装的模板”将出现一个已安装模板的列表，如图 5-1-3 所示。

图 5-1-3

③选择所需模版，单击“创建”。一个以该模板为基础的新演示文稿将打开。

六、新建幻灯片和编辑幻灯片

1.插入新幻灯片

选择要插入幻灯片的位置，单击“新建幻灯片”，选择幻灯片版式。

2.快速创建幻灯片

按“Enter”键快速创建幻灯片。

3.编辑幻灯片:幻灯片的复制、删除、移动操作

右击选中的幻灯片,在快捷菜单中操作。要选择多张不连续幻灯片时,可在“幻灯片浏览视图”中按“Ctrl”键选择。快速复制幻灯片,按“Ctrl+D”快捷键。

七、在幻灯中插入对象和编辑对象

1.插入图片及编辑图片

(1)插入图片

方法1:单击“插入”选项卡“插图”组中的“图片”按钮,通过浏览找到图片文件。

方法2:单击占位符中的“插入来自文件的图片”命令,如图5-1-4所示,找到图片文件,单击“插入”。

图 5-1-4

(2)编辑图片

选中插入的图片,单击菜单栏“格式”选项卡,弹出如图5-1-5所示,“图片样式”可选择一种图片样式,设置“图片形状”“图片边框”“图片效果”;在“调整”选项组,可对图片进行“更正”“颜色”“艺术效果”“压缩图片”“更改图片”“重设图片”设置;在“排列”选项组,可对图片进行“对齐”“旋转”等设置;在“大小”选项组可设置图片大小和对图片进行“裁剪”。

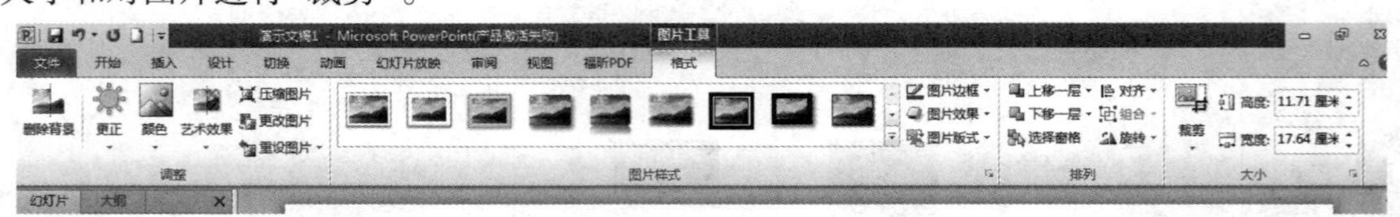

图 5-1-5

2.插入艺术字及编辑

(1)插入艺术字

单击“插入”选项卡“插图”选项组中的“艺术字”命令按钮,在弹出如图5-1-6所示的艺术字样式对话框,选择一种样式。

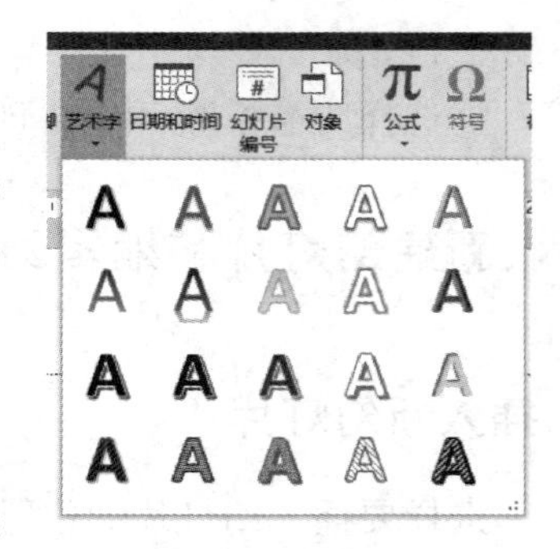

图 5-1-6

(2)编辑艺术字

选中要编辑的艺术字,在菜单栏“格式”选项卡中,如图5-1-7所示,可以对艺术字进行“形状样式”“艺术字样式”“排列”“大小”设置。

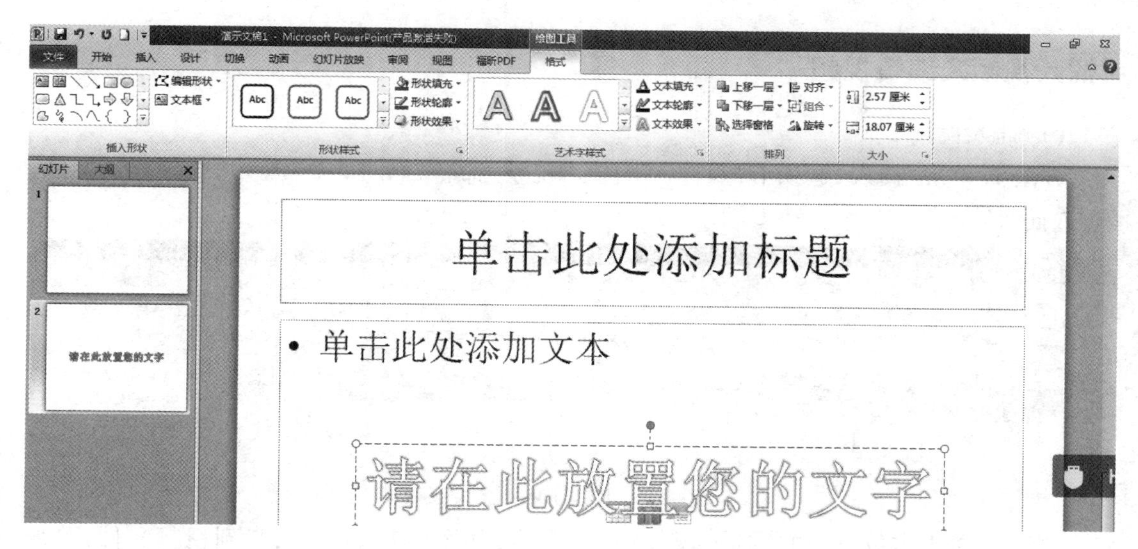

图 5-1-7

3.插入 SmartArt 图形及编辑

(1)插入 SmartArt 图形

方法 1:单击"插入"选项卡"插图"组中的"SmartArt 图形"命令按钮,选择 SmartArt 样式,如图 5-1-8 所示,接着录入菜单文字,可以更改 SmartArt 颜色。

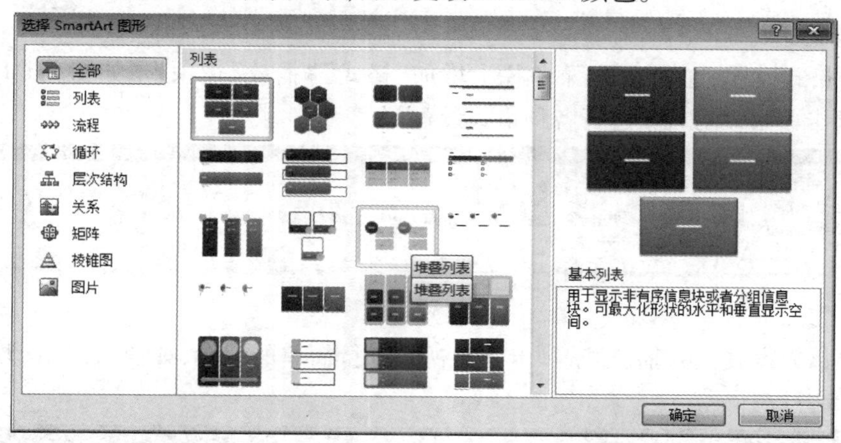

图 5-1-8

方法 2:单击占位符中的"插入 SmartArt 图形"命令,如图 5-1-8 所示,选择合适的图形类型即可。

(2)SmartArt 图形的编辑

- 添加形状:单击 SmartArt 图形,设计→添加形状→后面/前面。
- 删除形状:选中,按 Delete 键删除。

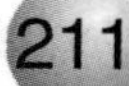

4.插入视频及编辑视频

(1)插入视频

方法1:单击“插入”选项卡“媒体”组中的“视频”命令,如图5-1-9所示,找到视频文件,单击“插入”。

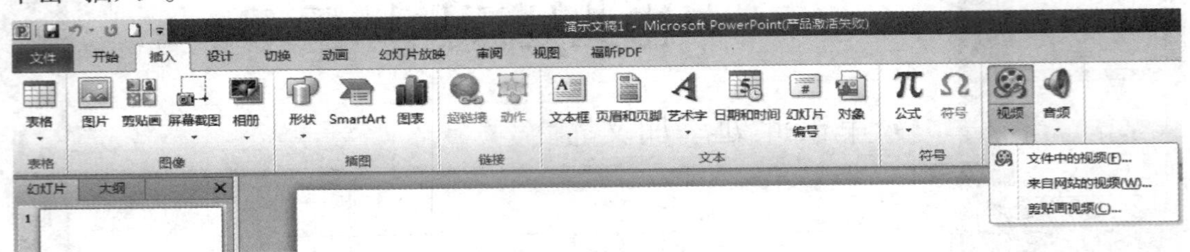

图 5-1-9

方法2:单击占位符中的“插入媒体剪辑”命令,如图5-1-10所示,找到视频文件,单击“插入”。

图 5-1-10

(2)编辑视频

• 视频格式设置:选中视频,菜单栏上增加“格式”“播放”选项卡,如图5-1-11所示,在“格式”选项卡中可以对视频进行各种格式设置。

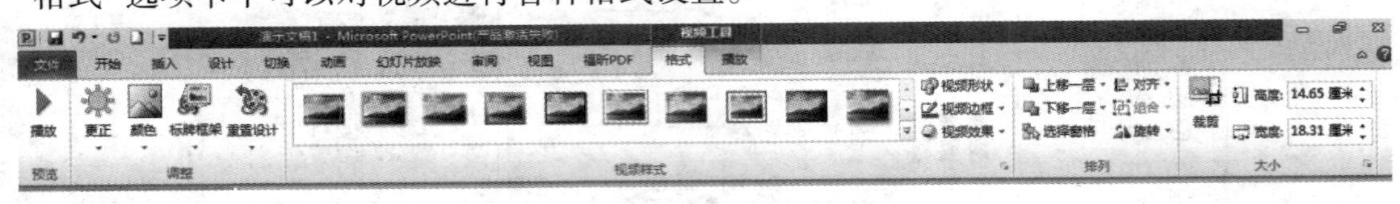

图 5-1-11

• 视频播放设置:在“播放”选项卡中对视频进行简单的编辑,如淡入淡出、调节音量等设置,如图5-1-12所示。

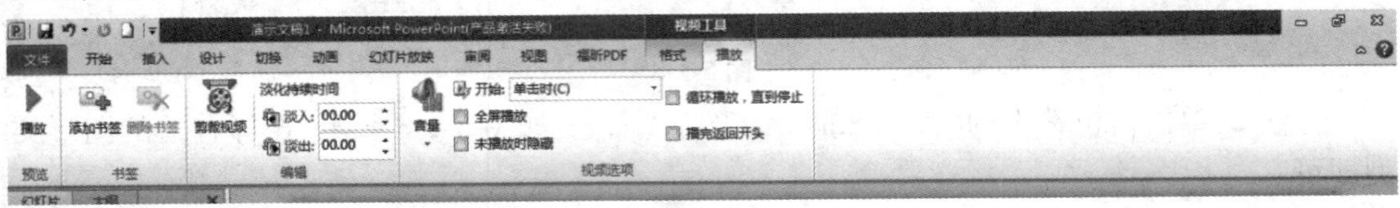

图 5-1-12

5.插入音频及编辑音频

（1）插入音频

单击“插入”选项卡→“媒体”组中的“音频”按钮，找到声音文件，单击“插入”，如图 5-1-13 所示。

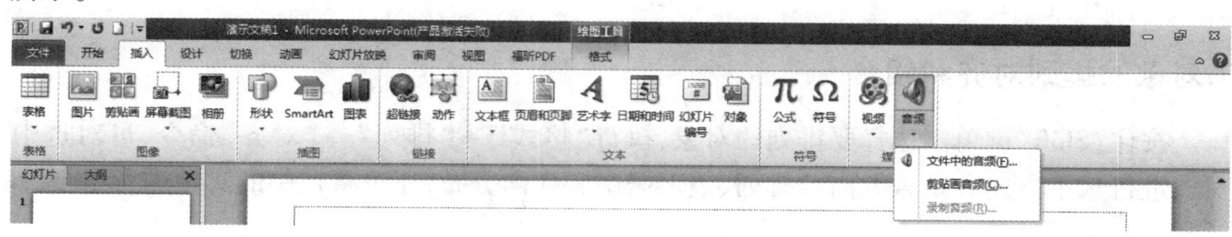

图 5-1-13

（2）编辑音频

● 音频格式设置：如图 5-1-14 所示。

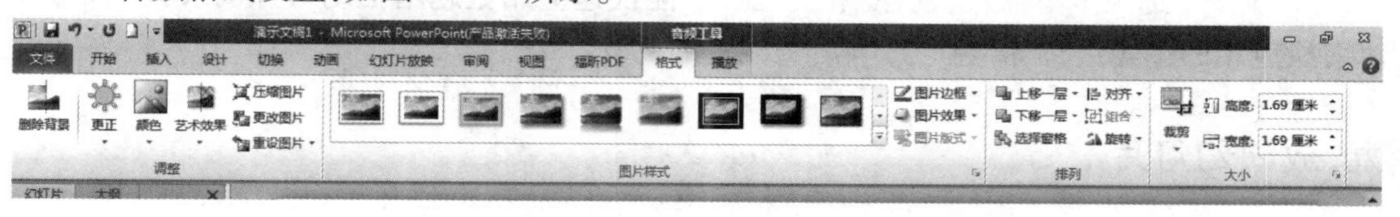

图 5-1-14

● 播放设置：可以对插入的音频进行播放设置和简单的编辑，如淡入淡出、剪裁音频等设置，如图 5-1-15 所示。

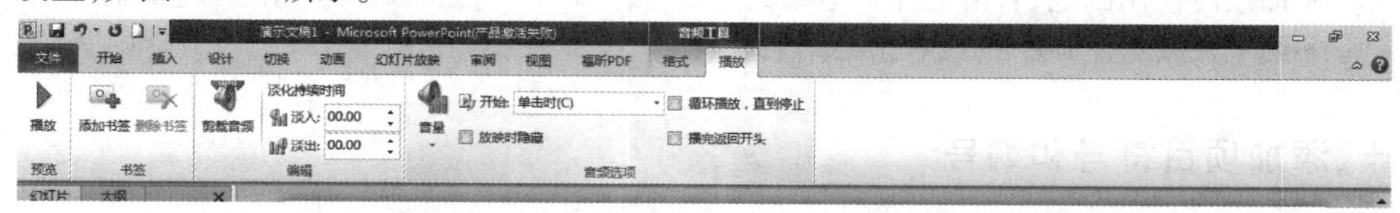

图 5-1-15

6.插入表格

方法 1：单击“插入”选项卡“表格”组中的“插入表格”按钮，如图 5-1-16 所示。

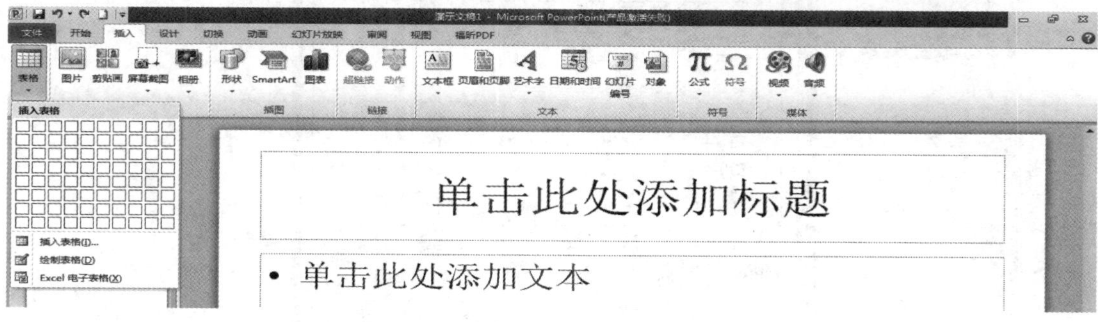

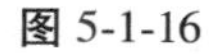

图 5-1-16

方法 2:单击占位符中的“插入表格”命令,如图 5-1-17 所示。

图 5-1-17

7.对象的排列对齐和组合

按住“Shift”键单击选择要排列的对象,执行“格式”→“排列”→“对齐”命令,可对选中对象进行水平方向和垂直方向的排列、上下居中和横向分布,还可将选中的对象进行组合。

八、应用主题

在“设计”选项卡下操作,选择主题功能区,能快速应用主题增强幻灯片的表现效果,可以对所应用的主题进行“颜色”“字体”“效果”的更改。

九、放映幻灯片

- 从第一张开始播放按 F5 键;从当前幻灯片开始播放,单击右下角的“幻灯片放映”按钮。
- 用鼠标单击切换幻灯片。
- 播放时使用画笔,右击选择画笔和颜色,或按“Ctrl+P”,按“Esc”键退出画笔状态。
- 结束放映:按“Esc”键或右击→结束放映。

十、添加项目符号和编号

在“开始”选项卡下选择操作。例如在下两行添加“☛”项目符号,绿色,大小 100%,如图5-1-18所示。

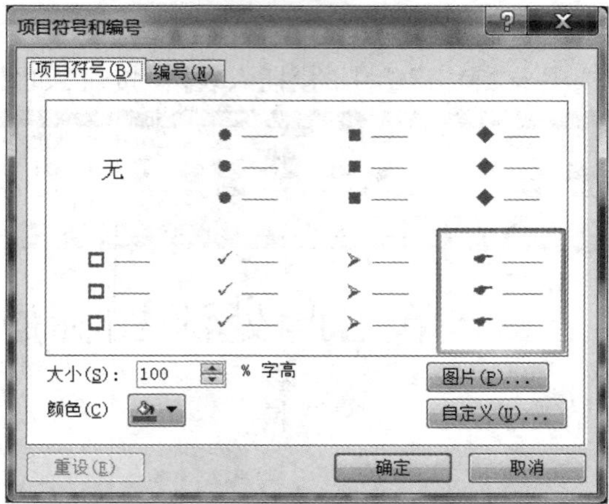

图 5-1-18

十一、设置段落格式

在“开始”选项卡下，设置首行缩进、段前段后间距、行距等，如图 5-1-19 所示。

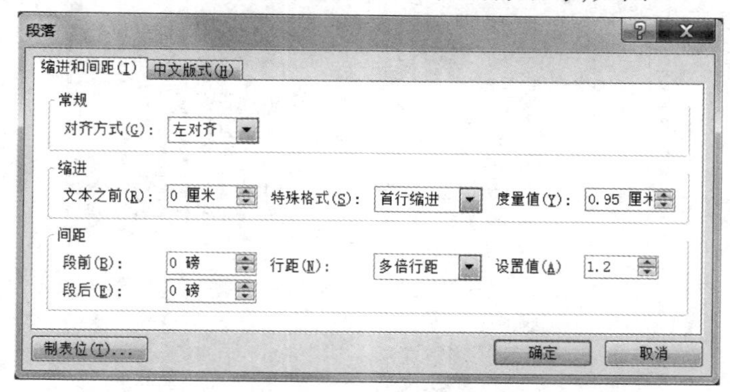

图 5-1-19

十二、设置幻灯片大小

单击“设计”选项卡“页面设置”组中的“页面设置”按钮，打开如图 5-1-20 所示窗口。可以选择幻灯片大小，设置幻灯片起始值。

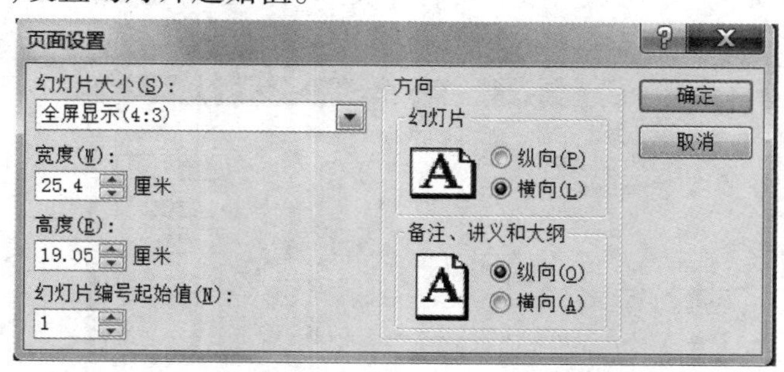

图 5-1-20

十三、设置幻灯片背景

单击“设计”选项卡“背景”组中的“背景样式”按钮，选择“设置背景格式”，打开的窗口如图 5-1-21 所示，可设置幻灯片背景。

- 填充色可以是纯色、渐变色、纹理、图形等，可调整透明度。
- 背景可应用到一张幻灯片，或全部幻灯片。

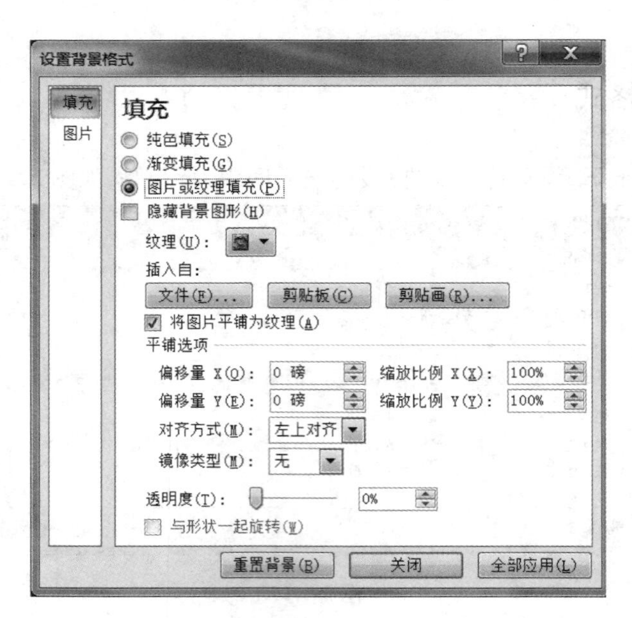

图 5-1-21

十四、插入页眉和页脚

单击“插入”选项卡“文本”组中的“页眉和页脚”按钮，弹出如图 5-1-22 所示的对话框，进行设置。

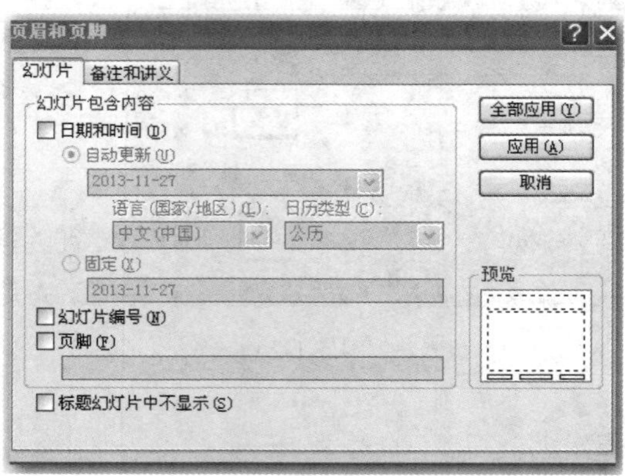

图 5-1-22

- 设置显示日期和时间、幻灯片编号、页脚内容、标题幻灯片中不显示。
- 应用到全部或所选中的幻灯片。

十五、制作幻灯片遵循的规则

①每张幻灯片最好表达 5 个概念，不超出 7 个概念。

②不要把全屏都铺满文字，内容要精练。

③图片不能太多、太鲜艳。

④能用图，不用表；能用表，不用字。

⑤字体分衬线字体（如宋体）和非衬线字体（如黑体、微软雅黑、汉仪旗黑、方正悠黑、思源黑体），PPT 字体文字尽量采用非衬线字体。

⑥动画效果（包括幻灯片切换动画效果）不超过 3 种。

项目检测

任务一　体验演示文稿神奇之旅

学习目标

①掌握打开演示文稿的方法；

②掌握复制幻灯片的操作；

③掌握编辑幻灯片内容的方法；

④掌握播放幻灯片的操作。

任务实施及要求

打开“倒计时.pptx”文稿，进行下列操作，结果如图 5-1-23 所示，完成后以原文件名存盘。

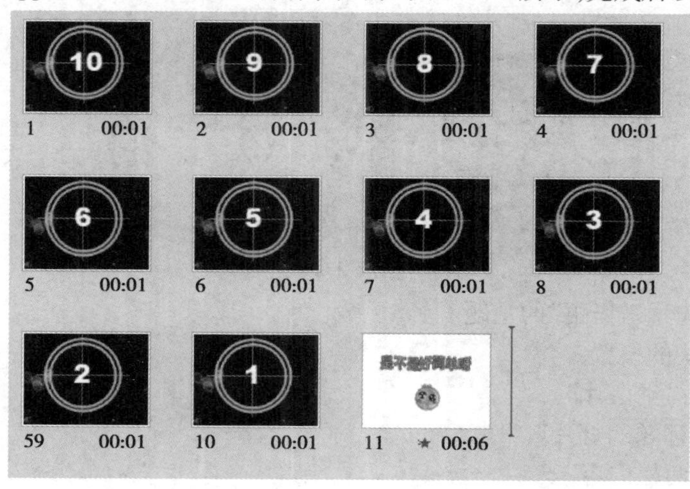

图 5-1-23

①按演示文稿播放快捷键“F5”，放映幻灯片。

②按快捷键“Esc”，退出演示文稿播放。

③复制第 5 张幻灯片（复制的幻灯片放在第 5 张幻灯片后面，作为第 6 张幻灯片），将幻灯片中的文本“6”改为“5”，制作出倒数“5” 效果。

④以同样方法制作出倒数“4”“3”“2”“1”效果幻灯片。完成一个倒数10 s演示文稿的制作。

⑤将光标定位在第 1 张幻灯片，单击“幻灯片放映”按钮，观看演示文稿效果。

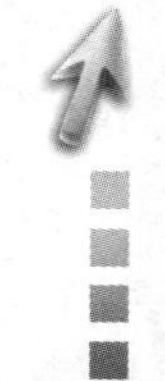

任务二　制作“教师节来源”演示文稿

学习目标

①掌握新建演示文稿及插入新幻灯片的方法；

②掌握在幻灯片插入图片、表格、艺术字的操作；

③掌握多级文本设置；

④掌握幻灯片应用主题的方法；

⑤掌握字体和段落格式化的设置。

任务实施及要求

新建空白演示文稿，制作如图 5-1-24 所示的含有 7 张幻灯片的演示文稿，完成后以“教师节来源.pptx”为文件名存盘。

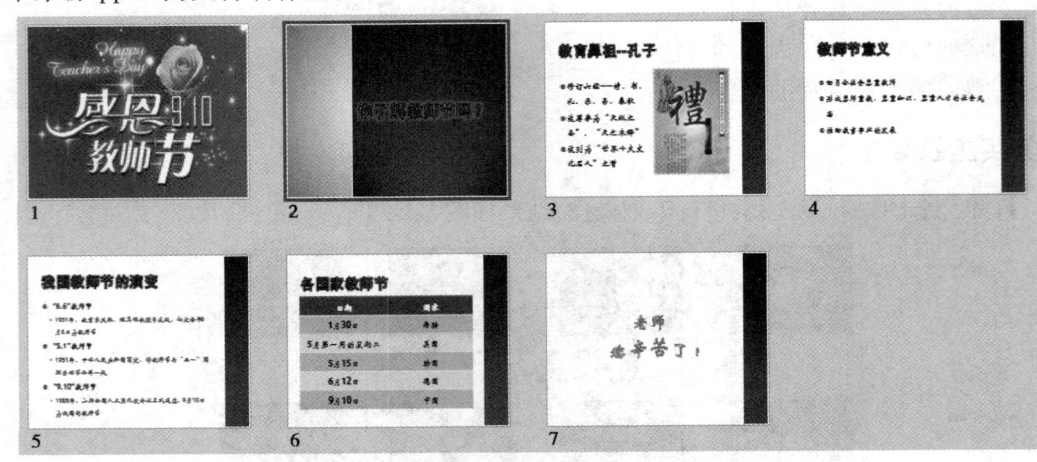

图 5-1-24

①演示文稿应用“华丽”的主题。

②各幻灯版式的设置：

a.第 1、7 张为“空白片”。

b.第 2 张为“标题幻灯片”。

c.第 3 张为“两栏内容”。

d.第 4—6 张为“标题和内容”。

③插入对象及编辑对象：

a.在第 1 张幻灯片插入图片。

b.设置第 2 张幻灯片标题文本字体：黑体、54 号，“发光”文字效果。

c.第 3 张幻灯片的图片格式设置为“柔化边缘矩形”。

d.第 3—6 张为幻灯片标题格式都设为：黑体、48 号，文本区的行距为 1.5 行。

e.参考样文，设置好第 5 张为幻灯片文本区的一级文本和二级文本。

f.参考样文，设置好第 6 张为幻灯片表格的行高及列宽。

g.在第7张幻灯片插入艺术字“老师”“您辛苦了”,参考样文,设置艺术字的效果。

④在普通视图、幻灯片浏览、幻灯片放映3个视图下浏览文稿的效果。

任务三　SmartArt 图形设置

学习目标

①掌握设置幻灯片大小;

②掌握插入形状图形及设置格式;

③掌握图形的排列、组合、效果设置;

④掌握插入 SmartArt 图形、设置样式和添加、删除形状方法。

任务实施及要求

新建空白演示文稿,制作如图5-1-25所示的含有4张幻灯片的演示文稿,完成后以“SmartArt.pptx”为文件名存盘。

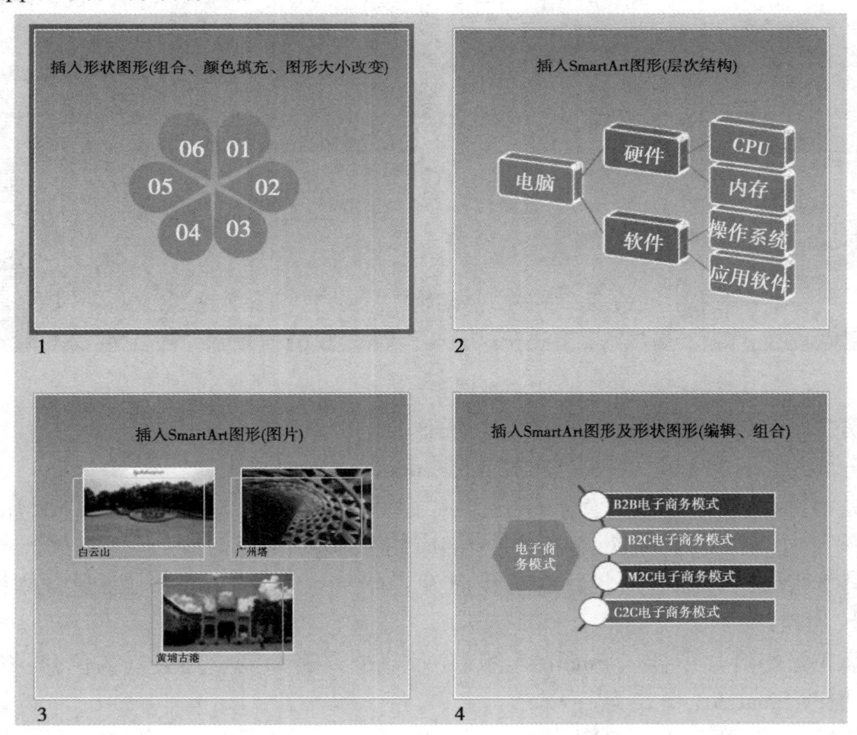

图5-1-25

①设置幻灯片大小为宽18 cm,高15 cm。

②插入新幻灯片,按图中相应标题提示操作,各图的填充色亦可自选。

③设置背景样式:渐变填充。

任务四　制作“B2B 电子商务模式”课件

学习目标

①掌握插入 SmartArt 图形、形状、图片、艺术字、文本框；
②掌握背景样式设置；
③掌握添加项目符号；
④掌握对象的组合。

任务实施及要求

打开“B2B 电子商务模式.pptx”文件，按下列要求进行操作，效果如图 5-1-26 所示，完成以后按原文件名存盘。

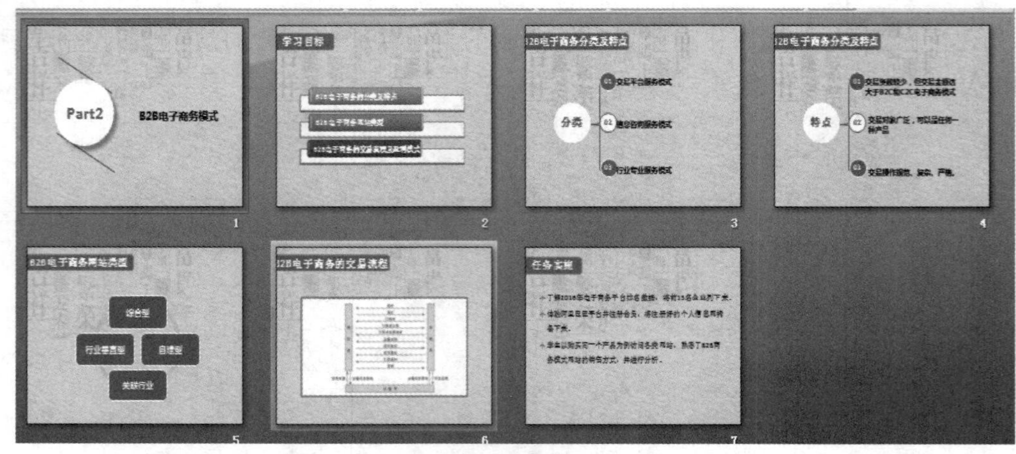

图 5-1-26

①把第 7 张幻灯片移到第 6 张幻灯片前面。

②为全部幻灯片添加背景图片“B2B 背景.png”

操作提示：执行“设计”→“背景样式”→“背景样式格式”→“填充”→“图片或纹理填充”→“文件”→选择“B2B 背景.png”→“全部应用”。

③在第 1 张幻灯片插入形状并进行相应设置（形状效果，预设 4），标题字体格式：微软雅黑、32 号、加粗。

④在第 3 张幻灯片中插入 SmartArt 图形（垂直框列表），变更列表框颜色，并将文字放至列表框中，更改 SmartArt 样式为“嵌入”。

⑤参考样文，在第 3、4 张幻灯片插入形状图形并与文本框组合（思考：同样的形状图形应用在多张幻灯片怎么操作）。

操作提示：

a.绘制圆形形状（按 Shift 画正圆）→设置“阴影”→“左上斜偏移”，添加文字“分类”（微软雅黑、32）然后调至合适的位置。

b.绘制“左大括号”，设置线条大小（3 磅）。

c.参考样文，绘制小正圆形状，设置颜色，添加数字。

d.插入文本框，录入文本（微软雅黑、24）。

⑥参考样文，在第 5 张幻灯片插入 SmartArt 图形（连续循环），录入相应的文字。

⑦在第 6 张幻灯片插入图片，为图片添加边框、阴影。

⑧参考样文，为第 7 张幻灯片文本区添加项目符号✦，颜色为蓝色。

⑨参考样文，设置第 2~7 张幻灯片的标题格式为：深蓝、文字 2、淡 60%的边框；深蓝、文字 2、淡 40%底纹；字体：宋体、32、白色。

⑩保存文件。

任务五　制作“玫瑰花”相册

学习目标

①掌握利用已有的主题模板创建演示文稿；
②掌握插入图片，并对图片进行调色、裁剪等处理；
③掌握使用格式刷复制格式；
④掌握快速制作艺术图片；
⑤掌握添加项目符号的设置。

任务实施及要求

打开“模板.pptx”演示文稿，利用演示文稿主题模板，制作“玫瑰花”相册，效果如图 5-1-27所示，按下面要求设置幻灯片，完成后以“玫瑰花.pptx”为文件名存盘。

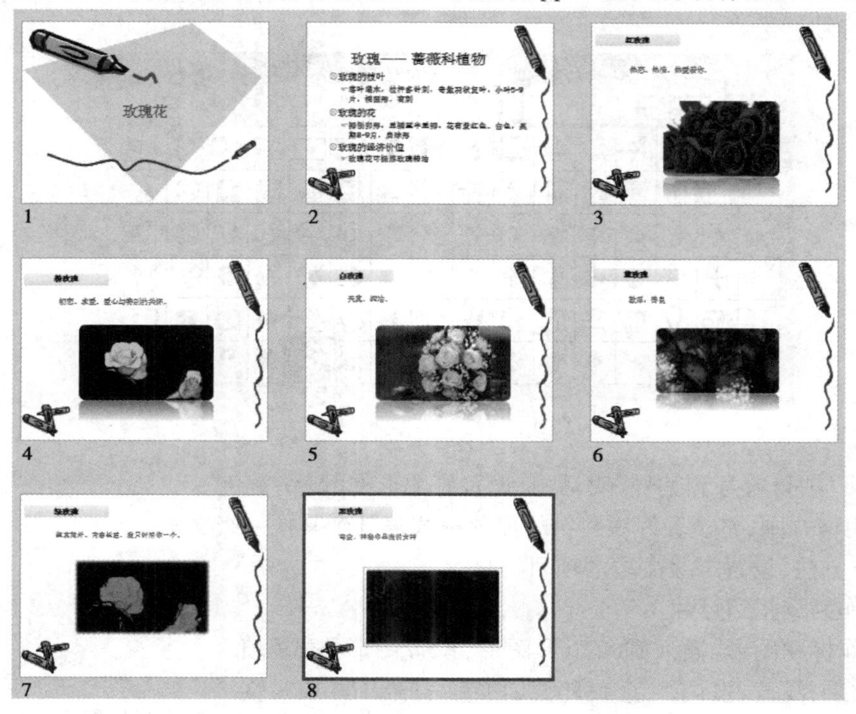

图 5-1-27

①第2张幻灯片设置：参考样文，为文本区一级文本设置"❀"黄色项目符号，二级文本设置"☞" 黄色项目符号。

操作提示：

a.光标定位在一级文本所在段落，如"玫瑰的枝叶"文本所在段落。

b.单击"开始"选项卡"段落"组中的"项目符号"右侧下拉选项三角，打开如图5-1-28所示的列表，选择"定义新项目符号"命令。

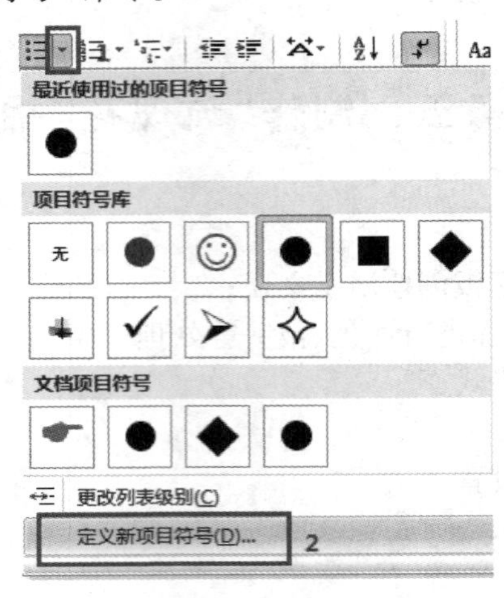

图 5-1-28

c.在"项目符号和编号"对话框，选择"自定义"命令，弹出如图5-1-29所示的对话框，选择所需的符号。

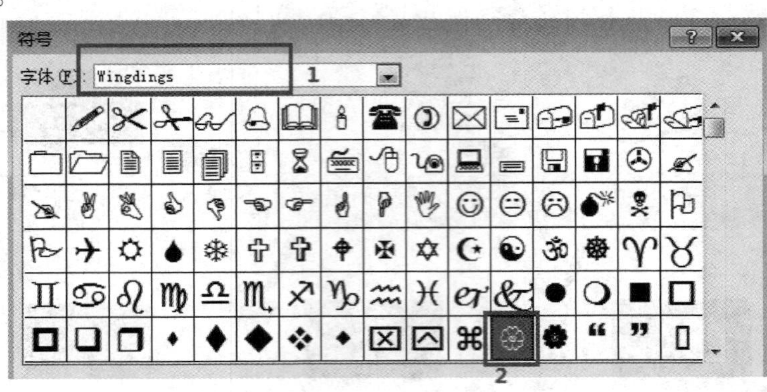

图 5-1-29

d.返回"项目符号和编号"对话框，设置好图形的颜色(黄色)。

e.使用格式刷，将设置好项目符号段落格式复制到其他一级文本。

f.同样方法，设置二级文本的项目符号。

②制作第3张幻灯片

● 制作标题图形：插入圆角矩形图形，设置图形格式(填充：细微效果、浅黄、强调颜色1；轮廓：白色，背景1)，录入文本，如图5-1-30所示。

红玫瑰

图 5-1-30

• 制作文本区：插入文本区，录入文本。

• 插入图片，设置图片格式。高度：8 cm，宽度：14 cm，图片样式：映像圆角矩形。

③制作第 4~6 张幻灯片。分别插入“黄玫瑰”“白玫瑰”“蓝玫瑰”图片，标题、文本区、图片样式与第 3 张幻灯片的格式一致。

④制作第 7 张幻灯片，插入“黄玫瑰”图片，图片样式：柔化边缘矩形；将图片中的花朵更改为绿色并设置艺术效果为“铅笔灰度”。

⑤制作第 8 张幻灯片，插入“红玫瑰”图片，高度：8 cm，宽度：14 cm；图片样式：透视阴影，白色；图片颜色更改为：黑色，强调文字颜色 2，深色；艺术效果为“发光边缘”。

任务六 制作“体育节”演示文稿

学习目标

①掌握在幻灯片中插入 Flash 文件的方法；

②掌握在幻灯片中插入声音文件的方法；

③掌握在幻灯片中插入视频文件的方法。

任务实施及要求

打开演示文稿“体育节.pptx”，按下面要求进行操作，效果如图 5-1-31 所示，完成后以原文件名存盘。

图 5-1-31

①设置幻灯片的页面大小，宽度：36 cm，高度：21.5 cm。

②插入 1 张幻灯片，作为第 1 张幻灯片，插入 Flash 文件“运动.swf”。

操作提示：

a.执行：文件→选项→自定义功能区→在下列位置选择命令中选择“主选项卡”→“开发

工具”,如图 5-1-32 所示,在菜单栏上显示“开发工具”选项卡。

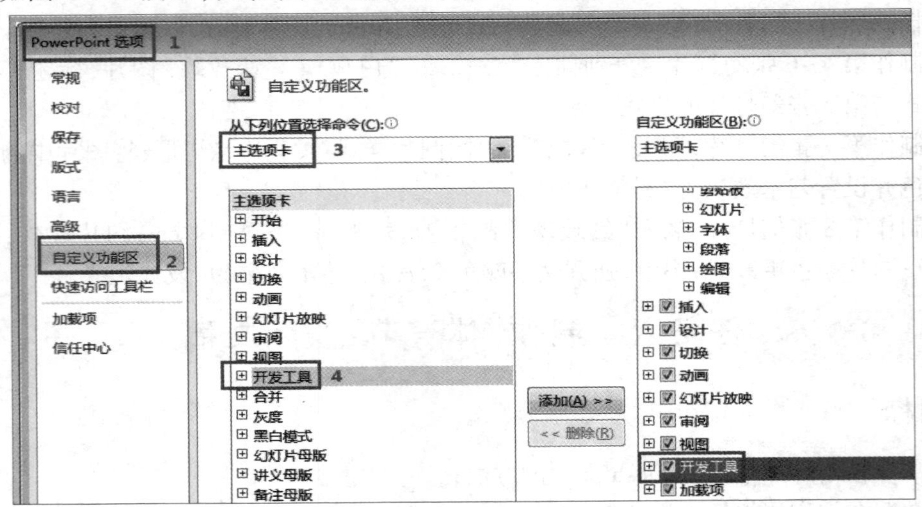

图 5-1-32

b.单击菜单栏中“开发工具”选项卡→“控件”选项组→“其他控件”,弹出如图 5-1-33 所示对话框,选择“Shockwave Flash Object”。

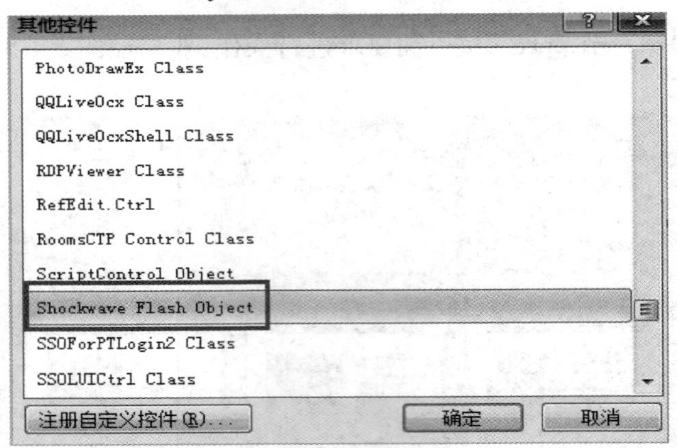

图 5-1-33

c.在幻灯片中拖曳鼠标,画出如图 5-1-34 所示 Flash 播放窗口。

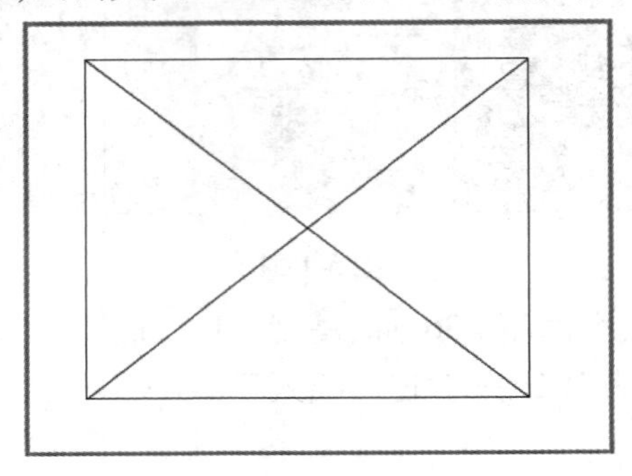

图 5-1-34

d.选中 Flash 窗口,单击菜单栏中“开发工具”选项卡→“控件”选项组→“属性”,弹出属性设置对话框,设置“Movie” 属性值为 Flash 文件“d:\运动.swf ”,如图 5-1-35 所示。

属性

ShockwaveFlash1 ShockwaveFlash

按字母序 | 按分类序

(名称)	ShockwaveFlash1
AlignMode	0
AllowFullScreen	false
AllowFullScreenInteractive	false
AllowNetworking	all
AllowScriptAccess	
BackgroundColor	-1
Base	
BGColor	
BrowserZoom	scale
DeviceFont	False
EmbedMovie	False
FlashVars	
FrameNum	118
Height	539.875
IsDependent	False
left	0
Loop	True
Menu	True
Movie	d:\运动.swf
MovieData	
Playing	True

图 5-1-35

e.播放本张幻灯片,观看放映效果。

③插入 1 张幻灯片,作为第 2 张幻灯片,参考样文插入图片。

④插入 2 张幻灯片,作为第 4、5 张幻灯片,在幻灯片插入表格,设置表格的格式,效果如图 5-1-36 所示。

主办单位	学生保卫处
活动动时间	2017年10月20日
活动对象	16级、17级
报名时间	2017年10月10日至15日中午12点前截止。
比赛形式	以各个班级为单位

4

比赛项目

序号	项目	序号	项目
1	双手抱球跑	6	托球赛跑
2	一分钟毽球	7	袋鼠跳跳
3	坐椅子投篮大赛	8	双手头顶传接球
4	足球定点射门	9	赶小猪跑
5	跳长绳	10	拔河

5

图 5-1-36

⑤插入 1 张幻灯片,作为第 11 张幻灯片,在幻灯片中录入如图 5-1-37 所示的内容。

计分、录取及奖励办法

➢ 比赛设集体奖和个人奖

➢ 比赛男女组分别取前八名

√个人项目以8、7、6、5、4、3、2、1分计入班级总分

√集体项目以个人赛的双倍积分计入班级总分

➢ 总分获得前八名的班级发给奖状和奖品

➢ 赛会另设组织奖，评选办法另行通知

图 5-1-37

⑥插入 1 张幻灯片，作为第 12 张幻灯片，在幻灯片中插入视频文件“运动会.mp4”。

⑦设置第 3—4 张幻灯片背景图片为“bg1.jpg”。

⑧第 6—10 张幻灯片应用主题（新闻纸）。

⑨设置第 11—13 张幻灯片背景图片为“bg2.jpg”。

⑩分别在第 7、8 张幻灯片插入声音文件“双手抱球跑.mp3”“一分钟毽球.mp3”，并设置声音自动播放。

⑪在第 9、10 张幻灯片插入旁白，旁白内容为项目规则（即左边文本内容）。

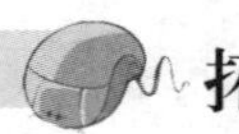

拓展任务

拓展一　制作“职前培训”演示文稿

打开“职前培训.pptx”演示文稿，利用演示文稿主题模板，制作“职前培训”演讲演示文稿，参考如图 5-1-38 所示，可根据下面提示操作，制作各幻灯片，完成后以原文件名存盘。

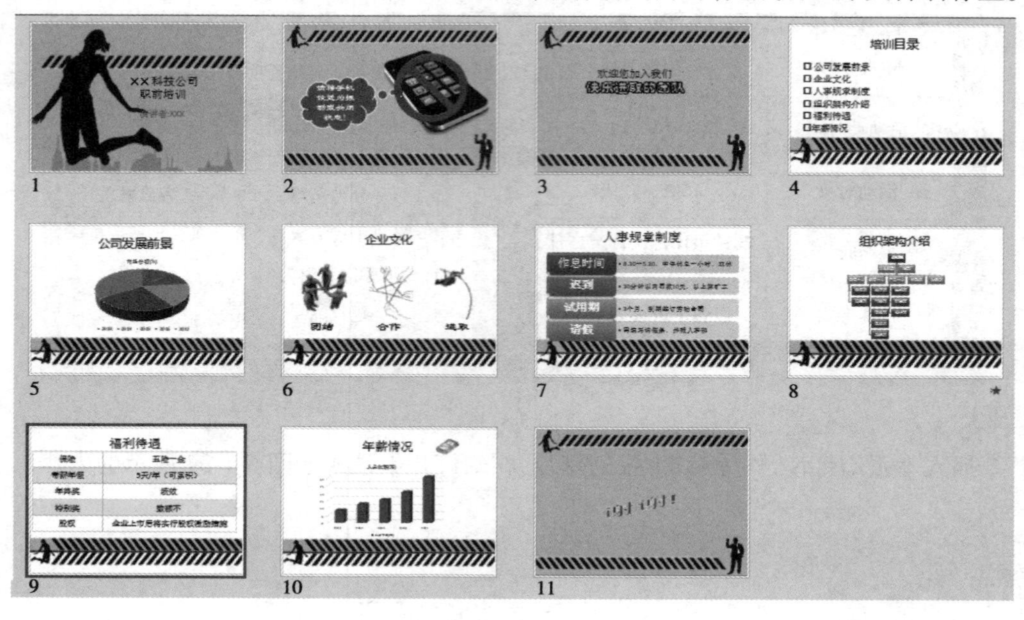

图 5-1-38

操作提示：

①参考样文，插入新幻灯片时选择合适的幻灯片版式。

②第 2 张幻灯片的制作。

a.插入图形“禁止符”，调整图形的大小。通过拖动图形外侧的四个角点调整图形的大小，通过拖动内侧黄色调整柄，调整禁止符的精细程度。

b.设置图形“禁止符”填充：形状样式→强烈效果→靛蓝→强调颜色 2；形状填充→红色。

c.插入形状“云形标注”，通过拖动黄色调整柄，调整方向。输入文字“请将手机设置为振动或关闭状态！”

d.设置“云形标注”填充：形状样式→浅色 1 轮廓，彩色填充→靛蓝，强调颜色 2。

③第 5、10 张幻灯片的制作。

双击“数据表.xlsx”，启动 Excel 打开工作簿，利用相应的数据创建图表，再将图表复制到演示文稿中。

④第 7、8 张幻灯片的制作。

a.第 7 张幻灯片使用的“垂直块列表”SmartArt 图形，主题颜色应用“彩色范围→个性色 2 至 3”，SmartArt 样式应用“三维”→“优雅”。

b.第 8 张幻灯片使用的“组织结构图”SmartArt 图形，主题颜色和 SmartArt 样式可任选一种。

⑤第 11 张幻灯片制作。

a.插入艺术字，填充→靛蓝→强调文字颜色 6，暖色粗糙棱台。

b.填入文字“谢谢！”，字号为 96 号，黑体。

c.修改艺术字字形，切换到文本效果→转换→波形 1。

拓展二　黄埔古港

打开“黄埔古港.pptx”文件，参考如图 5-1-39 所示，进行下列操作，完成以后按原文件名保存。

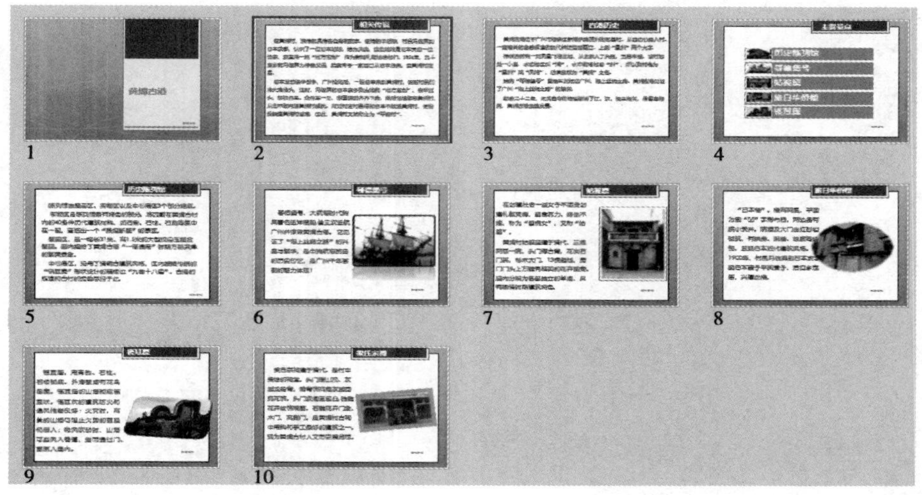

图 5-1-39

要求：

①设置各幻灯片的字体、段落格式(设置合适的字体、字体大小、字体颜色、行距等)。

②编辑第 4 张幻灯片中的 SmartArt 图形。

③插入页眉和页脚,设置页脚为"黄埔古港"。

项目小结

本项目学习了演示文稿的创建,插入新幻灯片,在幻灯片中插入各种类型的对象并对对象进行编辑,幻灯片编辑(移动、删除和复制等操作)。通过设置幻灯片的背景和应用主题等方法美化演示文稿。

项目二　让幻灯片动起来

项目目标

- 理解超链接的意义。
- 掌握设置超链接的方法。
- 掌握幻灯片母版的设置。
- 掌握幻灯片的分组管理。
- 掌握设置幻灯片对象的动画效果。
- 掌握设置幻灯片的切换效果。
- 掌握“录制演示”“排练计时”功能。
- 了解演示文稿打印设置。

项目任务

任务一　制作“漫天飞舞”演示文稿动画效果
任务二　制作“10 s 倒数”演示文稿动画效果
任务三　制作“实习前，让我再看你”演示文稿动画效果
任务四　编辑课件
任务五　编辑“中国十大城市”演示文稿
任务六　制作“风火轮”演示文稿

知识简述

一、超链接设置

1.超链接

超链接即 2 个“对象”间的链接关系。在播放时单击该对象后所做的操作。对象可以是按钮、图片、文字等。

超链接的作用是方便浏览者浏览，单击即可跳转到相关页面。提高了浏览效率，方便用户查找操作。链接的目标对象可以是当前文档中的幻灯片，也可以是其他文件。

2.超链接设置

● 设置超链接操作:选中对象,右击→超链接;如果要链接当前文档中的幻灯片,单击“本文档中的位置”,选择目标幻灯片。如果要链接其他文件,单击“现有文件或网页”,选择文件即可。

● 取消超链接:选中对象,右击→取消超链接即可。

● 设置 SmartArt 图形菜单项与相应的幻灯片建立超链接,如图 5-2-1 所示。

图 5-2-1

二、动作按钮及设置

操作:插入→形状→动作按钮。

设置:对所插入的“按钮”可设置为“单击鼠标”“鼠标移过”等设置,如图 5-2-2 所示。

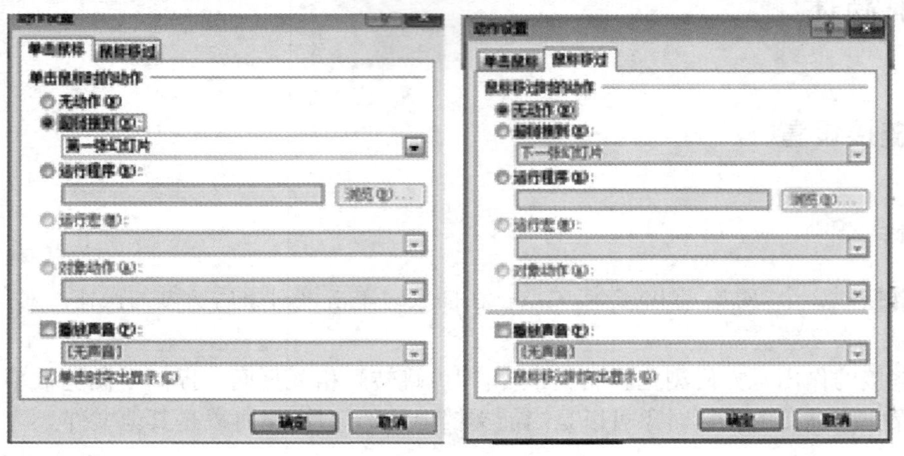

图 5-2-2

三、插入图表及编辑

1.插入图表

方法 1：单击“插入”选项卡→“插图”选项组中的“图表”命令按钮，在“插入图表”对话框中选择合适的图表类型即可，如图 5-2-3 所示。

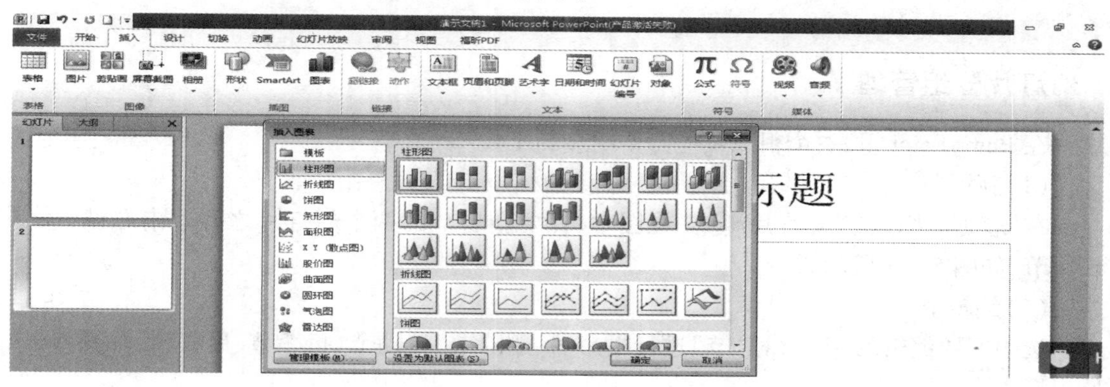

图 5-2-3

方法 2：单击占位符中的“插入图表”命令，如图 5-2-4 所示，在“插入图表”对话框中选择合适的图表类型即可。

图 5-2-4

2.编辑图表

● 设计编辑：对图表“图表类型”“数据”“图表布局”“图表样式”进行设置，如图 5-2-5 所示。

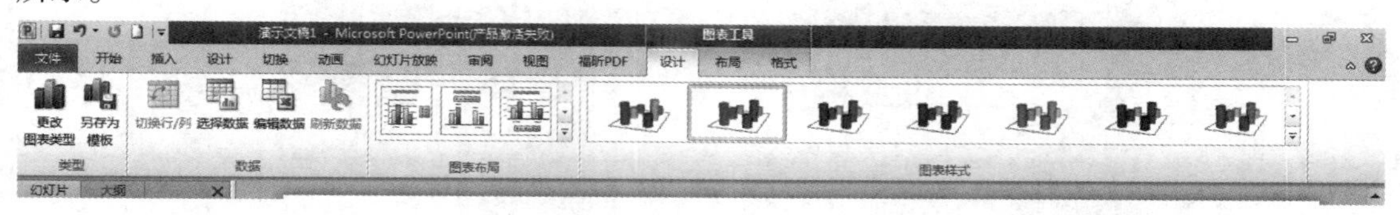

图 5-2-5

● 布局编辑：对图表“形状”“标签”“坐标轴”“背景”“分析”进行设置，如图 5-2-6 所示。

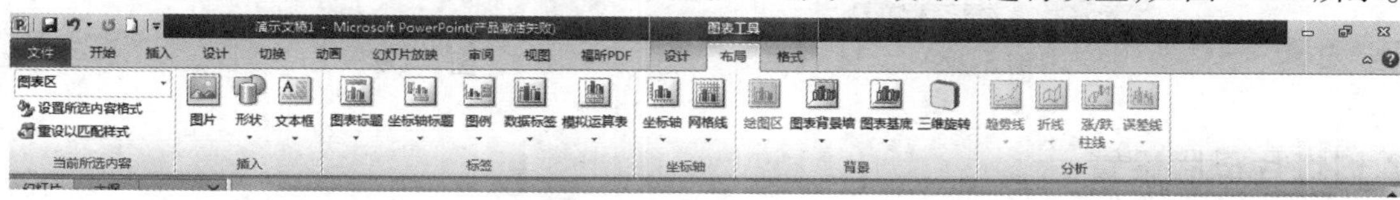

图 5-2-6

● 格式编辑：对图表“形状样式”“艺术字样式”“排列”“大小”进行设置，如图 5-2-7 所示。

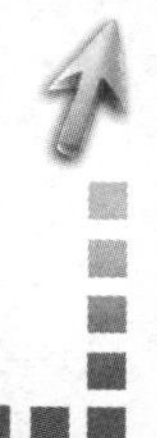

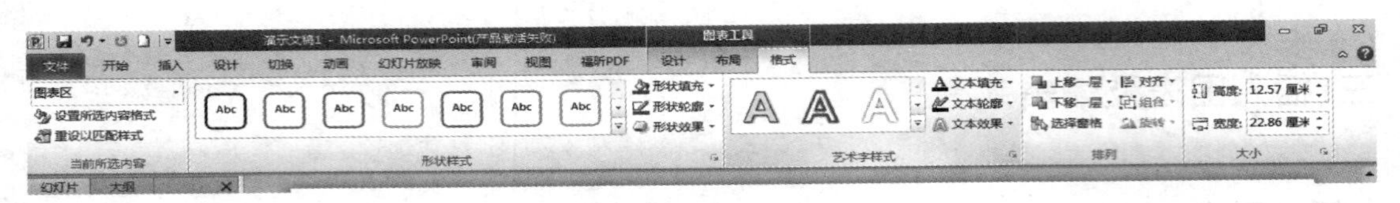

图 5-2-7

四、版面管理及设置

1.幻灯片分组管理

在 PowerPoint 里，一个很新颖但并不明显的工具——节。

(1)新增节

在“普通”视图或“幻灯片浏览”视图中，在要新增节的两个幻灯片之间单击右键，选择新增节，如图 5-2-8 所示。

(2)编辑节

选中所要编辑的“节”，对“节”进行重命名、删除节、移动节、折叠节、展开节，如图 5-2-9 所示。

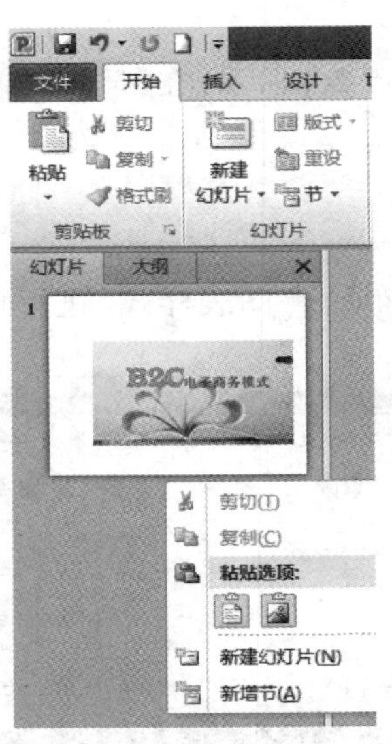

图 5-2-8

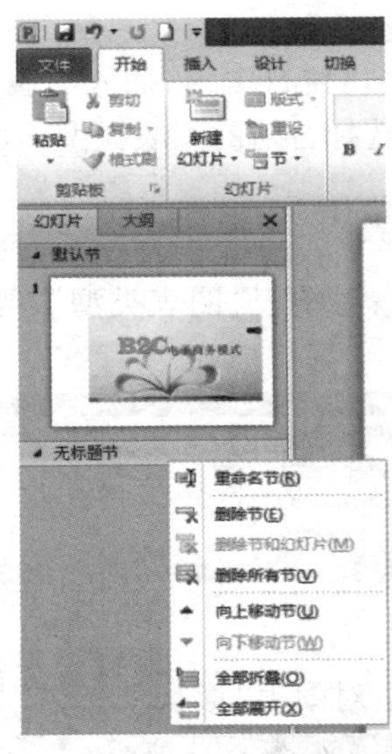

图 5-2-9

2.幻灯片母版设置

对所有幻灯片或者是具有相同版式的幻灯片设置相同背景样式、图片、形状图形、标题和文本格式(字体、颜色、段落格式、项目符号等)，以及幻灯片的切换方式、文本或标题的动画效果等，可用幻灯片母版功能。

操作:视图→幻灯片母版。

在母版视图状态下,从左侧的预览中可以看出,PowerPoint 提供了 12 张默认幻灯片母版页面。其中第 1 张为基础页,对它进行的设置,会自动显示在其余的页面上,如图 5-2-10 所示。

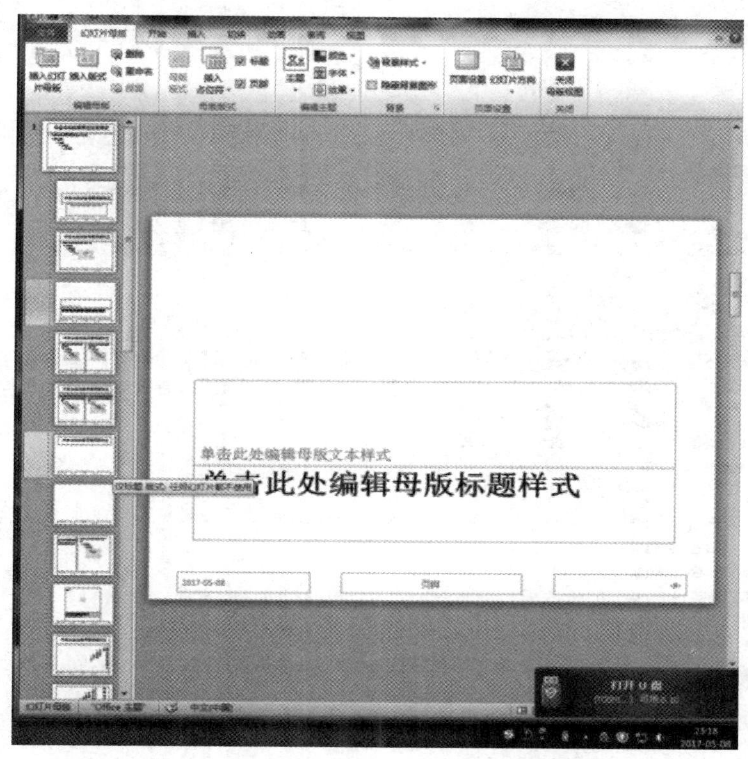

图 5-2-10

- 设置不同版式的幻灯片,先选中相应版式后再操作。
- 设置适合所有幻灯片,选中幻灯片母板后再操作。

五、动画效果设计

幻灯片动画效果:幻灯片中标题、文本、图片等对象,在播放幻灯片的过程中进入或退出的效果。

1.自定义动画

幻灯片动画效果分为进入效果、强调效果、退出效果、动作路径,如图 5-2-11 所示。

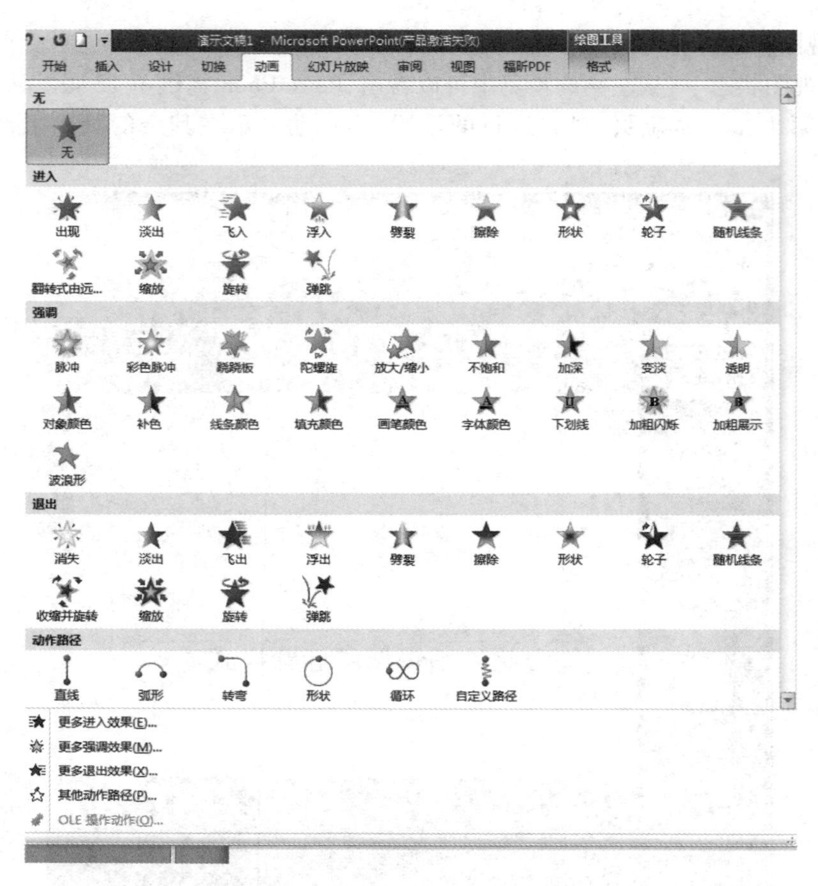

图 5-2-11

- 进入效果(绿色标记):就是对象进入画面时的效果。
- 强调效果(黄色标记):通过放大/缩小,改变字体、字号、颜色、亮度等方法,达到强调的效果。
- 退出效果(红色标记):对象退出时的效果。
- 动作路径:设置对象运动的路线。

例如:设置文本的进入效果为“飞入”,要设置更多效果,可以在功能区设置或者单击下拉按钮中的“效果选项”进行设置,如图 5-2-12 所示。

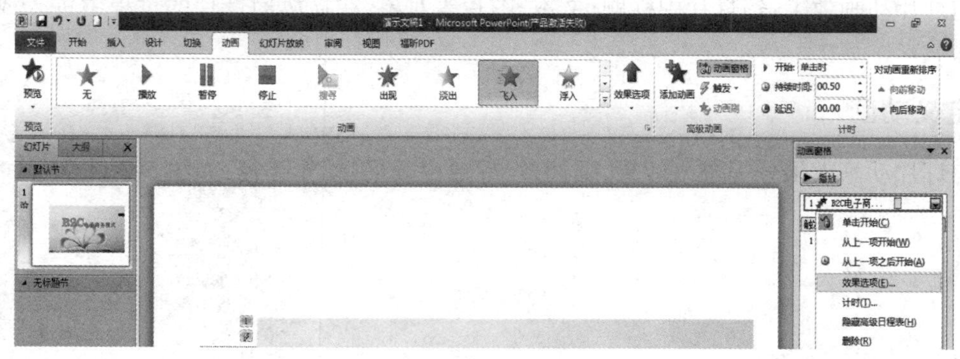

图 5-2-12

2.“效果选项”设置

在“效果”标签项中，有声音、动画播放后、动画文本等选项。动画文本有整批发送、按字/词、按字母 3 种方式，字母之间延时的数字越大，进入的速度就越慢，如图 5-2-13 所示。

在“计时”标签项中，有开始、延迟、速度、重复、触发器选项，如图 5-2-14 所示。

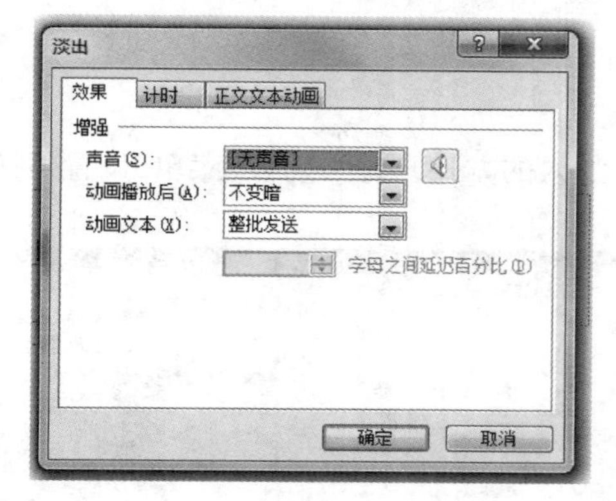

图 5-2-13

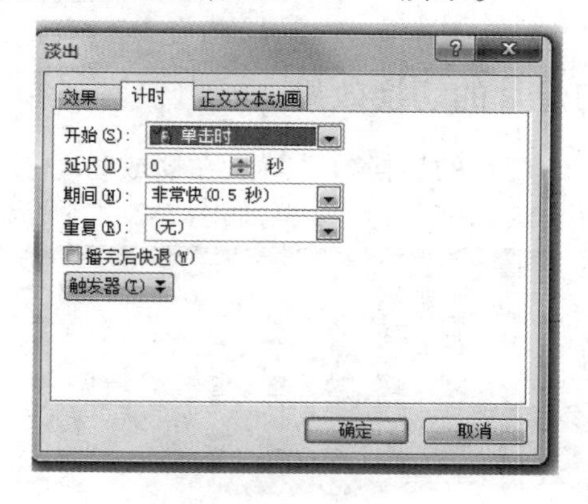

图 5-2-14

要选择多个对象进行设置时，按“Shift”键。

3.更改动画播放顺序

在幻灯片中多个对象设置了动画效果以后，在“自定义动画”任务窗格中，显示该幻灯片中的所有动画效果列表，按照时间顺序排列并有标号。如果对幻灯片中各个对象出现的顺序不满意，可以在动画效果列表中选择要移动的项目并将其拖到列表中其他位置即可，还可以通过功能区中的“对动画重新排序”中的“向前移动”“向后移动”按钮来调整动画顺序，如图 5-2-15 所示。

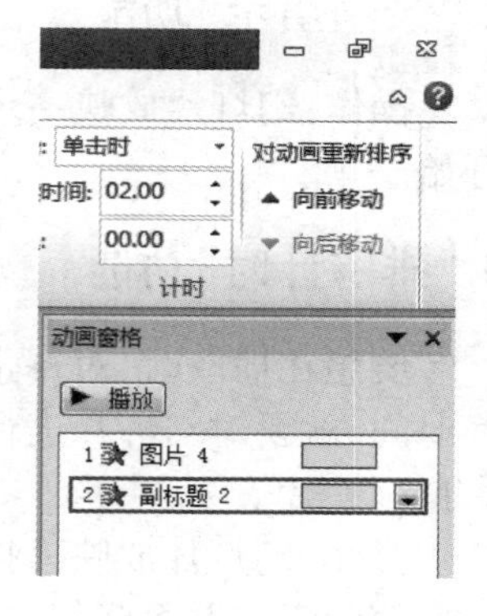

图 5-2-15

4.修改动画效果

如果对某个对象的动画效果不满意，则可以在“动画”菜单中或是“动画窗格”选中该效果，并在功能区中进行修改设置，如图 5-2-16 所示。

图 5-2-16

5.删除动画效果

在“动画窗格”的动画效果列表中,选择要删除的动画效果,单击“删除”按钮。

六、页面切换及播放设置

1.幻灯片的切换效果

幻灯片的切换效果就是在播放时每张幻灯片进入的方式,选择“切换”菜单,设置切换方式、声音、速度、换片方式,如图 5-2-17 所示。

图 5-2-17

2.“录制演示”功能

操作:幻灯片放映→录制幻灯片演示→按照要求选择演示的起点:从头开始或者从当前开始。

3.“排练计时”功能

要想在播放时,对每张幻灯片的每一项内容定制时间,或者对每张幻灯片设置不同的切换时间,就要对幻灯片进行“排练计时”操作。效果是播放时按照排练时间自动播放,不用单击鼠标换片。

操作:幻灯片放映→排练计时。

演示者按照每张幻灯片的内容,要讲述多少时间,每个对象的动画效果何时进入,进行一个彩排演练,并保留排练计时。

如果要修改个别幻灯片排练计时的时间,直接在“动画”选项卡的“切换到此幻灯片”组中修改“在此之后自动设置动画效果”的时间。

4.自定义幻灯片放映

操作:幻灯片放映→自定义幻灯片放映→新建,如图 5-2-18 所示。

5.设置幻灯片放映方式

幻灯片放映方式:演讲者放映、观众自行浏览、在展台浏览,如图 5-2-19 所示。

操作:幻灯片放映→设置幻灯片放映。

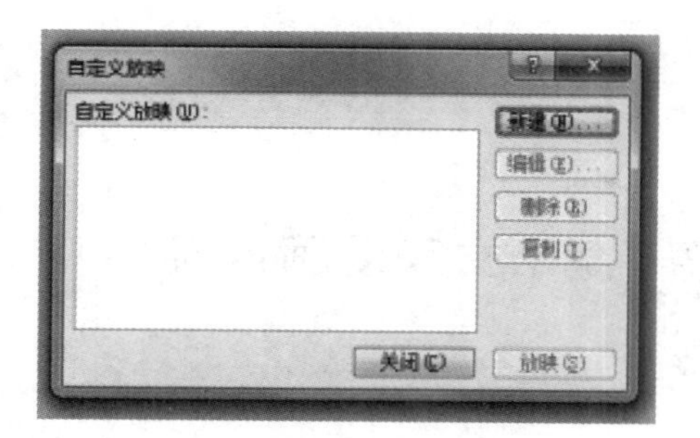

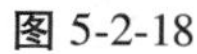
图 5-2-18

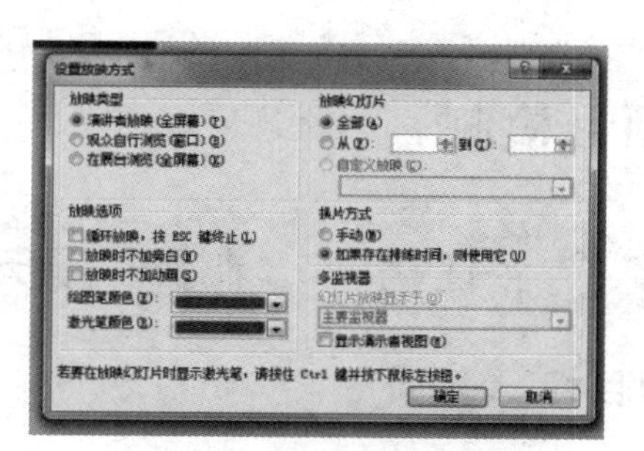

图 5-2-19

6.“打印”设置

操作:文件→打印,如图 5-2-20 所示。

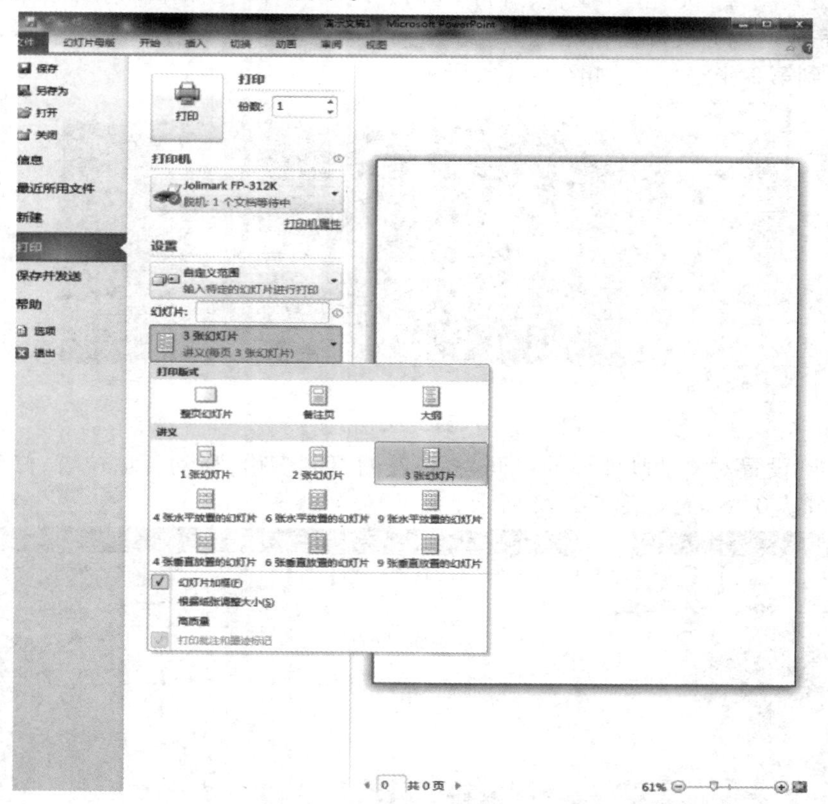

图 5-2-20

打印方式:①一张幻灯片打印到一张纸上;②讲义打印,可设置几张幻灯片打印到一张纸上,如图 5-2-20 所示。

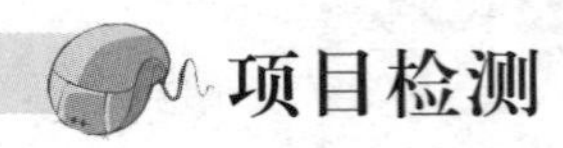

项目检测

任务一　制作“漫天飞舞”演示文稿动画效果

学习目标

①掌握复制已设置好动画效果对象的方法；

②掌握编辑对象的动画效果(路径及延迟时间)。

任务实施及要求

打开“漫天飞舞.pptx”演示文稿，进行下列操作，参考样文的动画效果，制作桃花漫飞舞动画效果，完成后以原文件名存盘。

①切换到第 2 张幻灯片，如图 5-2-21 所示。

图 5-2-21

②切换到设置对象动画效果的界面，将各花瓣复制多份，移动合适位置，修改各花瓣的延迟时间(可从 0~6 s)，如图 5-2-22 所示。

图 5-2-22

③播放演示文稿，观看动画效果。

任务二　制作“10 s 倒数”演示文稿动画效果

学习目标

掌握幻灯片切换动画效果的设置。

任务实施及要求

打开“10 s 倒数.pptx”演示文稿，进行下列操作，设置如样文所示的动画效果，制作从 10 到 1 s 倒数的动画效果，完成后以原文件名存盘。

设置所有幻灯片切换为“无”动画效果，换片方式为“自动换片时间 1 s”，声音为“单击”。操作提示步骤如图 5-2-23 所示。

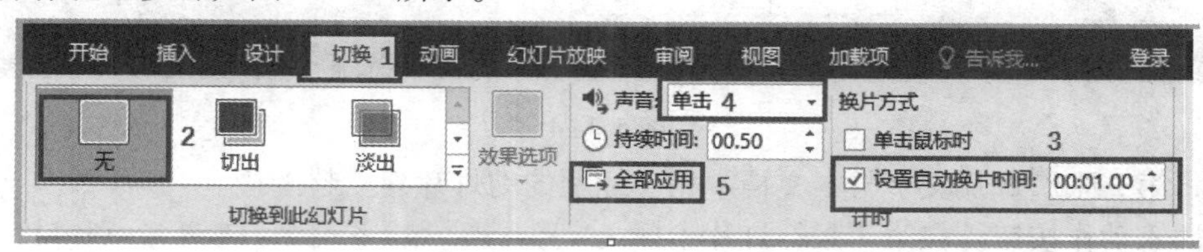

图 5-2-23

任务三　制作“实习前，让我再看你”演示文稿动画效果

学习目标

掌握幻灯片的切换动画效果的设置。

任务实施及要求

打开“实习前，让我再看你.pptx”演示文稿，设置内容是图片的幻灯片切换动画效果为“形状”，其他幻灯片切换动画效果为“门”，单击鼠标换页，设置如样文所示的动画效果，完成后以原文件名存盘。

任务四　编辑课件

学习目标

①理解超链接的意义；
②掌握插入动作按钮的方法；
③掌握设置超链接的方法；
④掌握幻灯片分组管理。

任务实施及要求

打开“课件.pptx”文件，按下列要求进行操作，效果如图 5-2-24 所示，完成以后按原文件

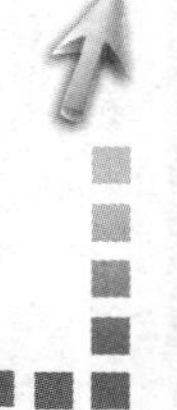

名存盘。

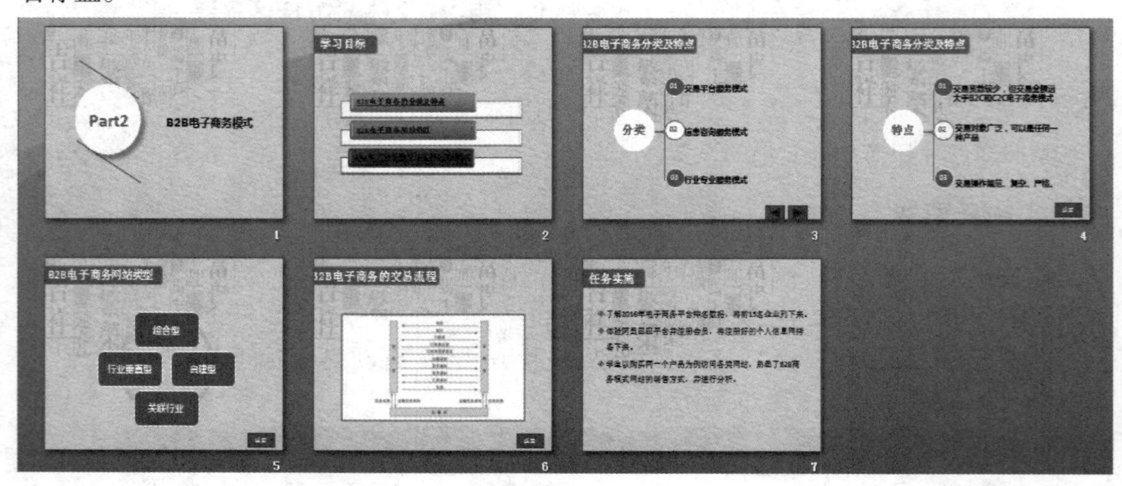

图 5-2-24

①将第 2 张幻灯片文字与本文档中相应标题的幻灯片建立超链接。

②插入动作按钮。在第 3 张幻灯片中插入“上一张”和“下一张”按钮,分别链接到上一张幻灯片和下一张幻灯片;在第 4~6 张幻灯片中添加自定义的按钮:录入文字为“返回”,形状为圆角矩形,按钮的颜色填充为浅蓝,单击按钮时超链接到第 2 张幻灯片(操作提示:可复制“返回”按钮到其他幻灯片中)。

③对幻灯片进行分组管理(插入节),结果如图 5-2-25 所示。

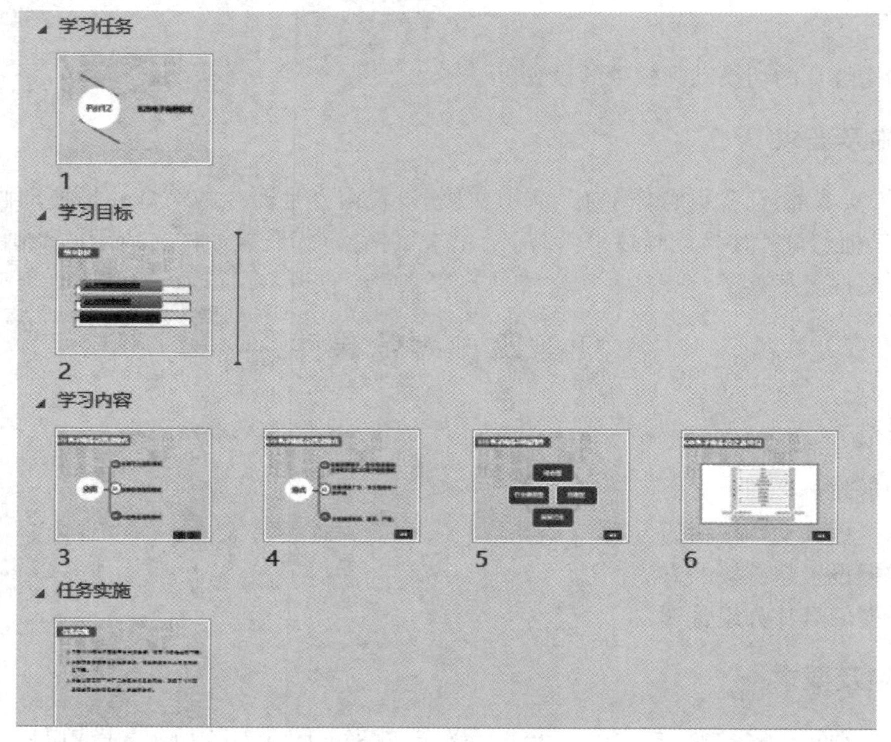

图 5-2-25

任务五　编辑“中国十大城市”演示文稿

学习目标

①掌握幻灯片母版的使用方法；
②掌握幻灯片对象的动画效果设置方法；
③掌握编辑幻灯片的方法；
④掌握录制幻灯片的方法。

任务实施及要求

打开“中国十大城市.pptx”文件，按下列要求进行操作，效果如图 5-2-26 所示，完成以后按原文件名保存。

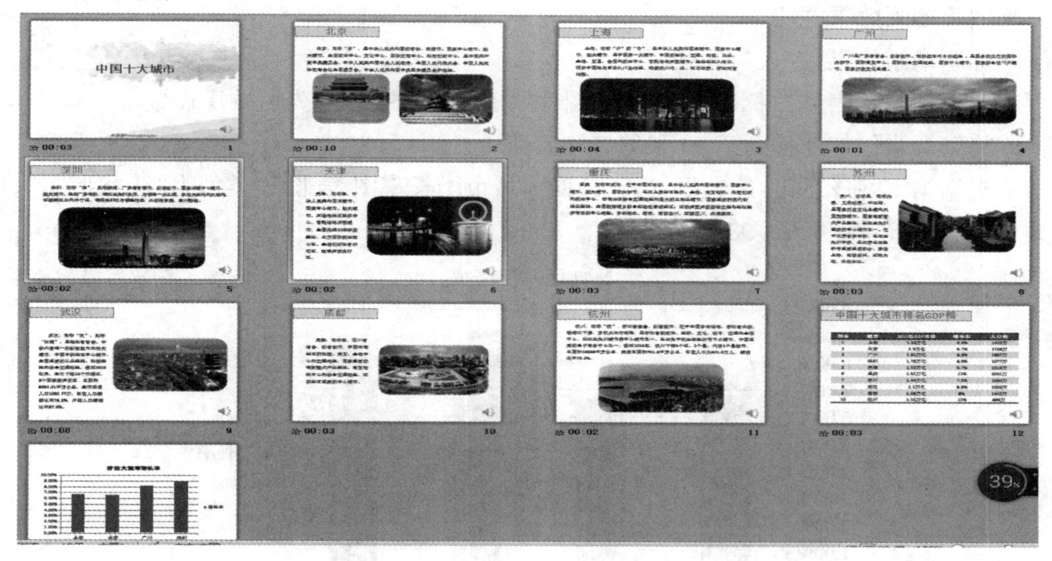

图 5-2-26

①插入 1 张新的幻灯片（作为第 2 张幻灯片），插入表格并录入数据，设置表格格式：样式“中度样式 3-强调 2”，表格文本“居中”对齐，行距 1.5 倍，如图 5-2-27 所示。

排名	城市	2015年GDP总量	增长率	人口数
1	上海	2.53万亿	6.8%	2 425万
2	北京	2.3万亿	6.7%	2 138万
3	广州	1.81万亿	8.3%	1 667万
4	深圳	1.75万亿	8.9%	1 077万
5	天津	1.72万亿	9.7%	1 516万
6	重庆	1.61万亿	11%	3 001万
7	苏州	1.44万亿	7.5%	1 060万
8	武汉	1.1万亿	8.8%	1 033万
9	成都	1.08万亿	8%	1 442万
10	杭州	1.01万亿	11%	889万

图 5-2-27

②设计幻灯片母版格式。

• 标题幻灯片格式：字体红色、44 号、加粗。

• 标题和内容版式格式：标题设置：字体"橙色"、轮廓"橙色"、填充"水绿色"、阴影"左下斜偏移"；内容一级文本设置：字体大小 18 号；设置页脚："中国十大城市之一"。

③参照样文在第 3~12 张幻灯片插入相应的图片，所有图片样式：棱台矩形，阴影：透视靠下。调整文本框及图片到合适的位置。

④给标题幻灯片添加背景样式，图片来自文件"背景图片"，设置背景格式：饱和度 265%，锐化 65%。

⑤动画设计，全部应用。

• 文本动画效果：进入"淡出"，按字/词发送。

• 表格动画效果："弹跳"。

• 图片动画效果："飞入"。

• 标题动画效果：进入"形状"。

• 调整动画顺序，按"标题""文本""图片""表格""图表"的先后顺序设置。

⑥将第 2 张幻灯片移到第 12 张幻灯片后面。

⑦根据第 12 张幻灯片的数据，插入前四大城市增长率图表，图表类型为"簇状形图"，动画效果为"形状"，如图 5-2-28 所示。

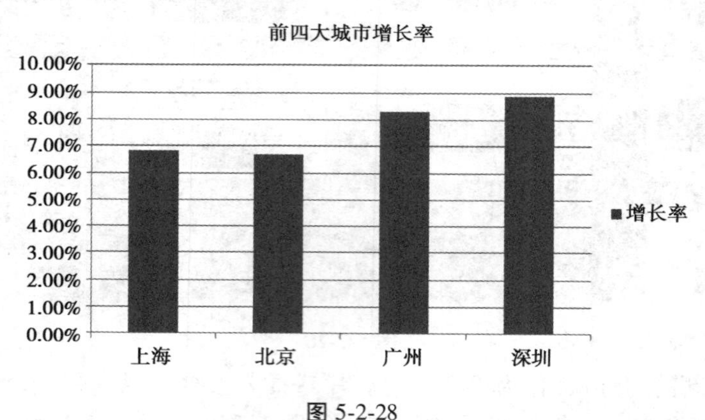

图 5-2-28

⑧设置幻灯片的切换效果为"涟漪"，全部应用。

⑨自定义幻灯片放映，定义范围为：第 2~6 张幻灯片。

⑩录制幻灯片，从头开始录制。

任务六　制作"风火轮"演示文稿

学习目标

①能熟练使用幻灯片母版进行对象编辑；

②掌握对幻灯片中的视频对象进行编辑的方法。

任务实施及要求

打开“制作风光轮.pptx”文件，按下列要求进行操作，效果如图 5-2-29 所示，完成以后按原文件名保存。

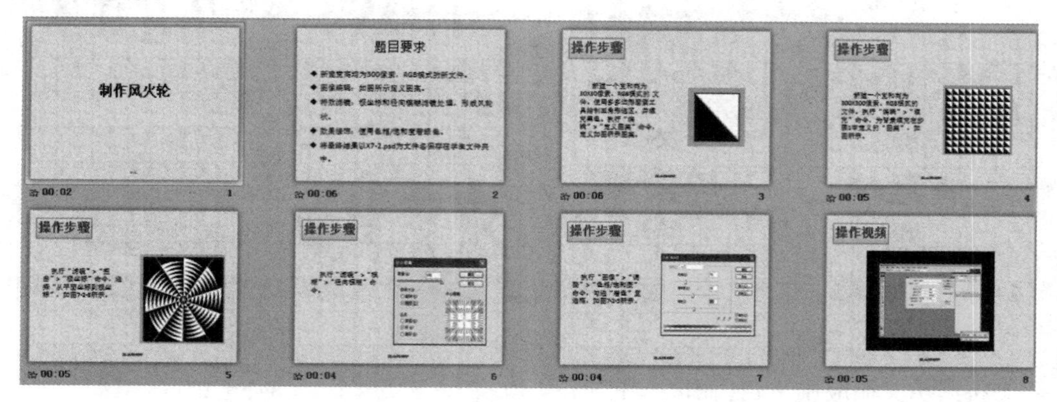

图 5-2-29

①在幻灯片母版进行下列设置。

• 设置标题幻灯片母版格式：标题文本格式为 48 号、加粗；页脚为“讲义”；设置背景为样式 10。

• 设置标题与内容幻灯片母版格式：标题文本字体格式：44 号、加粗、红色；边框格式：细微效果-水绿色，强调颜色 5；文本区格式为字体大小 24 号；页脚为“制作风火轮”。

• 动画效果设置：标题为“随机线条”；文本为“擦除，按字/词发送”；图片为“劈裂”。

②背景设置，选择纹理填充：新闻纸。

③参照样文给第 2 张幻灯片添加项目符号“◆”，设置段落 1.5 倍行距。

④插入第 8 张幻灯片，在幻灯片中插入“风火轮制作”视频，剪裁视频：开始时间为 00:04:040，结束时间为 01:57:168。

⑤播放片演示，观看效果。

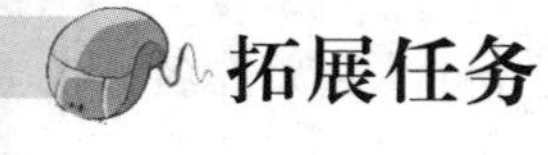

拓展任务

拓展一　编辑“坐姿礼仪”演示文稿

打开“坐姿礼仪.pptx”文件，按下列要求进行操作，效果如图 5-2-30 所示，完成以后按原文件名保存。

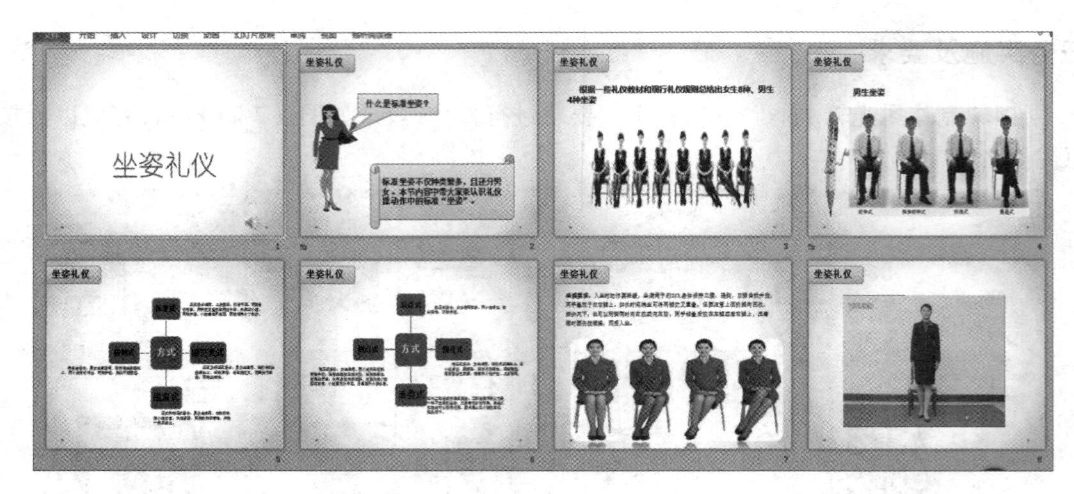

图 5-2-30

①将演示文稿应用主题(任选一主题)。

②参照样文给第 2～7 张幻灯片添加标题。插入形状“圆角矩形”,样式应用“细微效果”→“橙色”→“强调颜色 3”;文字格式:宋体、28 号、加粗。

③参照样文,在第 2 张幻灯片插入“横卷形”图形,并录入相应的文字,设置形状格式:细微效果-深绿-强调颜色 5;字体:宋体、24、加粗。

④在第 3、4 张幻灯片中插入相应的图片,设置图片饱和度为 200%。

⑤在第 5 张幻灯片后添加一张新幻灯片。

⑥参照样文在第 5、6 张幻灯片插入 SmartArt 图形及文本框。SmartArt 图形:射线群集;将相应的文字放到图形及文本框中,组合图形及文本框。

⑦在第 7 张幻灯片插入图片,图片样式:映像圆角矩形。

⑧在第 8 张幻灯片插入视频,编辑视频,开始时间为 01:02.480,结束时间为 05:22.428。

⑨在标题幻灯片中插入音频文件“Jim Brickman-Serenade”。剪裁音频时间:开始时间为 00:00,结束时间为 01:00.968,设置循环播放,放映时隐藏。

拓展二　制作“倒计时”演示文稿

新建演示文稿,根据样文设计,效果如图 5-2-31 所示,完成后以“倒计时.pptx”为文件名存盘。

图 5-2-31

①利用幻灯片母版设置好背景。

②插入形状图形，绘制好图形并组合。

③插入1~10数字文本框，设置合适的字体和位置。

④设置好各数字的“进入”（“淡出”动画效果，持续时间设置为0.5 s）和“退出”（“消失”动画效果，持续时间设置为0.5 s）动画效果，动画“开始”方式选择“上一动画之后”。

⑤插入音频，循环播放。

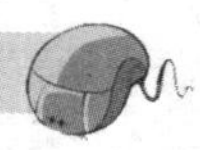

项目小结

使用幻灯片切换和自定义动画功能可以制作出丰富的精彩动画效果；应用幻灯片母版可以将全部幻灯片外观作统一编辑、可对属于同一幻灯片版式的一组幻灯片的对象进行编辑、格式化和动画设置；还可在幻灯片母版中插入对象（如插入Logo图片），并对对象进行编辑；自定义幻灯片放映方式。

电子表格 Excel

Excel 是微软公司办公软件 Microsoft Office 的组件之一，简称电子表格软件，具有强大的电子表格处理功能，其主要功能是数据录入、编辑排版、公式与函数、数据的处理、统计与分析、图表等。可以在 Excel 2007 环境中编辑、排版电子表格，也可以对表格数据进行相应的分析处理。

知识目标

- 掌握 Excel 文档的新建、保存、保护、打开、隐藏、关闭工作簿。
- 熟悉在 Excel 2007 中输入各种数据。
- 掌握对工作表进行编辑和修饰。
- 正确使用单元格地址，利用公式和函数对工作表中的数据进行计算。
- 掌握图表的制作。
- 熟悉对数据清单进行排序筛选、汇总、透视表等操作。
- 掌握页面设置和打印。

能力目标

- 能根据需要创建 Excel 电子表格，并对表格进行编辑、排版。
- 能根据要求对工作表进行格式化。
- 能根据需要正确使用公式、函数解决实际问题。
- 能够对工作表进行页面设置、打印设置等。
- 能够根据要求使用排序、筛选、分类汇总、数据透视表，对数据进行分析、整理。
- 能够根据需要创建图表、编辑图表。

模块任务

项目一　Excel 的基础知识

项目二　公式和函数的使用

项目三　Excel 数据分析

项目一　Excel 的基础知识

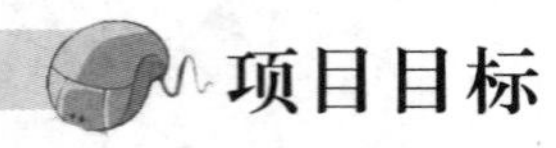

项目目标

- 熟悉 Excel 工作环境的启动关闭、窗口界面的组成。
- 了解工作簿、工作表、单元格、单元格区域的区别。
- 熟悉在工作表中不同类型数据的录入。
- 熟悉 Excel 环境中版面的简单排版。

项目任务

任务一　制作学生档案表
任务二　制作考勤记录表
任务三　制作个人工资单
任务四　排版实习单位汇总表
任务五　制作“三二分段安排表”
任务六　制作工作人员岗位信息表

知识简述

一、Excel 简述

Excel 是微软公司办公软件 Microsoft Office 的组件之一，简称电子表格软件，其主要功能是数据录入、编辑排版、使用公式与函数、数据的处理、统计与分析、图表等。

Excel 环境中编辑的文档默认的扩展名为.xlsx。

二、术语：工作簿、工作表、单元格、单元格区域

1.工作簿

工作簿是 Excel 用来存储并处理数据的文件（从标题栏上可以看到工作簿的名称），一个 Excel 文档就是一个工作簿。启动 Excel 软件，系统会自动创建一个名为“工作簿.xlsx”的工作簿文件。工作簿是由一至多张的工作表组成。

一个工作簿的工作表个数可以由用户根据需要自行增减，默认为 3 个，最多为 255 个。

2.工作表

工作表是工作簿的一部分，就是一张电子表格，由行和列组成。一张工作表由 65 536 行和 256 列组成。

每张工作表都有名称，工作表默认的名称是 Sheet1、Sheet2……

工作表的标签名可以根据需要进行重命名。

3.单元格

工作表中行与列相交叉的方格称为单元格。单元格是 Excel 的基本操作单位，在单元格中可以输入数据、公式与函数等。

每个单元格都有唯一的地址，也称名称框，用于显示光标所在单元格的地址（或称名称），由单元格的列号和行号组成，例如 A1 单元格指的是工作表中的第 1 列第 1 行交叉的位置。

行号从上到下用数字表示（如 1，2，…，65 536）；列号从左到右用字母表示（如 A，B，…，IV）。

单元格的名称命名为列号+行号，如 A1 单元格。

4.单元格区域

单元格区域是指由多个单元格组成的连续区间，例如 A1：C3，包括的单元格有 A1、A2、A3、B1、B2、B3、C1、C2、C3，如图 6-1-1 所示。

表示方法：第 1 个单元格名称和最后 1 个单元格名称，之间用冒号隔开，如 A1：C1。

图 6-1-1

三、管理工作簿、工作表

1.新建、打开、保存工作簿

（1）新建工作簿

方法 1：启动软件 Excel 即可新建一张空白工作簿。

方法 2：执行“文件”选项卡，在弹出的菜单中选择“新建”，在弹出的对话框中选择“空白文档”（此项一般是默认选择），再单击右侧的“创建”按钮，完成一张空白工作簿的创建。

方法 3：按快捷键“Ctrl+N”。

(2)打开工作簿

方法1:执行"文件"选项卡,在弹出的菜单中选择"打开",在弹出的对话框中选择需要打开的文件即可。

方法2:执行"文件"选项卡,在弹出的菜单中选择"最近使用的文件",在弹出的对话框中选择需要打开的文件即可。

方法3:按快捷键"Ctrl+O"。

(3)保存工作簿

方法:单击"文件"选项菜单,在弹出的菜单中选择"保存"或"另存为",在弹出的对话框中设置文件名称、存储位置等。

2.管理工作表

(1)插入工作表

方法1:在工作表标签栏中单击"插入工作表"按钮 。

方法2:右键单击某张工作表的标签名,在弹出的菜单中选择"插入"命令,即可在该工作表的前面插入新工作表。

(2)重命名工作表

方法1:双工作表标签名,标签名变为黑色衬底后直接修改标签名。

方法2:右键单击工作表标签名,在弹出的菜单栏中选择"重命名"按钮,标签名变为黑色衬底后直接修改标签名。

(3)修改工作表标签颜色

方法:右键单击工作表标签名,在弹出的菜单栏中选择"工作表标签颜色"按钮,在弹出的颜色选项卡中选择需要的颜色。

(4)移动工作表

方法:在工作表标签栏中,按住鼠标左键拖动工作表标签到指定位置,然后释放鼠标左键。

四、输入数据

1.输入数值

数值是指可以用来计算的数据。包括:0~9、+、-、.、/、%、$、E、e、(、)等。

+:表示输入的数值为正数,+可以省略。

-:表示输入的数值为负数,如-9。

.:小数点,如7.4。

/:表示输入的数值为分数。例如:如果输入的分数是1/3(三分之一),则在单元格中输入"0空格1/3";如果仅输入"1/3",Excel会将它解释为日期"1月3日"。

提示:输入分数方法:0 ,空格,录入分数。

( ):用括号括起来的数字表示负数,如(100)和(-100)是一样的。

E 和 e:用科学计数法表示数据,如 3.145E+06 表示数据 3 145 000。

2.输入文本

Excel 单元格中的文本可以是中文、英文、数字、空格、符号等。

一般文本直接输入即可。

数字作为文本输入,如 0434、0435,如果直接输入的,则单元格中只会显示 434、435,前面的 0 没有显示出来,数字默认为数值显示。

数字作为文本输入方法 1:先输入英文字符单引号“'”,再输入数字。

数字作为文本输入方法 2:选中单元格,单击“开始”选项卡中的 常规 ,在弹出的下拉菜单中选择 ABC 文本 ,然后再输入对应的数据。

一般作为以文本格式输入数字:邮政编码、电话号码、身份证号、学号、编号、序号……

3.输入日期

在输入日期时,用“/”或“-”分隔日期的年、月、日各部分。如输入“2017/1/1”或“2017-1-1”等,都代表 2017 年 1 月 1 日。

输入时间时,用“:”分隔时间的各部分。例如:输入“12:00”,代表 12 点 00 分;如果按 12 小时制输入时间,可在时间数字后加一个空格,并输入字母 a(代表上午)或 p(代表下午),如输入“1:00 p”,代表下午 1 点 0 分。

输入当前系统日期快捷键:Ctrl+。

当前系统时间快捷键:Ctrl+Shift+。

4.自动填充数据

自动填充数据如:“1,2,3,4,5…”,“1,3,5,7…”,“星期一、星期二……”,“2005-1-1,2006-1-1,2007-1-1,2008-1-1…”,“2005-1-1,2005-2-1,2005-3-1,2005-4-1…”。

填充相同的数据:如输入 1,1,1,1…,这里可以利用自动填充功能快速地在行或列间填充所需内容。

在连续的单元格中输入相同的数据,操作方法:

①当选中一个单元格或者一个区域时,鼠标左键按住该区域的右下角小黑块(填充柄)。

②鼠标指针变成黑色+状,按住鼠标左键拖动填充柄可以复制单元格内容到相邻单元格或创建数据序列,如图 6-1-2 所示。

填充递增(递减)数据:如果选中区域包括数字、日期或时期,可以自动按规律填充,如输入 1,2,3,4…,这里可以使用填充柄快速地在行或列复制数据,按住 Ctrl 键拖动填充柄,即可达到系列填充效果,如图 6-1-3 所示。

图 6-1-2　　　　图 6-1-3

小技巧

- 如果单元格显示为"#####",说明单元格宽度不够,调整单元格宽度即可。
- 可以先设置单元格类型,再录入相应的数据。
- 要在一个选定区域内输入相同的数据,选中区域,输入数据后按"Ctrl+Enter"组合键确认。

思考在单元格是怎样换行的? 在换行处按"Alt+Enter"快捷键。

五、单元格格式化

Excel 环境中可以对工作表中的数据进行格式排版,以选定的区域为操作对象(包括单元格、区域、行、列),对格式设置的选项有数据类型、对齐方式、边框底纹等。工作表格式设置的效果参考图 6-1-4。

实习单位汇总表

序号	班级学号	姓名	专业	实习就业单位	学生联系电话	企业联系人	企业联系电话	岗位	待遇
1	105102	[illegible]	计算机外设维修与营销	沙井德普电子城惠普电脑专卖店	[illegible]			电脑销售	2500
2	105103	[illegible]	计算机外设维修与营销	广州市骏煌贸易有限公司	[illegible]	[illegible]	[illegible]	业务员	2000
3	105104	[illegible]	计算机外设维修与营销	广州市艺苑装饰工程有限公司	[illegible]	[illegible]	[illegible]	水电安装	1500
4	105106	[illegible]	计算机外设维修与营销	揭阳市供销贸易总公司	[illegible]	[illegible]	[illegible]	电脑操作员	1500
5	105107	[illegible]	计算机外设维修与营销	广东省电子工程有限公司	[illegible]	[illegible]	[illegible]	技术文员	2200
6	105114	[illegible]	计算机外设维修与营销	三星中国华南销售总部	[illegible]	[illegible]	[illegible]	销售	1300
7	105116	[illegible]	计算机外设维修与营销	参军					
8	105119	[illegible]	计算机外设维修与营销	三星（卓越）体验店	[illegible]	[illegible]	[illegible]	销售精英	2500
9	105120	[illegible]	计算机外设维修与营销	广东一九在线信息科技有限公司	[illegible]			销售	2000
10	105121	[illegible]	计算机外设维修与营销	深圳市富益特电子科技有限公司	[illegible]	[illegible]	[illegible]	品质QC	2000
11	105122	[illegible]	计算机外设维修与营销	广州伟吉贸易有限公司	[illegible]	[illegible]	[illegible]	技术员	1800
12	105123	[illegible]	计算机外设与营销	广州伟吉贸易有限公司	[illegible]	[illegible]	[illegible]	维修员	1800
13	105124	[illegible]	计算机外设维修与营销	深圳市富益特电子科技有限公司	[illegible]	[illegible]	[illegible]	网络管理员	1800
14	105125	[illegible]	计算机外设	广州钬锋连锁联想专卖店（岗贝路联想专卖店）	[illegible]	[illegible]	[illegible]	技术工程师	1700
15	105126	[illegible]	计算机外设维修与营销	广东乐语世纪科技集团有限公司	[illegible]	[illegible]	[illegible]	销售顾问	2000
16	105127	[illegible]	计算机外设维修与营销	龙岗大鹏湾电脑科技	[illegible]	[illegible]	[illegible]	电脑维护员	1000
17	105128	[illegible]	计算机外设维修与营销	新宇玩具厂	[illegible]	[illegible]	[illegible]	技术员	1800

图 6-1-4

1.数据类型

Excel 处理的数据量大，数据类型丰富，为用户提供了多种数字格式以适应用户对不同类型数据处理的要求。可以使用“开始”选项卡中“数字”组，也可以打开“设置单元格格式”对话框，选择“数字”选项卡，在弹出的列表中选择需要的数字类别。

常用数据类型有常规、数字、文本、分数等，如图 6-1-5 所示。

图 6-1-5

2.设置单元格对齐方式

对齐方式是指文本、数据等内容在单元格中的排列方式，可以使用“开始”选项卡中的“对齐方式”组，也可以打开“设置单元格格式”对话框，选择“对齐”选项卡，根据需要设置对齐方式。

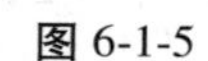

- 水平方向的对齐方式：，垂直方向的对齐方式：。
- 自动换行（合并后居中）：自动换行　合并后居中。

“自动换行”可使单行显示的文本变为多行显示，此设置适用于文本内容超过单元格列宽的情况，但同时行高将增加。

“合并后居中”可以将多个单元格合并成为一个单元格，同时将对齐方式设置为居中。

3.调整行高与列宽

方法 1：将光标放置在列号与列号（如果调整行高，则放置在行号与行号）之间，鼠标形状变为黑十字形后，按住鼠标左键拖动鼠标，即可根据需要调整列宽，如图 6-1-6 所示。

方法 2：将光标放置在列号与列号（如果调整行高，则放置在行号与行号）之间，鼠标形状变为黑十字形后双击鼠标左键，系统会根据该列最宽的宽度自动调整列宽。

方法:3：执行“开始→格式→列宽”命令，如图 6-1-7 所示，在弹出的对话框中输入宽度值。

方法 4：执行“开始”→“格式”→“自动调整列宽”命令，系统会根据该列最宽的宽度自动调整列宽，如图 6-1-8 所示。

说明：如果是同时调整多行或多列，则先选中多行（或多列）。

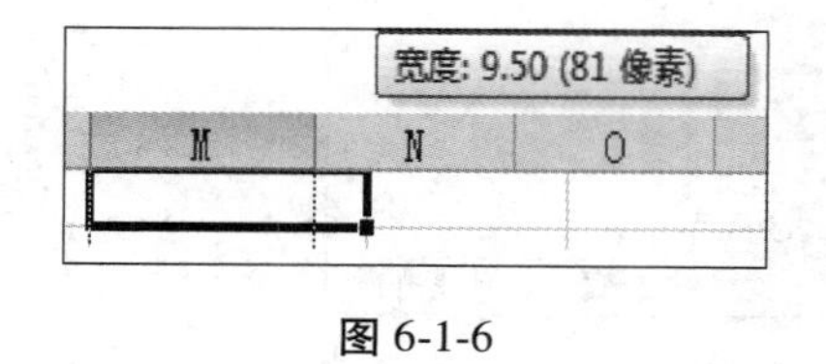

图 6-1-6

图 6-1-7

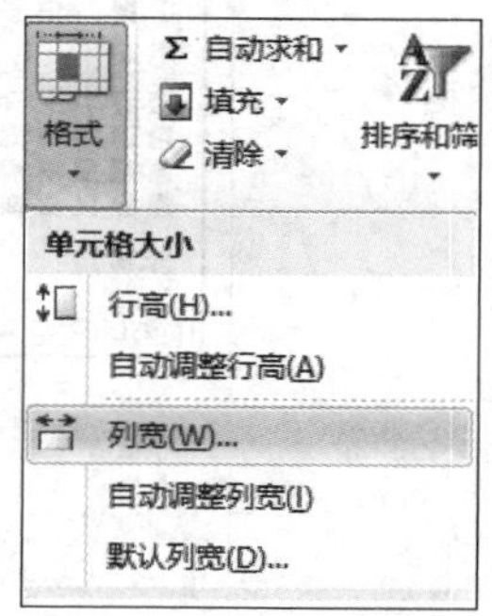

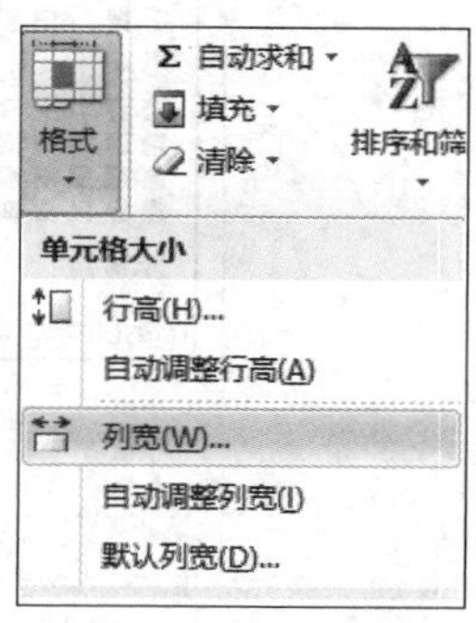

图 6-1-8

4.边框和填充

Excel 表格看上去好像有边框,但实际上却不存在,需要用户为数据另行设置。

“边框”设置方法:切换到“开始”选项卡中的“数字”组,选择 ⊞ ▾ ,在弹出的下拉列表中选择合适的边框或选择 ⊞ 其他边框(M)... ,在弹出的对话框中进行对应的设置,如图 6-1-9 所示。

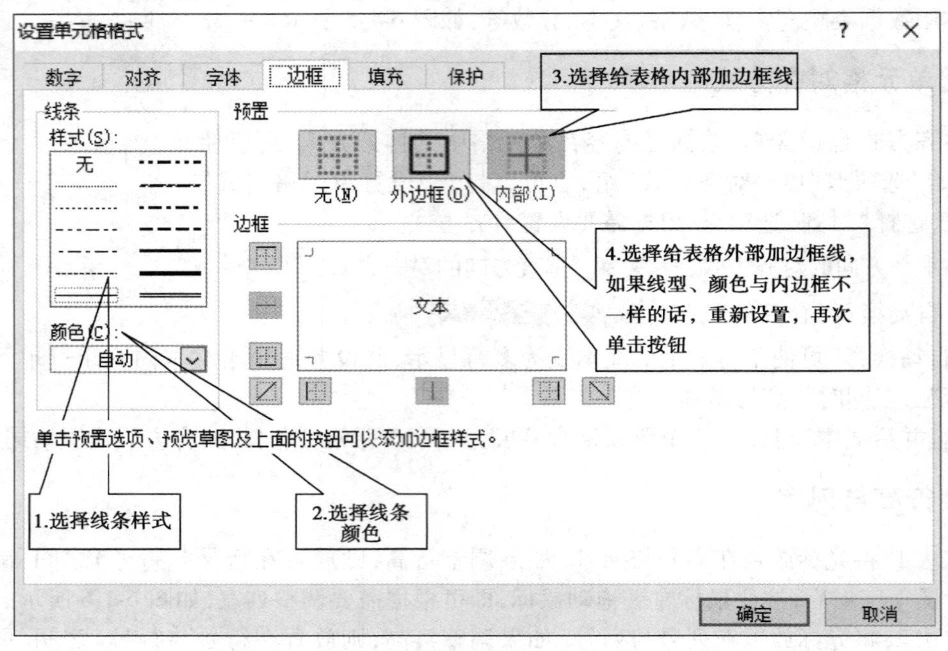

图 6-1-9

在“设置单元格格式”对话框中选择“填充”选项卡,可以设置单元格的背景色和图案颜色,如图 6-1-10 所示。

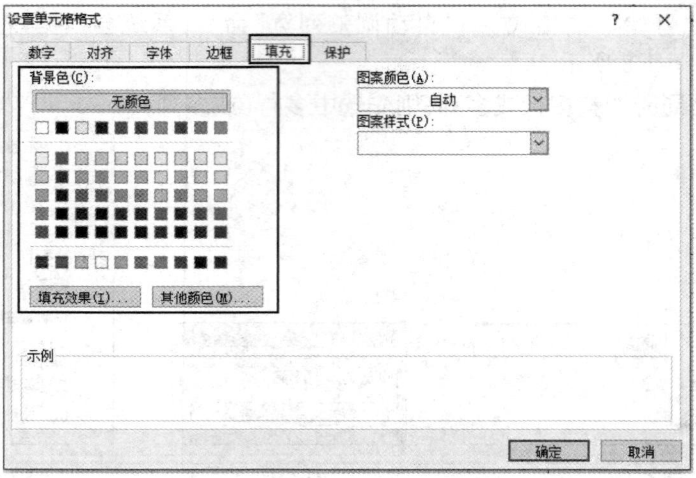

图 6-1-10

六、冻结工作表

在制作一个 Excel 表格时，如果列数或行数较多，一旦向下滚屏或向右移动，则上面的标题行或左侧的标题列也跟着移动，在处理数据时往往难以区分各行或各列数据对应的标题。冻结窗格可以将工作表的上方和左上方窗格数据冻结在屏幕上，在滚动工作表时行标题和列标题会一直在屏幕上显示。

冻结窗格方法：选定单元格，该单元格将成为冻结点，执行“视图”→“冻结窗格”→“冻结拆分窗格”命令，如图 6-1-11 所示。

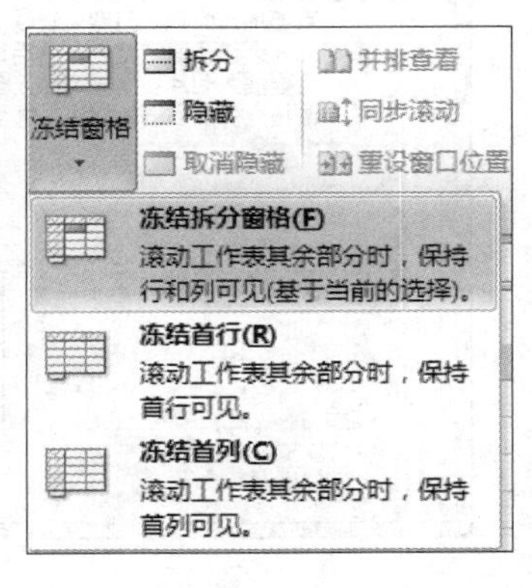

图 6-1-11

说明

- 工作表被拆分为 4 个独立的窗格后，当滚动屏幕时，冻结点上边和左边的所有单元格都被冻结在屏幕上显示。
- 如果要取消窗格冻结，只需再次单击“取消冻结窗格”按钮 即可。

七、页面设置

Excel 环境的页面格式设置类似于 Word 环境，包括页面设置、页边距设置、页眉/页脚设置、工作表设置等。

1.设置页面

工作表的页面设置包括纸张方向、纸张大小、起始页码、页边距、页面居中方式等。

2.页眉页脚

方法 1：切换到“页面布局”选项卡，单击“页面设置”组右下角的小箭头，在弹出的对话框中选择“页眉/页脚”选项卡，单击页眉区域右下角的箭头在弹出的列表信息中选择页面信息。接着可以单击“打印预览”命令查看页眉，如图 6-1-12 所示。

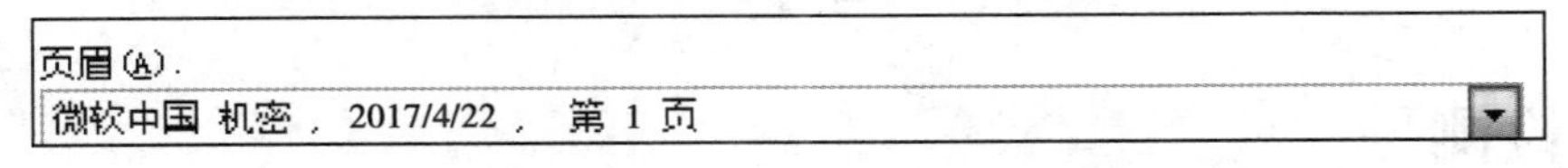

图 6-1-12

方法 2：如果系统内置的页面信息不符合用户的需求，可以选择“自定义页面”命令，在弹出的对话框中直接设置页眉的信息，页面信息分为左、中、右 3 个区域，如图 6-1-13 所示。

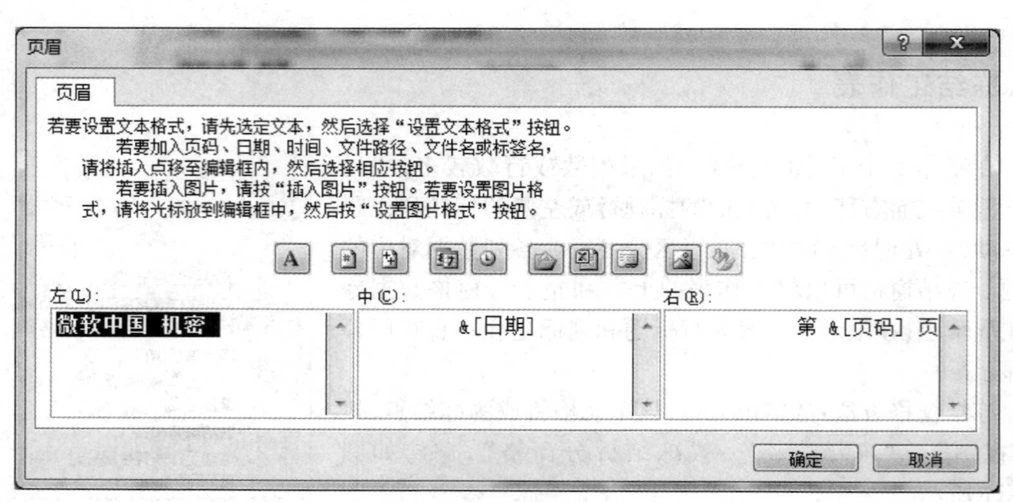

图 6-1-13

3.打印预览

对文档进行打印设置后可以通过“打印预览”来预先查看文档的打印效果，打印预览的快捷键是:Ctrl+F2。

4.打印标题行

方法:选择“页面设置”对话框中的“工作表”选项卡，将光标定位在顶端标题行的文本框中，然后鼠标单击工作表的行号，如第 1 行，也就是实现了打印该工作表时，每一页的第 1 行显示的都是第一页的第 1 行，如图 6-1-14 所示。

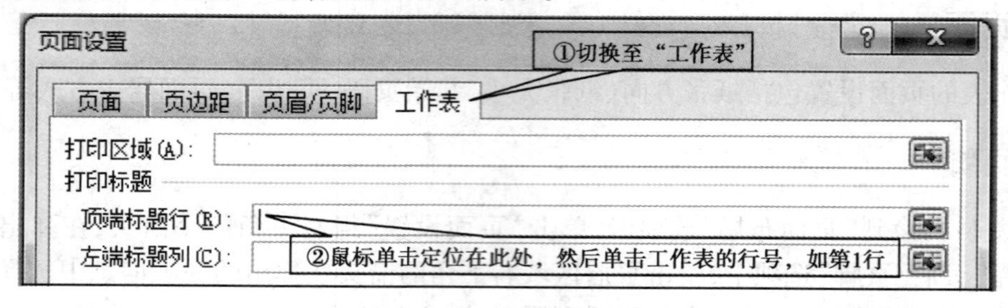

图 6-1-14

项目检测

任务一　制作学生档案表

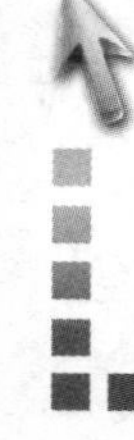

学习目标

①熟悉在 Excel 环境中录入各种常用类型的数据;

②掌握有规律、有序列的数据录入；

③掌握对工作表的简单排版，包括字体格式、行高列宽调整、边框/填充的设置等；

④熟悉工作表的操作，包括工作表标签的插入、移动、重命名等。

任务实施及要求

①新建空白电子表格 Excel 文档，命名为“档案表.xlsx”，保存到自己的文件夹中。

②将“Sheet1”工作表的标签名改为“数据录入”，工作表标签的颜色为红色。

③在工作表“数据录入”中参考图 6-1-15，输入数据。

操作提示：A 列数据类型设置为“文本”，或先输入单引号“ ' ”，再输入数据；I2:I15 单元格区域数据类型设置为百分比。强行换行：Alt+Enter；区域填充：Ctrl+Enter。

	A	B	C	D	E	F	G	H	I	J	K	L
1	0901	1	1	1	星期一	一月	2014-1-1	2014-1-1	百分比	-9	广东省电子职业技术学校	
2	0902	2	1	3	星期二	二月	2014-1-2	2014-2-1	12%	-8	当前日期	2013-12-10
3	0903	3	1	5	星期三	三月	2014-1-3	2014-3-1	112%	-7	当前时间	12:20 PM
4	0904	4	1	7	星期四	四月	2014-1-4	2014-4-1	212%	-6	11	11
5	0905	5	1	9	星期五	五月	2014-1-5	2014-5-1	312%	-5	11	11
6	0906	6	1	11	星期六	六月	2014-1-6	2014-6-1	412%	-4	11	11
7	0907	7	1	13	星期日	七月	2014-1-7	2014-7-1	512%	-3	11	11
8	0908	8	1	15	星期一	八月	2014-1-8	2014-8-1	612%	-2	11	11
9	0909	9	1	17	星期二	九月	2014-1-9	2014-9-1	712%	-1	11	11
10	0910	10	1	19	星期三	十月	2014-1-10	2014-10-1	812%	0	11	11
11	0911	11	1	21	星期四	十一月	2014-1-11	2014-11-1	912%	1	11	11
12	0912	12	1	23	星期五	十二月	2014-1-12	2014-12-1	1012%	2	11	11
13	0913	13	1	25	星期六	一月	2014-1-13	2015-1-1	1112%	3	11	11
14	0914	14	1	27	星期日	二月	2014-1-14	2015-2-1	1212%	4	11	11
15	0915	15	1	29	星期一	三月	2014-1-15	2015-3-1	1312%	5	11	11

图 6-1-15

④将“Sheet2”工作表的标签名改为“学生档案表”，工作表标签的颜色为蓝色。

⑤在工作表“学生档案表”中参考图 6-1-16 输入数据。

⑥要求：标题所在单元格合并居中，给表格添加如图 6-1-16 所示的边框和底纹。

0943学生档案表							
班级学号	姓名	身份证号码	性别	民族	籍贯	出生年月	联系电话
094301	[illegible]	41110198501020000	女	汉	湛江	1990-2-12	131********
094302	[illegible]	41110198501020000	男	汉	汕尾	1990-2-13	132********
094303	[illegible]	41110198501020000	男	汉	汕尾	1990-2-14	133********
094304	[illegible]	41110198501020000	男	汉	汕尾	1990-2-15	134********
094305	[illegible]	41110198501020000	男	汉	汕尾	1991-2-1	135********
094306	[illegible]	41110198501020000	女	汉	海丰	1991-3-1	136********
094307	[illegible]	41110198501020000	男	汉	湛江	1991-4-1	137********
094308	[illegible]	41110198501020000	女	汉	湛江	1991-5-1	138********
094309	[illegible]	41110198501020000	女	汉	湛江	1991-6-1	139********
094310	[illegible]	41110198501020000	男	汉	河源	1991-7-1	140********
094311	[illegible]	41110198501020000	男	汉	梅州	1991-8-1	141********
094312	[illegible]	41110198501020000	女	汉	梅州	1991-9-1	142********
094313	[illegible]	41110198501020000	女	汉	梅州	1991-10-1	143********
094314	[illegible]	41110198501020000	女	汉	梅州	1991-11-1	144********
094315	[illegible]	41110198501020000	男	汉	梅州	1990-10-2	145********
094316	[illegible]	41110198501020000	男	汉	梅州	1991-10-2	146********
094317	[illegible]	41110198501020000	女	汉	兴宁	1992-10-2	147********
094318	[illegible]	41110198501020000	男	汉	兴宁	1993-10-2	148********

图 6-1-16

任务二　制作考勤记录表

学习目标

学会使用单元格格式化工具编排工作表。

任务实施及要求

①新建空白电子表格 Excel 文档,命名为“考勤记录表.xlsx”,保存到以自己学号命名的文件夹中。

②在工作表 Sheet1 中参考图 6-1-17,录入相应的数据。

第1周考勤记录表

考勤班级：0644班

员工编号	姓名	全勤	事假	病假	旷课	迟到	早退	纪律	备　注
064401	[illegible]	✓							
064402	[illegible]		1						
064403	[illegible]			2					
064404	[illegible]				2				
064405	[illegible]						1		
064406	[illegible]			2					
064407	[illegible]		1						
064408	[illegible]		1						
064409	[illegible]	✓							
064410	[illegible]	✓							

注：1.记录日期为周一至周五；2.全勤可用符号“✓”记录；3.周五交到学习部。

部门负责人：汪美婷　　　　考勤员：肖肖

图 6-1-17

③参考图 6-1-17 对表格进行排版。

- 标题:合并单元格区域 A1:J1,居中对齐。
- 小标题:合并单元格区域 A2:J2,左对齐。
- 正文:外框线为粗线,内框线为虚线。

任务三　制作个人工资单

学习目标

学会使用单元格格式化工具编排工作表。

任务实施及要求

①新建空白电子表格 Excel 文档,命名为“个人工资单.xlsx”,保存到以自己学号命名的

文件夹中。

②在工作表 Sheet1 中参考图 6-1-18,录入相应的数据。

③给相应的单元格填充底纹,设置合适的边框线。

个人工资单

序号		员工姓名		结算日期	
基本工资		干部津贴		基层补贴	
加班补贴		预发绩效		补发绩效	
养老保险		失业保险		医疗保险	
个人所得税		公积金		其他扣款	
应发合计		扣款合计		实发合计	

图 6-1-18

任务四　排版实习单位汇总表

学习目标

①能够灵活地根据需求对工作表进行排版;

②熟悉冻结窗格、打印标题行等功能的应用。

任务实施及要求

打开素材"实习单位汇总表.xlsx"工作簿,保存在以自己学号命名的文件夹中。

(1)对工作表进行页面设置

- 纸张大小:A4,方向:横向。
- 页边距:上、下页边距:2 cm,左、右页边距:1.5 cm。

(2)工作表格式设置

- 在第一行前面插入一行,标题:实习单位汇总表。
- 调整列宽,保证所有列在一个页面里。
- 调整行高,让页面超出 2 页,表头行、标题行比其他行高要高。
- 给正文添加边框线。

(3)设置页眉页脚

- 页眉右侧插入:制表人××××(××××为自己的学号)。
- 页脚居中位置插入页码,页码的格式为"第 X 页,共 Y 页"。

(4)其他

- 将第 2 行设置为打印标题行。

操作提示:

①选择"页面布局"选项卡"页面设置"组中的"打印标题"命令,打开"页面设置"对话框。

②将光标定位顶端标题行处,然后再选择工作表中的行号 2,结果如图 6-1-19 所示。

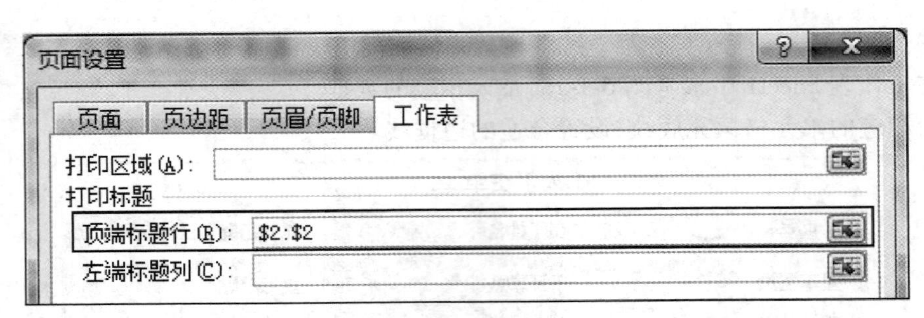

图 6-1-19

• 设置冻结窗格，无论怎样滚动页面都能显示 A、B、C 列和 1、2 行。

操作提示：

①将光标定位在 D3 单元格，作为冻结点。

②执行“视图”→“冻结窗格”→“冻结拆分窗格”命令。

• 参考如图 6-1-20 所示样文效果，适当地调整工作表的整体格式。

制表人：XXXX

实习单位汇总表

序号	班级学号	姓名	专业	实习就业单位	学生联系电话	企业联系人	企业联系电话	岗位	待遇
1	105102	[illegible]	计算机外设维修与营销	沙井德普电子城惠普电脑专卖店	[illegible]			电脑销售	2500
2	105103	[illegible]	计算机外设维修与营销	广州市骏煌贸易有限公司	[illegible]	[illegible]	[illegible]	业务员	2000
3	105104	[illegible]	计算机外设维修与营销	广州市艺苑装饰工程有限公司	[illegible]	[illegible]	[illegible]	水电安装	1500
4	105106	[illegible]	计算机外设维修与营销	揭阳市供销贸易总公司	[illegible]	[illegible]	[illegible]	电脑操作员	1500
5	105107	[illegible]	计算机外设维修与营销	广东省电子工程有限公司	[illegible]	[illegible]	[illegible]	技术文员	2200
6	105114	[illegible]	计算机外设维修与营销	三星中国华南销售总部	[illegible]	[illegible]	[illegible]	销售	1300
7	105116	[illegible]	计算机外设维修与营销	参军					
8	105119	[illegible]	计算机外设维修与营销	三星（卓越）体验店	[illegible]	[illegible]	[illegible]	销售精英	2500
9	105120	[illegible]	计算机外设维修与营销	广东一九在线信息科技有限公司	[illegible]			销售	2000
10	105121	[illegible]	计算机外设维修与营销	深圳市富益特电子科技有限公司	[illegible]	[illegible]	[illegible]	品质QC	2000
11	105122	[illegible]	计算机外设维修与营销	广州伟吉贸易有限公司	[illegible]	[illegible]	[illegible]	技术员	1800
12	105123	[illegible]	计算机外设与营销	广州伟吉贸易有限公司	[illegible]	[illegible]	[illegible]	维修员	1800
13	105124	[illegible]	计算机外设维修与营销	深圳市富益特电子科技有限公司	[illegible]	[illegible]	[illegible]	网络管理员	1800
14	105125	[illegible]	计算机外设	广州伙伴连锁联想专卖店（岗贝路联想专卖店）	[illegible]	[illegible]	[illegible]	技术工程师	1700
15	105126	[illegible]	计算机外设维修与营销	广东乐语世纪科技集团有限公司	[illegible]	[illegible]	[illegible]	销售顾问	2000
16	105127	[illegible]	计算机外设维修与营销	龙岗大鹏湾电脑科技	[illegible]	[illegible]	[illegible]	电脑维护员	1000
17	105128	[illegible]	计算机外设维修与营销	新宇玩具厂	[illegible]	[illegible]	[illegible]	技术员	1800
18	105130	[illegible]	计算机外设维修与营销	不领毕业证，不配合	[illegible]				
19	105131	[illegible]	计算机外设维修与营销	广州鑫瑞电子有限公司	[illegible]	[illegible]	[illegible]	测试员	2500

第 1 页，共 2 页

图 6-1-20

任务五　制作"三二分段安排表"

学习目标

①能够根据已有的数据进行录入,并能对表格数据进行格式化;
②能够灵活地根据需求对工作表进行排版;
③熟悉冻结窗格、打印标题行等功能的应用。

任务实施及要求

新建工作簿,以自己学号命名,在工作表 Sheet1 中录入数据,工作表的标签名改为"三二分段招生试点专业安排表",效果如图 6-1-21 所示。

	A	B	C	D	E	F
1	三二分段招生试点专业安排表					
2	序号	高职院校	高职专业代码	招生计划	对口中职学校	中职专业及代码
3	001	广东交通职业技术学院	610101	25	广东省电子职业技术学校	电子技术应用
4	002	广东交通职业技术学院	600301	50	广东交通职业技术学校	船舶驾驶
5	003	广东交通职业技术学院	600310	50	广东交通职业技术学校	轮机管理
6	004	广东交通职业技术学院	630302	25	广东省海洋工程职业技术学校	会计
7	005	广东交通职业技术学院	610205	30	广东省海洋工程职业技术学校	软件与信息服务
8	006	广东科学技术学院	560103	50	广州市政职业学校	数控技术应用
9	007	广东科学技术学院	690101	50	江门中医药学校	护理
10	008	广东科学技术学院	670202	20	汕头市林百欣科学技术中等专业学习	商务英语
11	009	广东科学技术学院	630301	40	深圳市宝安职业技术学校	会计
12	010	广东科学技术学院	610202	50	深圳市宝安职业技术学校	计算机网络技术
13	011	广东科学技术学院	610205	50	深圳市宝安职业技术学校	软件与信息服务
14	012	广东科学技术学院	630302	30	深圳市第二职业技术学校	会计

图 6-1-21

操作提示:

①标题文字(也就是表头)格式:字体为微软雅黑、16 号、加粗,第二行(也就是标题行)格式:字体为宋体、12 号、加粗,正文部分格式:字体为宋体、10 号。

②所有行行高为 25 磅,列宽为自动列宽。

③对工作表进行页面设置,要求如下:

- 纸张大小:A4、方向:横向。
- 页边距:上:2.5 cm、下:2 cm、左:2 cm、右:2.5 cm、居中方式:水平。
- 将第 1、2 行设置为"顶端标题行"。

④其他格式参考样图设置。

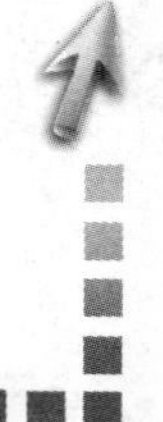

任务六　制作工作人员岗位信息表

续上题，在 Sheet2 中录入的数据，工作表的标签名改为“事业单位公开招聘工作人员岗位信息表”，合理调整页面的大小、字体的大小以及合并单元格，保证表格中的内容在一张 A4 纸的页面内，最终效果如图 6-1-22 所示。

事业单位公开招聘工作人员岗位信息表												
序号	招聘单位	单位简介	单位代码	级别	招聘岗位	岗位代码	招聘人数	招聘岗位条件				
								学历	年龄	所需专业	户口限制	其他条件
1	个旧市疾病预防控制中心	负责实施政府对疾病控制以及卫生监督执法技术支持，是全市疾病控制的业务指导中心。	GJA1	市属	专业技术人员	01	2	本科及以上	25岁以下	预防医学	不限	全日制普通高校毕业，持有《就业报到证》或《就业登记证》的未就业的毕业生。
2	个旧市传染病医院	是红河州传染病、精神病救治的主要专业机构，设有传染科、精神科、内儿科、精神疾病社区防治科、爱心家园等临床科室。	GJA2	市属	专业技术人员	02	2	本科及以上	30岁以下	临床医学	不限	全日制普通高校毕业，持有《就业报到证》或《就业登记证》的未就业的毕业生。
				市属	专业技术人员	03	1	本科及以上	30岁以下	中西医结合	不限	全日制普通高校毕业，持有《就业报到证》或《就业登记证》的未就业的毕业生。
				市属	专业技术人员	04	1	本科及以上	30岁以下	医学检验	不限	全日制普通高校毕业，持有《就业报到证》或《就业登记证》的未就业的毕业生。

图 6-1-22

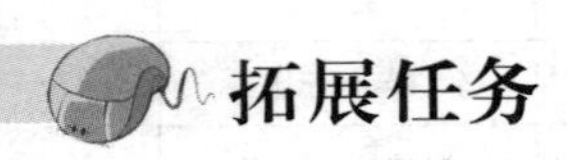

拓展任务

拓展一　制作记账凭证

新建空白文档，参考图 6-1-23，制作记账凭证。

记账凭证

填表日期:　　　　　　　　　　　　　　　　　　　　　　　　　　＿＿记＿＿字＿＿号

摘要	科目代码	科目名称	借方金额									贷方金额									记账
			百	十	万	千	百	十	元	角	分	百	十	万	千	百	十	元	角	分	

附件　　张

会计主管　　　　　　记账　　　　　　　　审核　　　　　　　　制单

图 6-1-23

拓展二　整理工作表

打开“Excel2-D.xls”,按要求完成如下操作,并保存在自己的文件夹中。

①在表格的前面插入一行,在新插入的行中第一单元格中录入:某班学生成绩表。

②在表格中的适当位置插入一行,并录入以下的信息:

05	赵前	66	89

③在表格中 D 列的前面插入一列,并录入以下的信息:数学、74、66、78、56、89、96、54、45、58、78。

④将表格中 10 个同学的所有记录复制到 A13 单元格,学号的序号重新编号(从 11~20)。

⑤将表格中第一行的行高设为 25,第一列的列宽设为 5,其他列的列宽用鼠标拖动的方法调整适当。

⑥将 A1:F1 表格区域设置为水平对齐跨列居中,垂直对齐居中,字体设置为楷体、18 号、加粗、红色,加上淡紫色的底纹。

⑦将 A2:F2 中的所有单元格字体设置为黑体、14 号,加绿色的外边框(线型为最后一种),加蓝色的内边框(线型为第六种)。

⑧将数据区域的所有数字设置为数值类型,保留 1 位小数位数。

⑨数据区域设置为居中对齐。

⑩给 07 号同学“陈佳”插入批注,批注的内容为“该生为优秀生”。

⑪将该生的批注复制给 08、09、10 3 个同学。

⑫删除 07 号同学的批注。

⑬在工作表“冻结标题”中完成下面的操作:同时固定第一行和第一列。

项目小结

本项目实现了让用户能够根据需要录入数据,熟悉不同类型数据的录入方法及相应设置;能对表格数据、页面进行格式化;能够灵活应用相应的知识排版。

项目二　公式和函数的使用

项目目标

- 了解 Excel 公式和函数的基础概念。
- 掌握使用 Excel 公式进行简单数据计算。
- 掌握使用 Excel 函数进行数据计算。
- 了解 Excel 函数嵌套使用方法。
- 利用公式和函数处理实际工作问题。

项目任务

任务一　“学生成绩表”的数据计算
任务二　“工资表”的数据计算
任务三　“成绩统计表”数据计算
任务四　“销售统计表”的数据计算
任务五　“学生信息表”的分析

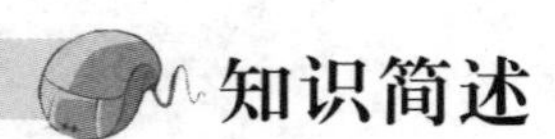

知识简述

一、Excel 公式和函数的基础概念

公式是以“=”号为引导，运用运算符按照一定顺序组合进行数据运算，函数则是按特定算法执行计算产生一个或一组结果的预定义的特殊公式。

公式中的运算符见表 6-2-1。

表 6-2-1

运算符	符　号	运算符	符　号	运算符	符　号
加	+	大于	>	不等于	< >
减	-	小于	<	文本连接符	&
乘	*	大于等于	>=	括号	( )
除	/	小于等于	<=		

二、Excel 单元格引用

Excel 中引用单元格式的方式包括“相对引用”“绝对引用”两种。

1.相对引用

这种对单元格的引用是完全相对的，当引用单元格的公式被复制时，新公式引用的单元格的位置将会发生改变。引用格式形如“A1”。

2.绝对引用

这种对单元格引用的方式是完全绝对的，即一旦成为绝对引用，无论公式如何被复制，绝对引用单元格的引用位置是不会改变的。引用格式形如“A1”。

（1）绝对行引用

这种对单元格的引用位置不是完全绝对的，当引用该单元格的公式被复制时，新公式对列的引用将会发生变化，而对行的引用则固定不变。引用格式形如“A$1”。

（2）绝对列引用

这种对单元格的引用位置不是完全绝对的，当引用该单元格的公式被复制时，新公式对行的引用将会发生变化，而对列的引用则固定不变。引用格式形如“$A1”。

三、Excel 公式的使用

1.“=”开头输入公式时，必须以等号“=”开头

2.“=”开头公式使用的实例

在公式中直接输入数字进行各种计算，如“=(80＊0.5+70＊0.4)+20”。

在公式中引用单元格的方式输入公式，如“=(A2+B2-C2)＊F1”。

在公式中引用不同工作表数据进行计算，如“=Sheet1！B2+Sheet2！B2+Sheet3！B2”。

3.公式的编辑

方法 1：双击公式所在的单元格，可进入单元格编辑状态。

方法 2：当选中公式所在的单元格时，在编辑栏上编辑公式，如图 6-2-1 所示。

4.公式使用技巧

如果公式有语法错误时，可将等号删除，将公式转换为文本格式的内容，将公式修改正确后，再在前面加上等号，将单元格内容转换为公式。

5.公式的复制与填充

- 若需要将公式复制在相邻的单元格，可使用填充复制功能。具体操作方法如下：

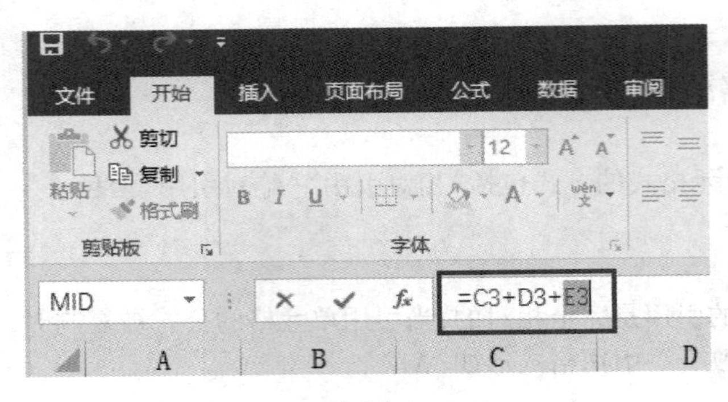

图 6-2-1

方法 1:拖曳填充柄。选中公式所在单元格,拖曳填充柄到要复制公式的单元格区域。

方法 2:双击填充柄。公式将向下填充相邻的单元格区域。

- 若需要将公式复制在不连续的单元格,可采用复制粘贴功能。

四、Excel 函数的使用

1.函数的语法

函数名(参数 1,参数 2,…,参数 n)。

2.函数的输入方法

方法 1:使用键盘直接输入,特别提醒,函数中用到的“"”、( )”等符号是英文符号,如“=COUNTIF(D3:D52,">60")”。

方法 2:使用“公式”选项卡的“函数库”选项组,找到相应的函数,在弹出的函数参数对话框中,输入参数,完成计算操作,如图 6-2-2 所示。

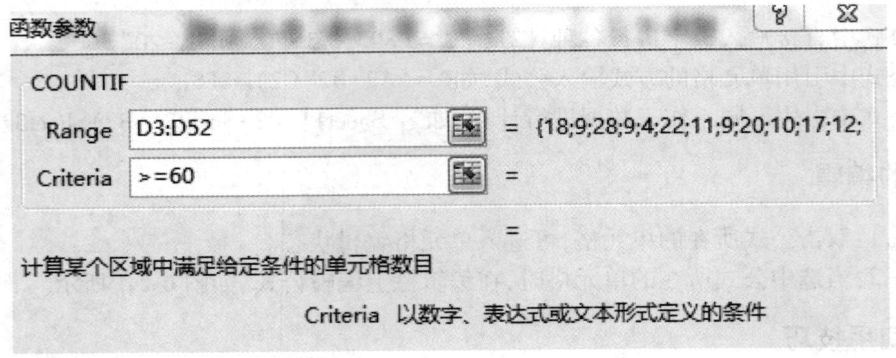

图 6-2-2

3.函数的嵌套

嵌套函数是在一个函数中调用另一个函数。如图 6-2-3 所示,IF 函数中的逻辑表达式参数调用了 AND 的函数,如“=IF(AND(C3>=90,D3>=90),"三好学生","普通")”。

函数参数

IF

Logical_test　AND(C3>=90,D3>=90)　=　FALSE

Value_if_true　"三好学生"　=　"三好学生"

Value_if_false　"普通"　=　"普通"

=　"普通"

判断是否满足某个条件，如果满足返回一个值，如果不满足则返回另一个值。

Logical_test　是任何可能被计算为 TRUE 或 FALSE 的数值或表达式。

图 6-2-3

五、常用函数的功能

1.求和函数 SUM

主要功能:计算所有参数数值的和。

使用格式:SUM(number1,number2,…)

参数说明:number1,number2,…,代表需要计算的值,可以是具体的数值、引用的单元格(区域)、逻辑值等。

特别提醒:如果参数为数组或引用,只有其中的数字将被计算。数组或引用中的空白单元格、逻辑值、文本或错误值将被忽略。

2.求平均值函数 AVERAGE

主要功能:求出所有参数的算术平均值。

使用格式:AVERAGE(number1,number2,…)

参数说明:number1,number2,…,代表需要求平均值的数值或引用单元格(区域),参数不超过 30 个。

3.求最大值函数 MAX

主要功能:求出一组数中的最大值。

使用格式:MAX(number1,number2,…)

参数说明:number1,number2,…,代表需要求最大值的数值或引用单元格(区域),参数不超过 30 个。

4.求最小值函数 MIN

主要功能:求出一组数中的最小值。

使用格式:MIN(number1,number2,…)

参数说明:number1,number2,…,代表需要求最小值的数值或引用单元格(区域),参数不超过30个。

5.求数值个数 COUNT

主要功能:统计某个单元格区域中符合指定条件的单元格数目。

使用格式:COUNTIF(Range,Criteria)

参数说明:Range代表要统计的单元格区域,Criteria表示指定的条件表达式。

6.求字符个数 COUNTA

主要功能:计算单元格区域或数组中包含数据的单元格个数。

使用格式: COUNTA(Value1, Value2)

参数说明:Value1,Value2,…,为所要计算的值,参数个数为1~30。

7.统计满足某个条件的个数函数 COUNTIF

主要功能:统计某个单元格区域中符合指定条件的单元格数目。

使用格式:COUNTIF(Range,Criteria)

参数说明:Range代表要统计的单元格区域,Criteria表示指定的条件表达式。

8.排位函数 RANK

主要功能:返回某一数值在一列数值中的相对于其他数值的排位。

使用格式:RANK(Number,ref,order)

参数说明:Number代表需要排序的数值,ref代表排序数值所处的单元格区域,order代表排序方式参数(如果为"0"或者忽略,则按降序排名,即数值越大,排名结果数值越小;如果为非"0"值,则按升序排名,即数值越大,排名结果数值越大)。

特别提醒

- 相对引用:当使用填充时,被调用单元格中的内容会随着地址的改变而改变。
- 绝对引用:当使用填充时,被调用单元格中的内容保持不变。
- "ref"参数的数值所处的单元格区域地址必须用绝对引用(按F4键,在相对引用和绝对引用之间切换)。

9.条件函数 IF

主要功能:根据对指定条件的逻辑判断的真假结果,返回相对应的内容。

使用格式:IF(Logical,Value_if_true,Value_if_false)

参数说明:Logical代表逻辑判断表达式,Value_if_true表示当判断条件为逻辑"真(TRUE)"时的显示内容,如果忽略返回"TRUE",Value_if_false表示当判断条件为逻辑"假(FALSE)"时的显示内容,如果忽略返回"FALSE"。

10.取文本左边 n 个字符 LEFT

主要功能:从一个文本字符串的第一个字符开始,截取指定数目的字符。

使用格式:LEFT(text,num_chars)

参数说明:text 代表要截字符的字符串,num_chars 代表给定的截取数目。

11.取文本右边 n 个字符 RIGHT

主要功能:从一个文本字符串的最后一个字符开始,截取指定数目的字符。

使用格式:RIGHT(text,num_chars)

参数说明:text 代表要截字符的字符串;num_chars 代表给定的截取数目。

12.从文本中第 n 个字符开始连续取 m 个字符 MID

主要功能:从一个文本字符串的指定位置开始,截取指定数目的字符。

使用格式:MID(text,start_num,num_chars)

参数说明:text 代表一个文本字符串,start_num 表示指定的起始位置,num_chars 表示要截取的数目。

13.查找与引用 VLOOKUP 函数

主要功能:在数据表的首列查找指定的数值,并由此返回数据表当前行中指定列所在的数值。

使用格式:VLOOKUP(lookup_value,table_array,col_index_num,range_lookup)

参数说明:Lookup_value 代表需要查找的数值,Table_array 代表需要在其中查找数据的单元格区域,Col_index_num 为在 table_array 区域中待返回的匹配值的列序号,Range_lookup 为一逻辑值,如果为 TRUE 或省略,则返回近似匹配值;如果为 FALSE,则返回精确匹配值,如果找不到,则返回错误值#N/A。

特别提醒:

- 要查找的值必须在查找数据单元格区域中的首列。
- Table_array 参数的单元格区域地址必须用绝对地址。

14.查找与引用 HLOOKUP 函数

主要功能:在表格的首行查找指定的数据,并返回指定的数据所在列中的指行所在行处的数据。

使用格式:HLOOKUP(lookup_value,table_array,row_index_num,range_lookup)

参数说明:

Lookup_value 为需要在数据表第一行中进行查找的数值,Table_array 代表需要在其中查找数据的单元格区域,Row_index_num 为 table_array 中待返回的匹配值的行序号,Range_lookup 为一逻辑值,如果为 TRUE 或省略,则返回近似匹配值;如果为 FALSE,则返回精确匹配值,如果找不到,则返回错误值#N/A。

六、Excel 常见的几种错误

Excel 常见错误如表 6-2-2 所示。

表 6-2-2

错误值	出错原因
####	表示单元格的列不够宽,列的宽不足以显示内容
#DIV/0!	当数值对函数或公式不可用。如除数为零(0),“3/0”
#REF!	单元格引用无效。删除了公式所引起的单元格
#N/A	函数中缺少一个或多个参数

七、Excel 条件格式

1.条件格式功能

用户可以预置一组单元格的格式规则,当单元格符合某个条件时,单元格将自动应用指定的格式。可预置单元格的格式包括底纹、字体颜色、数据条、色阶等。

2.使用方法

(1)设置一个单元格的格式规则

如设置数值介于 70~80 的单元格的字体为红色,操作方法如下:

选中所需要应用条件格式的单元格区域,执行“开始”选项卡→“样式”选项组的“条件格式”命令→弹出下拉菜单如图 6-2-4 所示→选择“突出显示单元格规则”→介于(B)→在弹出的对话框中进行如图 6-2-5 所示的条件参数设置。

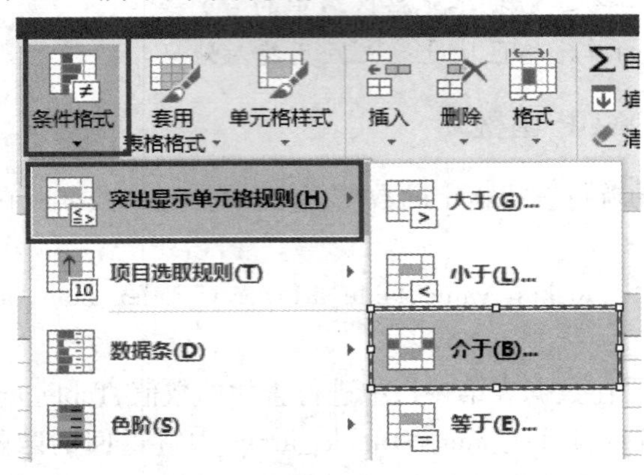

图 6-2-4

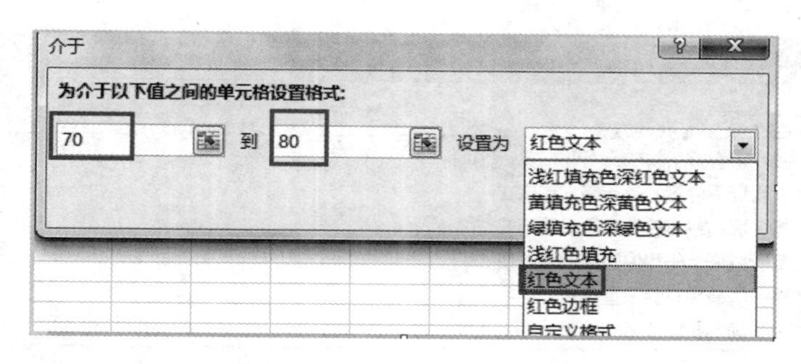

图 6-2-5

（2）设置两个或两个以上单元格的格式规则

如设置数值少于 60 的单元格底纹为黄色，60～80 单元格底纹为浅红色的操作方法如下：

①选中所需要应用条件格式的单元格区域，执行“条件格式”命令→弹出下拉菜单→选择“突出显示单元格规则”→小于（L）→在弹出的对话框中进行如图 6-2-6 所示的参数设置。当单击“填充为”下拉列表按钮，选择自定义格式命令时，在弹出的“设置单元格格式”对话框中，设置单元格的底纹填充为黄色。

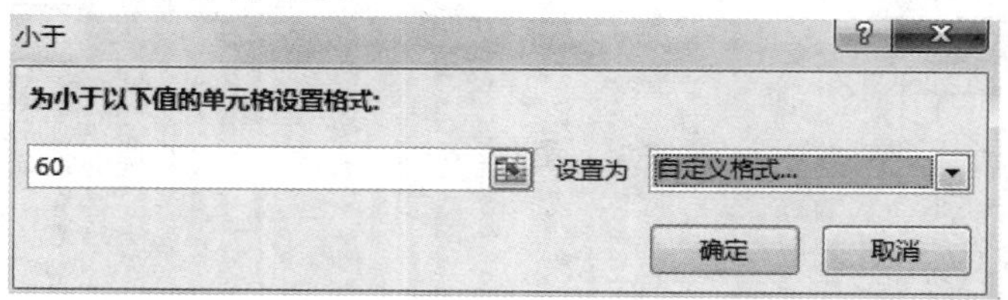

图 6-2-6

②再执行“条件格式”命令，选择“突出显示单元格规则”→介于（B）命令，在弹出的对话框中进行如图 6-2-7 所示的条件参数设置。

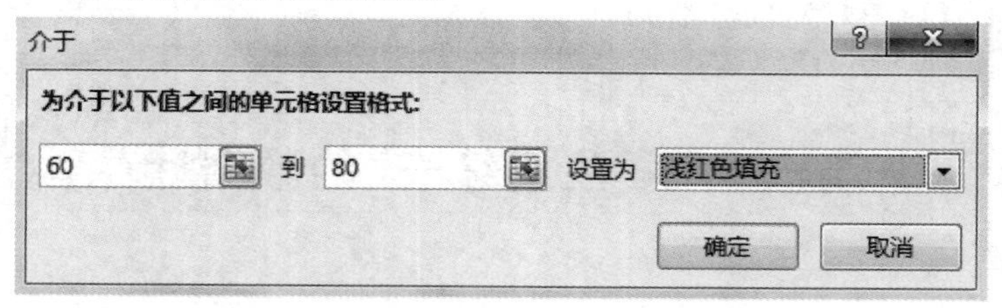

图 6-2-7

3.图形化条件格式设置

Excel 条件格式，除了使用颜色对单元格进行格式设置外，还可使用三角形、圆形、旗子等图形对满足条件的单元格进行标志。

如要在数值大于 90 的单元格用“三角形”作标志的操作方法：

执行“条件格式”命令→弹出下拉菜单→新建规则→弹出“新建格式规则”对话框→如图 6-2-8 所示进行参数设置。

图 6-2-8

4.清除条件格式

选中应用了条件格式的单元格区域,执行“条件格式”命令→弹出下拉菜单→清除规则→清除选中的单元格规则。

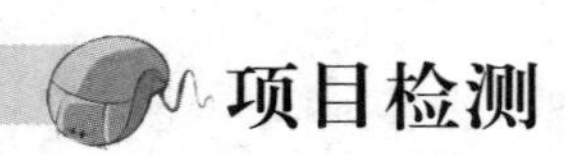

项目检测

任务一 “学生成绩表”的数据计算

学习目标

掌握的 Excel 公式的使用。

任务实施及要求

打开工作簿“学生成绩表.xlsx”,完成下列操作,完成后以原工作簿名保存。

①在工作表 Sheet1 中,使用公式计算出各位学生的“决赛成绩”(第 1—3 题得分之和)。

②在工作表 Sheet2 中,进行下列操作:

a.使用公式求出各位学生的“决赛成绩”(引用 Sheet1 工作表的决赛成绩)。

操作步骤提示:在 E3 单元格录入公式 “=Sheet1! F3”。

b.使用公式求出各位学生的“总评成绩”(提交作品成绩占 30%、初试成绩占 20%、决赛

成绩 50%)。

③在"期中"工作表中,分别用公式计算出各位学生的"总分""平均分"。

④在"期末"工作表中,分别用公式计算出各位学生的"总分""平均分"。

⑤在"总评"工作表中,用公式求出各位同学各科(语文、数学、英语)的总评成绩(期中占 30%、期末占 60%、平时占 10%)。

操作步骤提示:

● 在"总评"工作表,在 C2 单元格录入"="。

● 单击"期中"表标签,切换到"期中"工作表界面,选中 C2 单元格(172101 号同学的"期中"语文成绩),在编辑栏出现如图 6-2-9 所示公式。

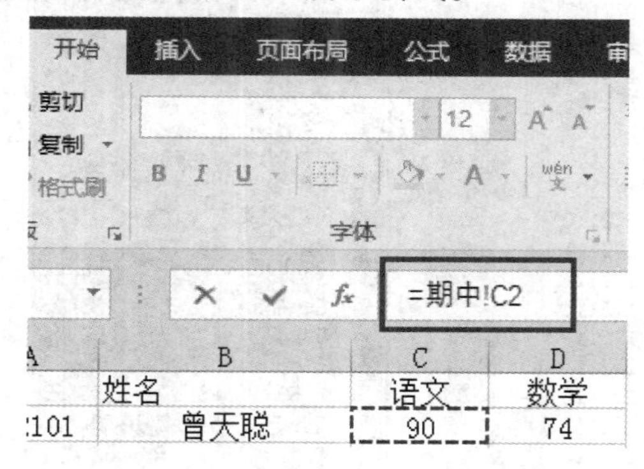

图 6-2-9

● 将光标定位编辑栏,手动修改公式为"=期中! C2 * 30%+"。

● 单击"期末"表标签,切换到"期末"工作表中界面,选中 C2 单元格,在编辑栏中将修改公式为"=期中! C2 * 30%+期末! C2 * 60%"。

● 单击"期末"表标签,切换到"平时"工作表中界面,选中 C2 单元格,在编辑栏中将修改公式为"=期中! C2 * 30%+期末! C2 * 60%+平时! C2 * 10%",如图 6-2-10 所示。

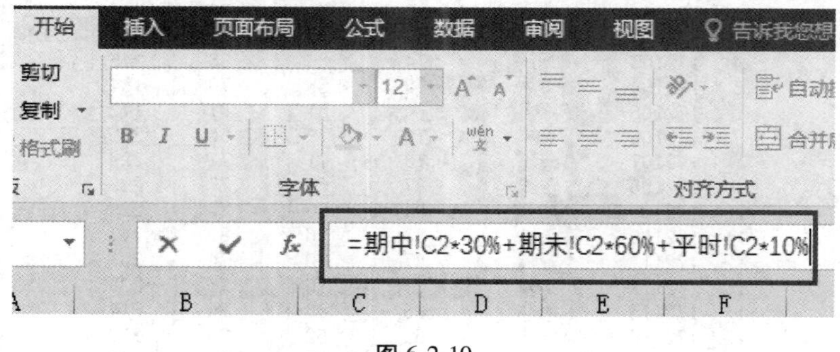

图 6-2-10

● 按回车键,切换回到"总评"工作表界面,如图 6-2-11 所示。使用填充柄将 C2 单元格公式向右填充到 E2 单元格,在选中 C2:E2 单元格区域状态下,将鼠标移到 E2 单元格右下角,出现填充柄,双击鼠标,复制公式,计算出各位同学的语文、数学、英语成绩,如图 6-2-12 所示。

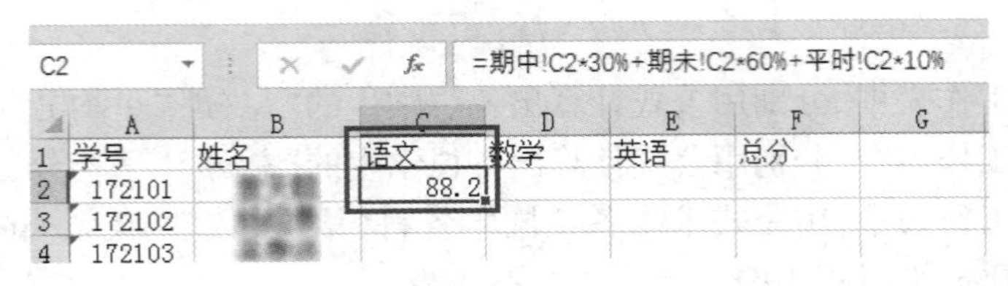
C2 =期中!C2*30%+期末!C2*60%+平时!C2*10%

	A	B	C	D	E	F	G
1	学号	姓名	语文	数学	英语	总分	
2	172101	[illegible]	88.2				
3	172102	[illegible]					
4	172103	[illegible]					

图 6-2-11

	A	B	C	D	E	F
1	学号	姓名	语文	数学	英语	总分
2	172101	[illegible]	88.2	78.6	78.88	
3	172102	[illegible]	64	62.75	80.72	
4	172103	[illegible]	74.4	86.37	84.6	
5	172104	[illegible]	59	54.7	69.89	
6	172105	[illegible]	0	60.64	81.2	
7	172106	[illegible]	78	71.52	85.7	
8	172107	[illegible]	78.3	71.02	76.945	
9	172108	[illegible]	87.2	64.75	76.635	
10	172109	[illegible]	83.9	66.01	75.58	
11	172110	[illegible]	87.5	76	83.22	
12	172111	[illegible]	86.5	70.45	73.74	
13	172112	[illegible]	86.7	75.7	75.31	
14	172113	[illegible]	64.6	65.65	83.63	
15	172114	[illegible]	63.3	62.23	87.9	
16	172115	[illegible]	71.6	89.8	81.2	
17	172116	[illegible]	69	68.14	65.99	
18	172117	[illegible]	80.7	51.22	70.345	
19	172118	[illegible]	81.2	55.15	82.515	

图 6-2-12

⑥在“总评”工作表中，用公式求出各位同学总分成绩，数据区的数值不保留小数点。

⑦在“总评”工作表中，使用“条件格式”命令，将“语文、数学、英语”成绩中少于 60 单元格设置为浅红色底纹，深红色字体，成绩大于 90 单元格则为蓝色底纹，结果如图 6-2-13 所示。

	A	B	C	D	E	F
1	学号	姓名	语文	数学	英语	总分
2	172101	[illegible]	88	79	79	246
3	172102	[illegible]	64	63	81	207
4	172103	[illegible]	74	86	85	245
5	172104	[illegible]	59	55	70	184
6	172105	[illegible]	0	61	81	142
7	172106	[illegible]	78	72	86	235
8	172107	[illegible]	78	71	77	226
9	172108	[illegible]	87	65	77	229
10	172109	[illegible]	84	66	76	225
11	172110	[illegible]	88	76	83	247
12	172111	[illegible]	87	70	74	231
13	172112	[illegible]	87	76	75	238
14	172113	[illegible]	65	66	84	214
15	172114	[illegible]	63	62	88	213
16	172115	[illegible]	72	90	81	243
17	172116	[illegible]	69	68	66	203
18	172117	[illegible]	81	51	70	202
19	172118	[illegible]	81	55	83	219
20	172119	[illegible]	84	73	87	244
21	172120	[illegible]	88	76	83	247
22	172121	[illegible]	75	91	88	254
23	172122	[illegible]	91	80	87	258
24						

图 6-2-13

操作步骤提示：

• 选中 C2:E23 单元格区域，执行“条件格式”命令→弹出下拉菜单→选择“突出显示单元格规则”→小于(L)→在弹出的对话框中进行如图 6-2-14 所示的参数的设置。

图 6-2-14

• 再执行一次“条件格式”命令，在弹出下拉菜单→选择“突出显示单元格规则”→大于(G)→在弹出对话框→单击“填充为”下拉列表按钮→选择“自定义格式”命令→在弹出的“设置单元格格式”对话框中，设置单元格的底纹填充为蓝色，参数设置如图 6-2-15 所示。

图 6-2-15

⑧(选做题)在“总评”工作表中，使用“条件格式”命令，将“总分”一列的成绩在 230~250 的单元格添加“黄旗”作标志，结果如图 6-2-16 所示。

	A	B	C	D	E	F
1	学号	姓名	语文	数学	英语	总分
2	172101	[illegible]	88	79	79	246
3	172102	[illegible]	64	63	81	207
4	172103	[illegible]	74	86	85	245
5	172104	[illegible]	59	55	70	184
6	172105	[illegible]	0	61	81	142
7	172106	[illegible]	78	72	86	235
8	172107	[illegible]	78	71	77	226
9	172108	[illegible]	87	65	77	229
10	172109	[illegible]	84	66	76	225
11	172110	[illegible]	88	76	83	247
12	172111	[illegible]	87	70	74	231
13	172112	[illegible]	87	76	75	238
14	172113	[illegible]	65	66	84	214
15	172114	[illegible]	63	62	88	213
16	172115	[illegible]	72	90	81	243
17	172116	[illegible]	69	68	66	203
18	172117	[illegible]	81	51	70	202
19	172118	[illegible]	81	55	83	219
20	172119	[illegible]	84	73	87	244
21	172120	[illegible]	88	76	83	247
22	172121	[illegible]	75	91	88	254
23	172122	[illegible]	91	80	87	258

图 6-2-16

操作步骤提示：

- 选中 F3:F23 单元格区域，执行“条件格式”命令→弹出下拉菜单→新建规则→弹出“新建格式规则”对话框，按图 6-2-17 所示进行参数设置。

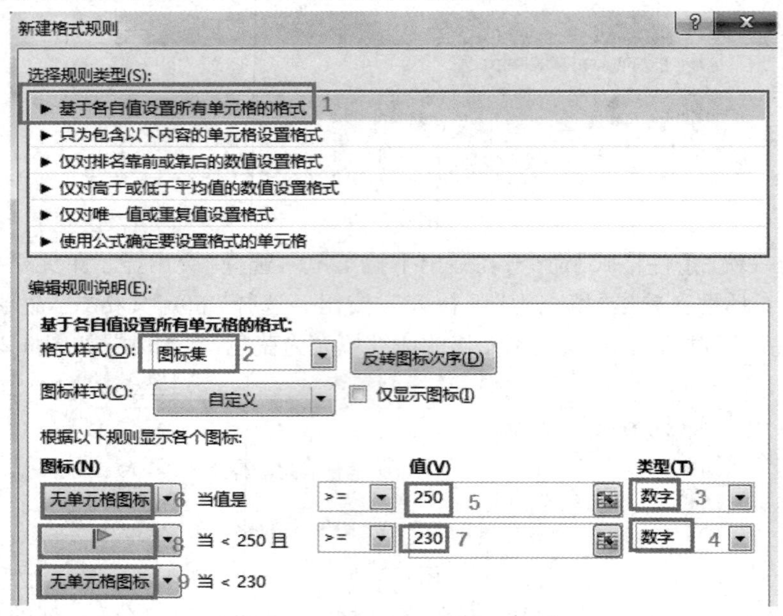

图 6-2-17

任务二 “工资表”的数据计算

学习目标

掌握的 Excel 公式的使用。

任务实施及要求

打开工作簿“工资表.xlsx”，在 Sheet1 工作表中进行下列操作，结果如图 6-2-18 所示，完成后以原工作簿名保存。

B	C	D	E	F	G	H	I	J	K	L	M	N	O	P
姓名	收入部分						扣款部分					应发工资	应交税金	实发工资
	基本工资	工作天数	奖金	加班时数	加班工资	总收入	请假天数	请假扣款	旷工天数	旷工扣款	总扣款			
	1200	23	3680	8	400	5280	0	0		0	0	5280	264	5016
	1200	23	3680	15	750	5630		0		0	0	5630	282	5349
	1200	15	2400		0	3600	5	500	3	900	1400	2200	110	2090
	1200	21	3360	10	500	5060	2	200		0	200	4860	243	4617
	1200	23	3680	3	150	5030		0		0	0	5030	252	4779
	1200	23	3680		0	4880		0		0	0	4880	244	4636
	1200	21	3360		0	4560	2	200		0	200	4360	218	4142
	1200	20	3200	12	600	5000	3	300		0	300	4700	235	4465

图 6-2-18

①使用公式计算出各位员工的“奖金”金额(160 元/d)。

②使用公式计算出各位员工的“加班工资”金额(50 元/h)。

③使用公式计算出各位员工的“总收入”金额(基本工资+奖金+加班工资)。

④使用公式计算出各位员工的“请假扣款”金额(100 元/d)。

⑤使用公式计算出各位员工的“旷工扣款”金额(300 元/d)。

⑥使用公式计算出各位员工的“总扣款”金额(请假扣款+旷工扣款)。

⑦使用公式计算出各位员工的“应发工资”金额(总收入-总扣款)。

⑧使用公式计算出各位员工的“应交税金”金额(应发工资的 5%)。

⑨使用公式计算出各位员工的“实发工资”金额(应发工资-总扣款-应交税金)。

任务三　“成绩统计表”数据计算

学习目标

掌握常用函数 SUM、AVERAGE、COUNT、COUNTA、COUNTIF、MAX、MIN、RANK 的使用。

任务实施及要求

打开工作簿“成绩统计表.xlsx”,在 Sheet1 工作表中进行下列操作,结果如图 6-2-19 所示,完成后以原工作簿名保存。

	A	B	C	D	E	F	G	H	I	J	K	L	M	N
1	学号		考试科目			考查科目			考试科目平均	考试科目总分	考试科目排名	全部科目平均	全部科目总分	全部科目排名
2		姓名	图形图	动画设	网页制	语文	数学	英语						
5	172103		73	89	64	87	78	78	75	225	6	78	468	3
6	172104		90	80	72	50	56	89	81	242	3	73	437	11
7	172105		68	93	*	*	89	89	80	161	19	85	339	21
8	172106		75	87	45	78	96	76	69	207	15	76	457	6
9	172107		76	84	64	65	54	57	75	224	8	67	400	17
10	172108		80	91	81	89	45	76	84	252	2	77	462	4
11	172109		76	83	61	80	58	90	73	219	9	75	447	10
12	172110		65	86	60	85	78	87	70	211	12	77	461	5
13	172111		70	90	65	90	74	80	75	224	7	78	468	2
14	172112		60	55	29	85	66	68	48	144	20	60	363	20
15	172113		82	81	50	87	78	78	71	213	10	76	456	7
16	172114		65	79	43	50	56	89	62	187	17	64	382	18
17	172115		68	74	21	66	89	89	54	163	18	68	407	15
18	172116		60	56	*	78	96	76	58	116	21	73	366	19
19	172117		77	60	89	65	54	57	75	226	5	67	402	16
20	172118		63	67	82	89	45	76	70	211	11	70	421	14
21	172119		55	60	92	80	58	90	69	207	14	72	435	12
22	172120		83	85	91	85	78	87	86	259	1	85	509	1
23	172121		83	60	88	70	83	71	77	231	4	76	454	8
24														
25	班级人数:		21											
26	各科考试人数:		21	21	19	20	21	21						
27	各科不及格人数:		1	2	5	2	8	2						
28	各科最高分:		90	93	92	90	96	90						
29	各科最低分:		55	55	21	50	45	57						
30	各科及格率:		95%	90%	76%	90%	62%	90%						

图 6-2-19

①使用 AVERAGE 函数求出各位学生的“考试科目平均分”的分数。

②使用 SUM 函数求出各位学生的“考试科目总分”的分数。

③使用 RANK 函数求出各位学生的“考试科目排名”的名次。

操作步骤提示：

• 在 K3 单元格，执行“公式”选项卡→“函数库”选项组→其他函数→统计→RANK 函数，在弹出的对话框中，如图 6-2-20 所示进行各参数的设置。

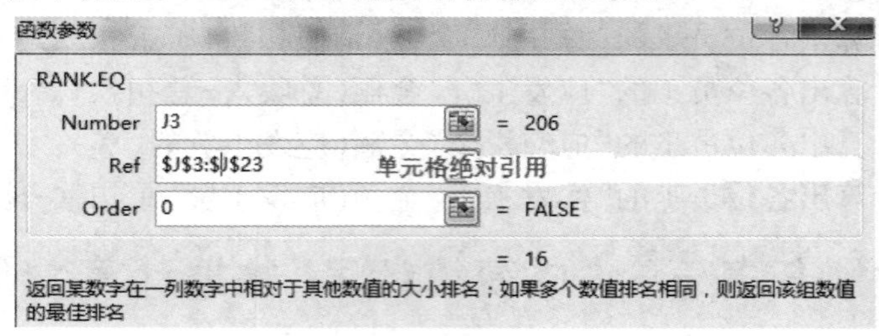

图 6-2-20

• 使用填充柄将 K3 单元格的公式复制到其他相应的单元格中。

④使用 AVERAGE 函数求出各位学生的“全部科目平均分”的分数。

⑤使用 SUM 函数求出各位学生的“全部科目总分”的分数。

⑥使用 RANK 函数求出各位学生的“全部科目排名”的名次。

⑦使用 COUNTA 函数在 C25 单元格求出全班人数。

⑧使用 COUNT 函数在 C26：H26 单元格区域求出各科考试人数（分数“＊”表示缺考）。

⑨使用 COUNTIF 函数在 C27：H27 单元格区域求出各科不及格人数。

⑩使用 MAX 函数在 C28：H28 单元格区域求出各科最高分。

⑪使用 MIN 函数在 C29：H29 单元格区域求出各科最低分。

⑫使用公式在 C30：H30 单元格区域求出各科及格率（及格人数/全班人数＊100%）。

任务四 “销售统计表”的数据计算

学习目标

掌握常用函数 SUM、AVERAGE、COUNT、COUNTA、COUNTIF、MAX、MIN、RANK 的使用。

任务实施及要求

打开工作簿“销售统计表.xlsx”，在 Sheet1 工作表中进行下列操作，结果如图 6-2-21 所示，完成后以原工作簿名保存。

①使用 COUNTA 函数在 B11 单元格求出分店数。

②使用 SUM 函数求出各店铺销售总额。

③使用 RANK 函数求出各店铺销售排名。

④使用 AVERAGE 函数在 B12:E12 单元格区域求出各产品销售平均值。

⑤使用 MAX 函数在 B13:E13 单元格区域求出各产品销售最大值。

⑥使用 MIN 函数在 B14:E14 单元格区域求出各产品销售最小值。

⑦使用 COUNTIF 函数在 B15 单元格优秀店铺数。

⑧使用公式在 B18 单元格求出优秀率“=优秀分店数/分店数＊100%”。

	A	B	C	D	E	F	G
1	店铺名	电器(万)	服装(万)	日用品(万)	化装品(万)	销售总额(万)	销售排名
2	百佳店	222	53	23	18	316	4
3	中怡店	323	60	13	15	411	3
4	方圆店	223	13	8	3	247	8
5	马连道店	638	57	35	12	742	1
6	五月花店	236	31	23	10	300	6
7	时代店	539	25	23	13	600	2
8	徐州店	242	43	16	8	309	5
9	新里城店	245	33	15	7	300	6
10							
11	分店数	8					
12	各产品销售均值	333.5	39.375	19.5	10.75		
13	各产品销售最大值	638	60	35	18		
14	各产品销售最小值	222	13	8	3		
15	优秀分店数(销售总额大于等于400万)	3					
16	优秀率	38%					

图 6-2-21

任务五 “学生信息表”的分析

学习目标

掌握常用函数 LEFT、RIGHT、MID、IF 的使用。

任务实施及要求

打开工作簿“学生信息表.xlsx”,在 Sheet1 工作表中进行下列操作,结果如图 6-2-22 所示,完成后以原工作簿名保存。

	B	C	D	E	F	G	H	I	J	K	L	M	N	O
1	姓名	身份证号	成绩	性别	行政区域代码	出生日期	顺序码	奇偶数	校验码	入学年份	专业代码	专业名称	成绩等级	奖学金金额
2	[illegible]	[illegible]	416	女	441424	19980218	580	0	9	2015	11	计算机应用	优秀	2000
3	[illegible]	[illegible]	254	女	511523	19980625	002	0	X	2016	11	计算机应用	普通	0
4	[illegible]	[illegible]	374	女	360430	19980620	132	0	3	2016	31	学前教育	普通	1000
5	[illegible]	[illegible]	408	女	420325	19970327	572	0	5	2016	41	电子商务	优秀	2000
6	[illegible]	[illegible]	380	女	430524	19980217	176	0	8	2015	21	电气自动化	普通	1000
7	[illegible]	[illegible]	446	女	500235	19980526	334	0	3	2015	11	计算机应用	优秀	2000
8	[illegible]	[illegible]	384	女	442000	19970328	096	0	4	2016	11	计算机应用	普通	1000
9	[illegible]	[illegible]	474	女	440582	19980614	744	0	5	2015	31	学前教育	优秀	2000
10	[illegible]	[illegible]	422	女	440582	19980513	062	0	5	2015	41	电子商务	优秀	2000
11	[illegible]	[illegible]	340	男	440507	19971128	063	1	0	2016	11	计算机应用	普通	1000
12	[illegible]	[illegible]	260	女	440582	19970812	582	0	4	2015	31	学前教育	普通	0
13	[illegible]	[illegible]	330	男	440681	19971215	423	1	X	2015	21	电气自动化	普通	1000
14	[illegible]	[illegible]	296	女	440681	19971216	264	0	3	2015	11	计算机应用	普通	0
15	[illegible]	[illegible]	302	女	441423	19970814	042	0	1	2014	11	计算机应用	普通	1000
16	[illegible]	[illegible]	296	女	441522	19970730	142	0	1	2014	11	计算机应用	普通	0

图 6-2-22

说明:中国公民 18 位身份号码的规定:

第 1—6 位是“行政区划代码”,第 7—14 位是“出生日期”,第 15—17 位是“顺序码”,其中“顺序码”是奇数则表示是男性,偶数则表示是女性,第 18 位,最后一位是“校验码”。

学号含义:第 1—4 位是“入学年份”,第 5—6 位是“专业代码”,各专业代码代表的专业:计算机应用(11)、电气自动化(21)、学前教育(31)、电子商务(41)。

①根据身份证号,使用 LEFT 函数求出各位学生“行政区域代码”。

②根据身份证号，使用 MID 函数求出各位学生“出生日期”。

③根据身份证号，使用 MID 函数求出各位学生“顺序码”。

④根据身份证号，使用 RIGHT 函数求出各位学生“校验码”。

⑤根据学号，使用 MID 函数求出各位学生“入学年份”。

⑥根据学号，使用 MID 函数求出各位学生“专业代码”。

⑦用 IF 函数，求出各位学生“成绩等级”。如果成绩大于 400 分显示“优秀”，否则显示“普通”。

⑧用 IF 函数，求出各位学生“专业名称”。

操作步骤提示：

• 在 M2 单元格，插入逻辑函数 IF 函数，在弹出 IF 函数对话框中，各参数设置如图 6-2-23 所示。

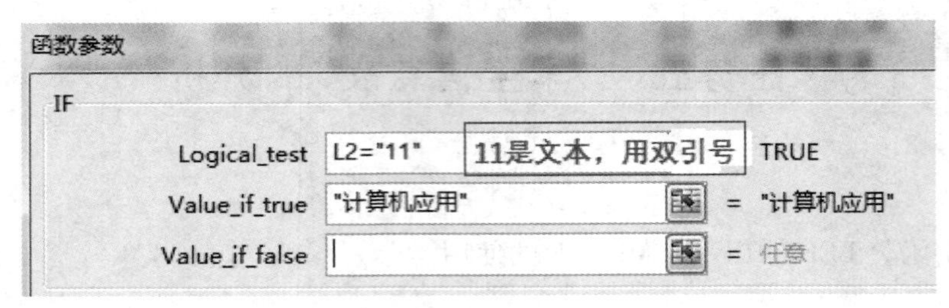

图 6-2-23

• 将光标定位在“Value_if_false”参数框中，单击名称框右侧下拉三角形，弹出最近使用过的函数，如图 6-2-24 所示，选择“IF”函数，弹出 IF 函数对话框，如图 6-2-25 所示设置参数。

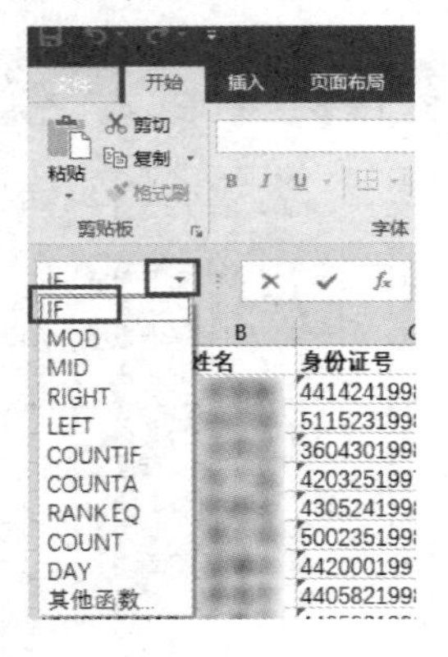

图 6-2-24

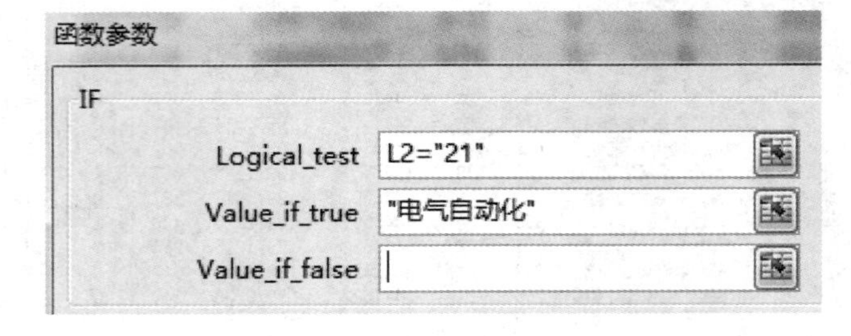

图 6-2-25

• 同上，将光标定位在“Value_if_false”参数框中，单击名称框右侧下拉三角形，在下拉列表中，再选择“IF”函数，打开函数对话框，如图 6-2-26 所示设置参数。

⑨用 IF 函数，求出各位学生“奖学金金额”。如果成绩大于等于 400 分，获得奖学金 2 000 元，成绩大于等于 300 分，获得奖学金 1 000 元，成绩低于 300 分，则没有奖学金。

⑩(选做题)用 MOD(数学与三角函数)判断“顺序码”奇偶性。如果是偶数，则为“0”，奇数则为“1”。

函数参数

IF

Logical_test　L2="31"　= FALSE

Value_if_true　"学前教育"　= "学前教育"

Value_if_false　电子商务　=

图 6-2-26

操作步骤提示：

- 插入 MOD 函数，打开函数对话框，如图 6-2-27 所示设置参数。

函数参数

MOD

Number　H2　= 580

Divisor　2　= 2

= 0

图 6-2-27

⑪（选做题）用 IF 函数，求出各位学生“性别”。

操作步骤提示：

- 在 E2 单元格，插入 IF 函数，打开函数对话框，如图 6-2-28 所示设置参数。

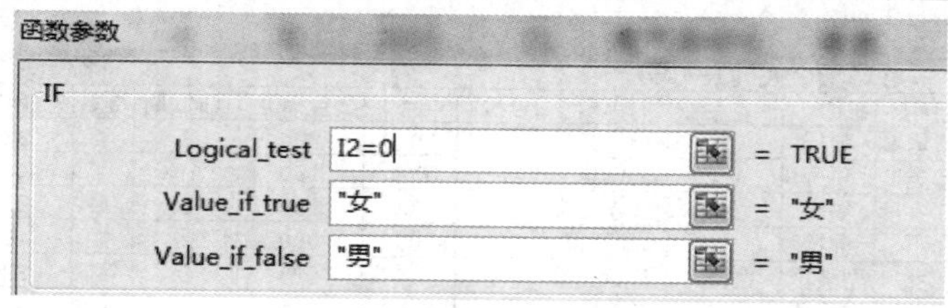

图 6-2-28

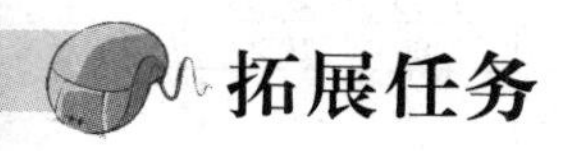

拓展任务

拓展一　“奖牌积分表”的数据计算

打开“奖牌积分表.xlsx”工作簿，理解工作表中各字段的数据含义，进行下列操作，结果如图 6-2-29 所示，完成后以原工作簿名保存。

①使用公式计算各个国家奖牌总数（金、银、铜牌数相加）。

②使用公式计算各个国家奖牌总分（=金牌 * 7+银牌 * 5+铜牌 * 4）。

③使用排名函数 RANK，求出积分排名（依据“奖牌总分”）。

	A	B	C	D	E	F	G	H
1	29届北京奥运会奖牌榜（2008年）							
2	编号	国家/地区	金牌	银牌	铜牌	奖牌总数	奖牌总分	排名
3	1	中国	51	21	28	100	574	2
4	2	俄罗斯	23	21	28	72	378	3
5	3	日本	9	6	10	25	133	10
6	4	德国	16	10	15	41	222	6
7	5	法国	7	16	17	40	197	7
8	6	美国	36	38	36	110	586	1
9	7	英国	19	13	15	47	258	4
10	8	澳大利亚	14	15	17	46	241	5
11	9	韩国	13	10	8	31	173	8
12	10	意大利	8	10	10	28	146	9
13								
14	奖牌类型	积分/奖牌						
15	金牌	7						
16	银牌	5						
17	铜牌	4						

图 6-2-29

拓展二 “教师酬金表”的数据计算

打开“教师酬金表.xlsx”工作簿，进行下列操作，结果如图 6-2-30 所示，完成后以原工作簿名保存。

	A	B	C	D	E	F	G	H	I	J	K	L	M	N
1	教师酬金表（1-4周）										酬金基数(元/节)：			150
2	编号	姓名	性别	职称	职称系数	讲授课程	评价	奖金	酬金标准	课时/周	周数	总课时数	课酬金额	应发工资
3	0001		男	教授	2	数据结构	优	1000	300	8	4	32	9600	10600
4	0002		男	讲师	1.2	大学语文	良	600	180	10	4	40	7200	7800
5	0003		女	讲师	1.2	大学语文	中	300	180	8	4	32	5760	6060
6	0004		男	教授	2	计算机	优	1000	300	12	4	48	14400	15400
7	0005		女	副教授	1.5	广告文案	差	0	225	8	4	32	7200	7200
8	0006		女	副教授	1.5	文员实务	优	1000	225	8	4	32	7200	8200
9	0007		女	助教	1	口才学	中	300	150	12	4	48	7200	7500
10	0008		男	助教	1	数学	差	0	150	10	4	40	6000	6000
11	0009		男	讲师	1.2	数学	优	1000	180	8	4	32	5760	6760
12	0010		男	副教授	1.5	VB程序设计	优	1000	225	10	4	40	9000	10000

教师职称统计表		
类别	人数	百分比
教授	2	20%
副教授	3	30%
讲师	3	30%
助教	2	20%
总人数	10	

应发工资总金额	85520
教师平均每周课时	9.4
最高酬金标准	300
最低酬金标准	150

图 6-2-30

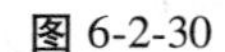

①按照表 6-2-3，使用 IF 函数求出各位教师的职称系数。

表 6-2-3

职　称	职称系数
教授	2
副教授	1.5
讲师	1.2
助教	1

②按照表 6-2-4,使用 IF 函数求出各位教师的奖金。

表 6-2-4

学生评价	奖　金
优	1 000
良	600
中	300
差	0

③使用公式计算出各位教师“酬金标准”(酬金基数 * 职称系数)。

④使用公式计算出各位教师“总课时数”(课时/周 * 周数)。

⑤使用公式计算出各位教师“课酬金额”(酬金标准 * 总课时数)。

⑥使用公式计算出各位教师“应发工资”(奖金+课酬金额)

⑦使用求和函数计算出“应发工资总金额”的总金额。

⑧使用 MAX 函数计算出“最高酬金标准”的金额。

⑨使用 MIN 函数计算出“最低酬金标准”的金额。

⑩使用 COUNTIF 函数分别计算各职称的教师人数。

操作步骤提示:

- 在 E17 单元格插入 COUNTIF 函数,在弹出函数对话框,如图 6-2-31 所示设置参数。
- 将 E17 单元格函数复制到 E18:E19 单元格。

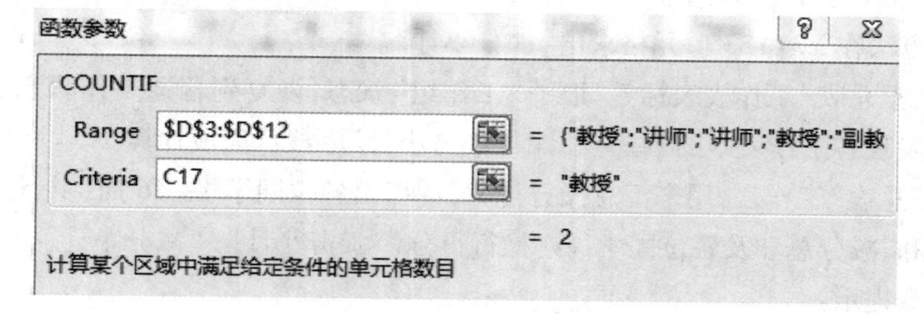

图 6-2-31

⑪使用求和函数计算出教师总人数。

⑫使用公式计算出各职称人数占总人数的百分比。

拓展三 “操行分统计表”的数据计算

打开“操行分统计表.xlsx”，利用 Excel 工作组功能，进行下列操作，完成后以原文件名存盘。

①使用求和函数，计算出各周（1—16 周）的各位同学的操行分“减分小计”“加分小计”。图 6-2-32 是第 3 周操行分统计。

	A	B	C	D	E	F	G	H	I	J	K	L	M	N	O	P	Q	R	S	T	U	V	W	X	Y
1	xxx班第 3 周操行加减分统计表																								
2	学号	姓名	早操	升旗	旷晚自习	旷课	迟到早退	教室值日	宿舍扣分	不交作业	晚归	夜不归宿	喝酒	请假	减分小计	一周没扣分	值日加分	宿舍加分	好人好事	各项比赛	墙报晚会	任课老师表扬	稿件	其它	加分小计
3	103101							2		0.4	0.5				2.9			1							1
4	103102			2		4				0.6	0.5				7.1										0
5	103103			0.5				2		0.6					2.6										0
6	103104														0			1							1
7	103105			0.5						0.4					0.9										0
8	103106							2		0.2					2.2			1							1
9	103107		1.5							0.4					1.9										0
10	103108														0	1		1							2
11	103109						0.5	2							2.5			1							1

图 6-2-32

操作步骤提示：

• 选中“1”工作表，按住“Shift”键，用鼠标点击“16”工作表标签，同时选中“1—16”共 16 张工作表，Excel 处于工作组状态，标题栏如图 6-2-33 所示，状态栏如图 6-2-34 所示。

操行分统计表-样文.xlsx [工作组] - Excel
要做什么...

图 6-2-33

1 | 2 | 3 | 4 | 5 | 6 | 7 | 8 | 9 | 10 | 11 | 12 | 13 | 14 | 15 | 16 | 汇总表 | ⊕

图 6-2-34

• 选中 O3（减分小计）单元格，插入 SUM 求和函数“=SUM(C3:N3)”，求出“减分小计”，将 O3 单元格公式复制到 O4:O33 单元格。

• 同样方法在 Y3:Y33 单元格求出“加分小计”。

• 单击“汇总表”工作表表标签，取消“工作组”状态，恢复到普通工作状态。观察“1—16”工作表，发现各工作表中的“减分小计”“加分小计”字段已完成计算。

②在“汇总表”工作表，用来汇总操行得分，计算出各位同学 1—16 周（共计 16 周）各个项目加分总和、减分总和及各位同学最终操行得分（“加分小计”-“减分小计”）。

操作步骤提示：

• 在“汇总表”工作表，选中 C3 单元，插入 SUM 求和函数，鼠标单击“1”工作表标签，按住“Shift”键，用鼠标单击“16”工作表标签，进入 Excel 工作组状态单击 C3 单元格，按回车键

后，返回在“汇总表”工作表，如图 6-2-35 所示。计算出学号为“103101”学生的早操扣分总分(1—16 周早操扣分总计)。

C3 | =SUM('1:16'!C3)

	A	B	C	D	E	F	G	H	I	J	K	L
1											XXX班	
2	学号	姓名	早操	升旗	旷晚自习	旷课	迟到早退	教室值日	宿舍扣分	不交作业	晚归	夜不归
3	103101											
4	103102				1							
5	103103											
6	103104											
7	103105											

图 6-2-35

• 将 C3 单元格公式复制到相应的单元格，计算出各位学生各个项目扣分或加分。在 Z3 单元格(操行得分)录入公式“=Y3-O3”，将公式复制到相应单元格，计算出各位学生操作得分。结果如图 6-2-36。

	A	B	C	D	E	F	G	H	I	J	K	L	M	N	O	P	Q	R	S	T	U	V	W	X	Y	Z
1										XXX班			周操行加减分汇总表													
2	学号	姓名	早操	升旗	旷晚自习	旷课	迟到早退	教室值日	宿舍扣分	不交作	晚归	夜不归宿	喝酒	请假	减分小计	一周没扣分	值日加分	宿舍加分	好人好事	各项比赛	墙报晚会	任课老师表扬	稿件	班级加	加分小计	操行得分
3	103101		3	1	0	0	0	2	0	4.2	0.5	0	0.5	5	16.2	4	2	11	0	6	0	2	0	0.5	25.5	9.3
4	103102		9.5	4.5	1	8	0.5	0	0	7.2	0.5	0	0.5	39	70.7	1	0	8	0	8	0	0	0	0	17	-53.7
5	103103		7.5	1.5	0	0	1	8	0	6.2	0	1	0	0	25.2	4	1	8	0	8	0	0	0	0	21	-4.2
6	103104		3	1	0	0	0	0	0	0.6	0	0	0	0	4.6	7	3	10	0	9	0	2	0	0.5	31.5	26.9
7	103105		1	1.5	0	2	0	4	0	4.8	0	0.5	0.5	0	14.3	3	0	10	0	7	0	0	0	0.5	20.5	6.2
8	103106		3	1.5	0	0	0	2	1	5.5	1	0	0.5	2	16.5	1	3	10	0	10	0	2	0	0.5	26.5	10
9	103107		12	2	0	3	1	6	0	9.8	0.5	1	0	0	35.3	1	3	8	0	8	0	0	0	0	20	-15.3
10	103108		3.5	1	0	0	1	0	0	0.4	0	0	0	6	11.9	6	2	10	0	7	0	2	0	0.5	27.5	15.6
11	103109		1	0	0	0	1	2	0	0	0	0	0	0	4	9	0	11	0	11	0	0	0	0.5	31.5	27.5
12	103110		0.5	1.5	0	0	0.5	0	0	0.9	0	0	0	0	3.4	7	3	10	0	9	0	0	0	0.5	29.5	26.1
13	103111		17	3	2	2	2	0	0	15	1.5	1	2	0	45.5	1	0	8	0	5	0	1	0	0	15	-30.5
14	103112		1	0	0	2	0.5	0	0	0.7	0	0	0	0	4.2	9	1	9	0	2	0	2	0	0	23	18.8

图 6-2-36

拓展四　“补考安排详细表”的数据处理

打开“补考安排详细表.xlsx”，在 Sheet1 工作表中，利用 Sheet2 工作表的数据，使用查找与引用函数 VLOOKUP，为每位补考的学生找出各科补考的时间和考场地点，结果如图 6-2-37所示，完成操作后以原文件名存盘。

①求各位学生的各科补考的时间。

操作步骤提示：

• 在 Sheet1 工作表，在 D2 单元格插入 VLOOKUP 函数，打开函数对话框，如图 6-2-38 所示设置参数。

②求各位学生的各科补考地点。

操作步骤提示：

• 在 Sheet1 工作表，在 D2 单元格插入 VLOOKUP 函数，打开函数对话框，如图 6-2-39 所示设置参数。

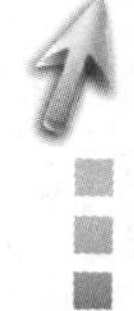

	A	B	C	D	E
1	学号	姓名	课程名称	考试时间	考场
2	114135	[illegible]	多媒体应用技术	13:00-14:30	7-301
3	114321	[illegible]	多媒体应用技术	13:00-14:30	7-301
4	114411	[illegible]	多媒体应用技术	13:00-14:30	7-301
5	114101	[illegible]	计算机网络	10:20-11:50	6-404
6	114129	[illegible]	计算机网络	10:20-11:50	6-404
7	114315	[illegible]	计算机网络	10:20-11:50	6-404
8	114122	[illegible]	计算机应用基础	14:30-16:00	6-404
9	114129	[illegible]	计算机应用基础	14:30-16:00	6-404
10	114321	[illegible]	计算机应用基础	14:30-16:00	6-404
11	114302	[illegible]	平面动画设计	13:00-14:30	7-301
12	114306	[illegible]	平面动画设计	13:00-14:30	7-301
13	114122	[illegible]	商务网站建设	10:20-11:50	6-403
14	114127	[illegible]	素描与色彩	14:30-16:00	7-302
15	114135	[illegible]	素描与色彩	14:30-16:00	7-302
16	114302	[illegible]	素描与色彩	14:30-16:00	7-302

图 6-2-37

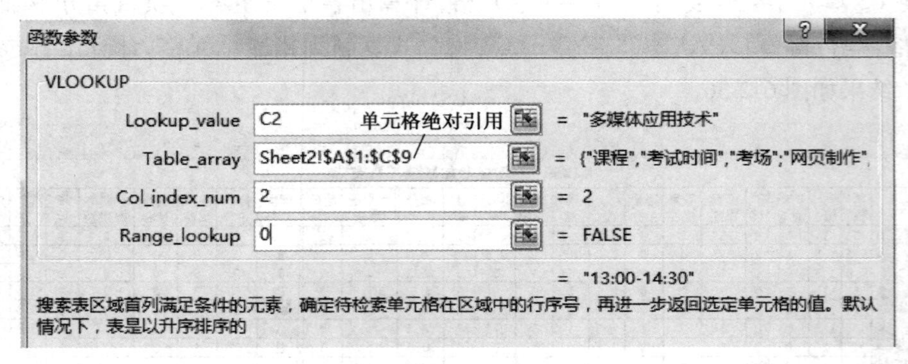

图 6-2-38

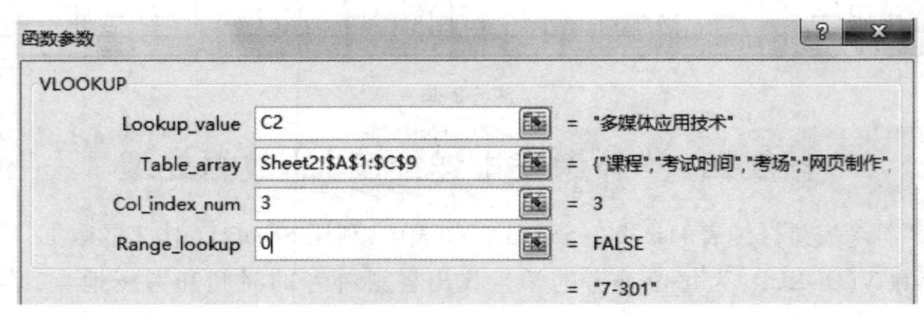

图 6-2-39

拓展五 “客户信息表”的数据查询

打开“客户信息表.xlsx”,在“快速查阅客户信息”表格中,单击 B17 单元格右侧下拉列表按钮,在弹出列表选项选定某客户时,能显示该客户的“电话”“性别”“职务”信息,如图6-2-40所示。

①求客户电话。

操作步骤提示:

	A	B	C	D	E
1	行数	客户姓名	[illegible]	[illegible]	[illegible]
2	2	性别	男	男	女
3	3	年龄	42	39	45
4	4	籍贯	北京	广东省	上海
5	5	职务	经理	总经理	主任
6	6	学历	研究生	本科	本科
7	7	QQ号	35682	53458	5684335
8	8	爱好	运动	运动	运动
9	9	电话	[illegible]	13418795049	[illegible]
10	10	邮箱	35682@qq.com	53458@qq.com	5684335@qq.com
11	11	工作单位	东风汽车有限公司	潍柴动力有限公司	腾讯控股有限公司
12	12	身份证号	[illegible]	[illegible]	[illegible]
15		快速查阅客户信息			
16		姓名	电话	性别	职务
17		钟泳玲	418795049	男	[illegible]
18		钟泳玲			
19		曾智锋			
20		刘志强			
		薛红丽			

图 6-2-40

• 在 Sheet1 工作表，在 C17 单元格插入 HLOOKUP 函数，打开函数对话框，如图6-2-41所示设置参数（返回指定的行是“9”）。

函数参数

HLOOKUP

Lookup_value	B17
Table_array	B1:M12
Row_index_num	9
Range_lookup	0

图 6-2-41

②求客户性别。

在 D17 单元格插入 HLOOKUP 函数，返回指定的行是“2”。

③求客户职务。

在 E17 单元格插入 HLOOKUP 函数，返回指定的行是“5”。

项目小结

Excel 的公式和函数应用比较广，其计算功能也比较强大。通过“学生成绩表”和“工资表”两个任务的计算练习，可掌握 Excel 公式的使用方法。通过“成绩统计表”“销售统计表”和“学生信息表”3 个任务的计算练习，掌握常用函数使用方法和技巧。5 个项目拓展任务，能较好地训练学生对公式和函数的综合应用能力。

项目三　Excel 数据分析

项目目标

- 理解数据清单与一般数据表格的区别。
- 掌握数据表中的排序及筛选的操作方法。
- 掌握高级筛选在数据表中的运用方法。
- 掌握在数据表中创建分类汇总的方法。
- 掌握在数据表中创建数据透视表的方法。
- 掌握在数据表中创建数据图表的方法。

项目任务

任务一　“成绩表”的数据分析
任务二　“成绩分析表”的数据分析
任务三　“商品销售表”的数据分析计算
任务四　“销售季度表”数据分析
任务五　“销售图表”的数据分析

知识简述

一、Excel 数据清单的概念

Excel 数据清单也称为数据列表,第一列是字段标题,下面包含若干行数据。列称为字段,行称为记录。数据清单和一般数据表格不同的是,它具有以下特点:

①每列必须包含同类信息,即数据类型相同。

②数据列表的第一行应该是列标签,用来描述所对应的列的内容。列标签是唯一的。

③在一个工作表中,避免建立多个数据清单,如果有多个数据清单,数据清单之间至少用一空列或一空行分隔开。

二、数据的排序

1.数据的排序作用

数据行（记录）依照某种属性的递增（升序）或递减（降序）规律重新排列。

2.排序的优先顺序

第一关键字、第二关键字……

3.排序的依据

默认按“数值”大小，还可以选择按单元格背景颜色或字体颜色。

4.排序的操作方法

（1）按单个关键字排序

将光标定位在关键字所在字段某一个单元格，单击“数据”选项卡→“排序和筛选”组中的“升序”和“降序”命令按钮进行数据列表排序，如图 6-3-1 所示。

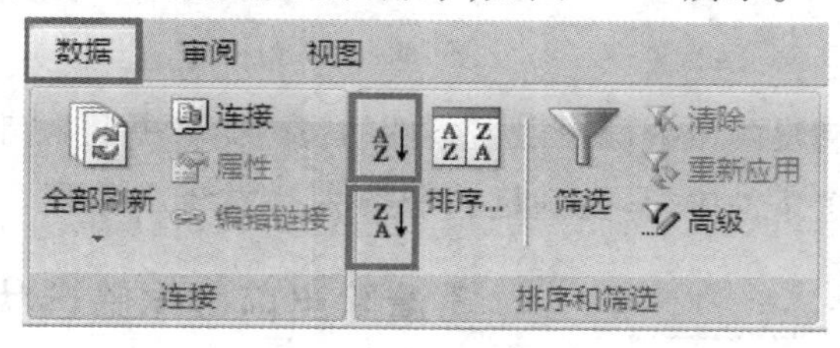

图 6-3-1

（2）按多个关键字排序

单击“数据”选项卡→“排序和筛选”选项组中的“排序”命令按钮，在弹出的“排序”对话框中进行设置，如图 6-3-2 所示。

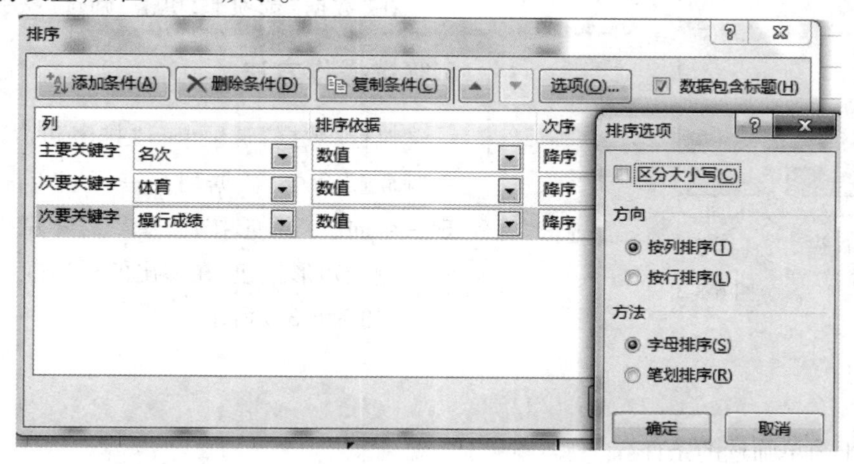

图 6-3-2

①可添加多个关键字作为排序的优先依据。

②排序的依据默认是按“数值”大小。

③次序可选“升序”或“降序”。

④“数据包含标题”选项表示标题行不参加排序。

⑤“排序选项”可设置排序按“列”或“行”、按“字母”或“笔划”。

特别提醒

● 在执行“排序”命令前，光标定位在数据列表中一个单元格，或是选中整个数据列表，再执行“排序”命令。

三、数据筛选

1.数据筛选的作用

将某些符合条件的数据行显示出来，隐藏不符合条件的数据行，能更清楚地显示需要的数据，方便查看打印所需要的数据内容。

2.数据筛选条件

- “与”条件：同时满足两个或两个以上条件的，常含有“并且”“都”修饰文字。
- “或”条件：在多个条件中，只要满足一个条件，常含有“只要”“或”修饰文字。

3.清除当前数据筛选状态

在“数据”选项卡，单击“清除”按钮。

4.撤销数据筛选

在“数据”选项卡，单击“筛选”按钮。

5.筛选操作方法

执行“数据”选项卡→“排序和筛选”选项组→“筛选”命令，数据列表一行字段标签右侧出现一个向下三角形按钮，单击需要筛选的字段标签右侧三角形按钮，在弹出的对话框中进行条件设置，如图 6-3-3 所示。

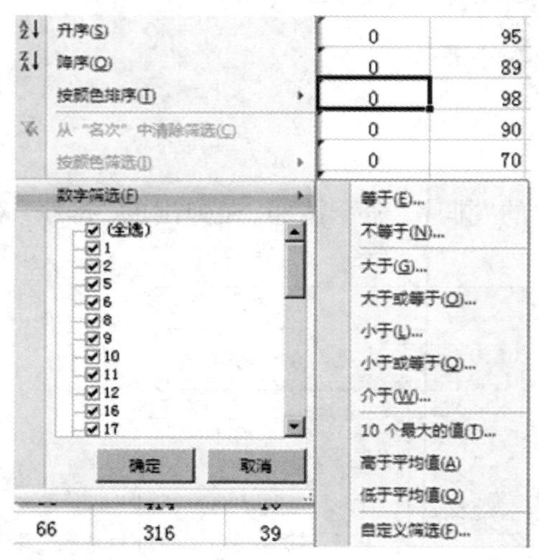

图 6-3-3

6.筛选

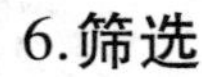

适用于简单筛选的条件。

四、数据高级筛选

高级筛选适用于复杂筛选的条件，筛选不能完成多个字段的“或”条件的筛选，高级筛选则可以完成。

筛选的结果只能在原数据表的位置上进行，高级筛选可以将筛选结果灵活放到数据表中其他的位置上。

高级筛选的操作方法如下：

①建立条件区，“与”条件：内容要放置在同一行，“或”条件：内容要放置在不同的行中，如图 6-3-4 所示。

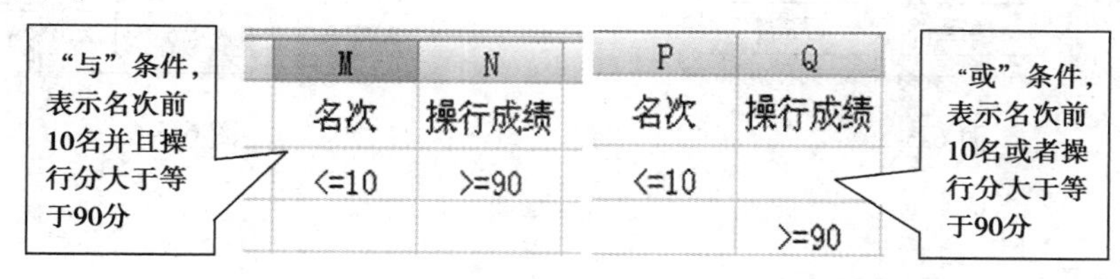

图 6-3-4

②执行高级筛选命令：执行“数据”选项卡→“排序和筛选”选项组→“高级”命令，在弹出的“高级筛选”对话框中，选择好数据列表区域、条件区域、目标数据存放的最左上角的单元格地址，如图 6-3-5 所示。

五、数据的分类汇总

1.数据分类汇总的作用

将相同类别的数据归纳在一起，按类别对数据进行计算（求和、平均值、计数、最大值和最小值等）。

2.分类汇总注意事项

在执行分类汇总命令前，首先要以分类字段为关键字，对数据表进行排序。

3.分类汇总的操作方法如下

执行“数据”选项卡→“分级显示”选项组→“分类汇总”命令，在弹出的“分类汇总”对话框中进行各项设置，如图 6-3-6 所示。

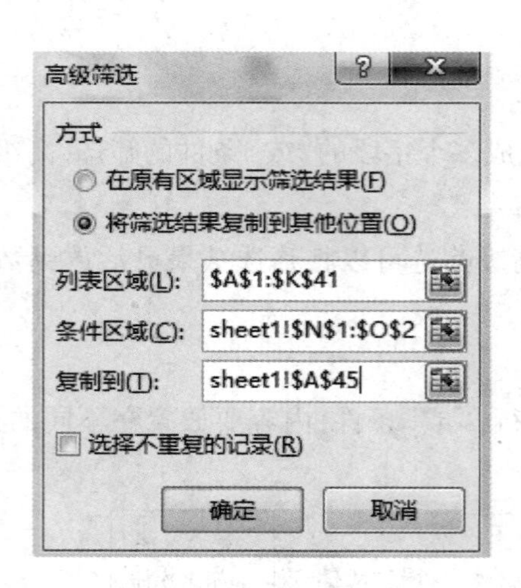

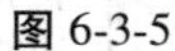

图 6-3-5

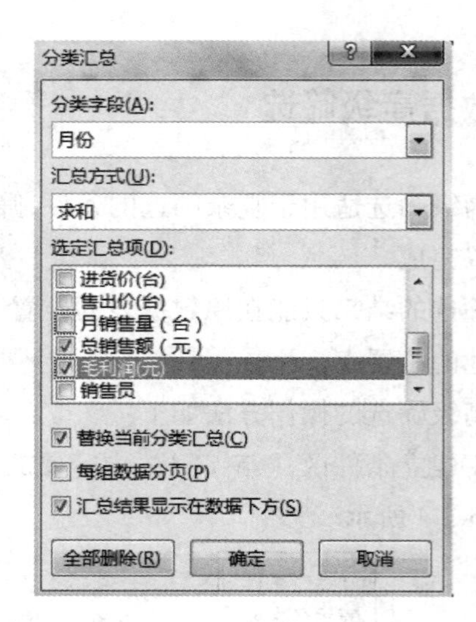

图 6-3-6

4.嵌套汇总

先按某个分类字段进行分类汇总后，进一步细化，在此分类汇总基础上，按别的字段再进行分类汇总。

• 按分类字段的优先级别对数据列表进行多关键字排序，如要得到图 6-3-7 所示的分类汇总效果，可以“月份”“商品类别”作为主关键字对数据列表进行排序。

	A	B	C	D	E	I	J	K
1	天天家电商场一季度销售情况表							
2	月份	厂家	商品编号	商品类别	型号	总销售额（元）	毛利润（元）	销售
8				冰箱 汇总		177301	35501	
15				空调 汇总		166500	23712	
24				洗衣机 汇总		330400	55700	
25	一月份 汇总					674201	114913	
31				冰箱 汇总		322707	64007	
36				空调 汇总		201800	29300	
43				洗衣机 汇总		335000	58550	
44	二月份 汇总					859507	151857	
48				冰箱 汇总		151931	31131	
53				空调 汇总		299800	37544	
60				洗衣机 汇总		311900	48800	
61	三月份 汇总					763631	117475	
62	总计					2E+06	384245	

图 6-3-7

• 以“月份”为分类字段，按要求对数据列表进行分类汇总操作。

• 在此分类汇总基础上，再执行一次分类汇总操作，在分类汇总对话框中不选择“替换当前分类汇总”复选项，如图 6-3-8 所示。

5.显示汇总结果

可将分类汇总结果折叠,更清楚显示比较汇总后的数据,如图 6-3-7 所示。

6.取消分类汇总

在分类汇总对话框中,执行“全部删除”命令。

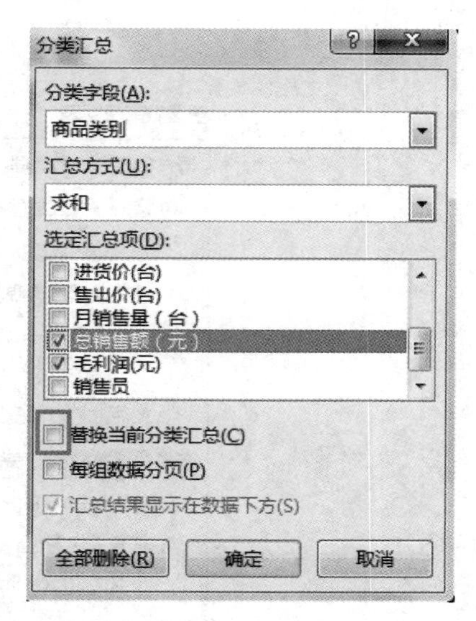

图 6-3-8

六、数据透视表

1.数据透视表的作用

数据透视表可以说是排序、筛选和分类汇总等数据分析功能的组合。在数据透视表中,能帮助用户分析、组织数据。

2.数据透视表的术语

- 报表筛选项:数据透视表中进行分页筛选的字段。
- 列标签:在数据透视表中具有列方向的字段。
- 行标签:在数据透视表中具有行方向的字段。
- 数值区:数据透视表中包含汇总数据的单元格,可以设置求和、求平均值、计数等汇总方式。

3.创建数据透视表的操作步骤

①在“插入”选项卡→“表格”选项组→单击“数据透视表”图标,在弹出的“创建数据透视表”对话框中,选择好用来创建数据透视表数据列表及数据透视表存放的位置,如图 6-3-9 所示。

②在“数据透视表字段列表”任务窗格,将相应的字段分别拖动到标签框中的“报表筛选项、列标签、行标签、数值区”处,如图 6-3-10 所示。

4.对数据列表进行数据分析

- 筛选数据(隐藏和显示数据):如图 6-3-11 和图 6-3-12 所示,可查看到三月份各商品的销售情况和格力空调在二、三月份销售情况。
- 数据排序:在数据透视表中可进行排序操作。

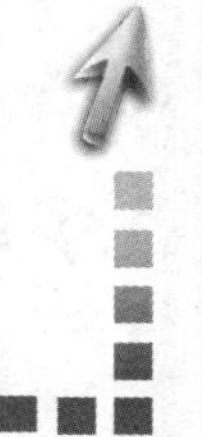

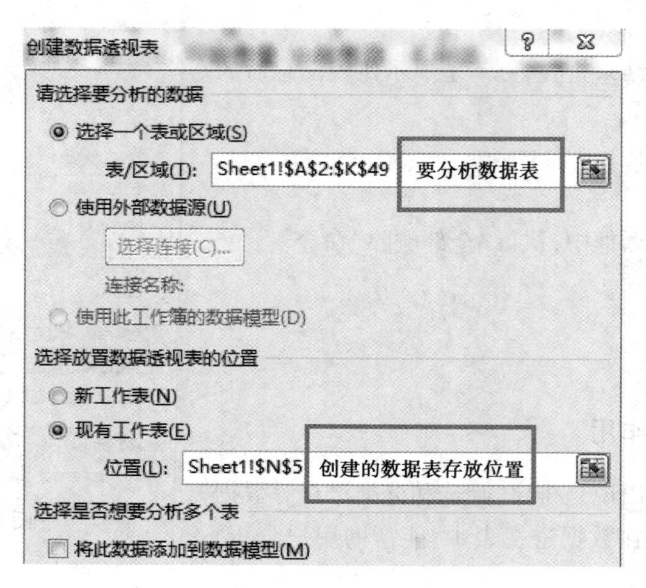

图 6-3-9

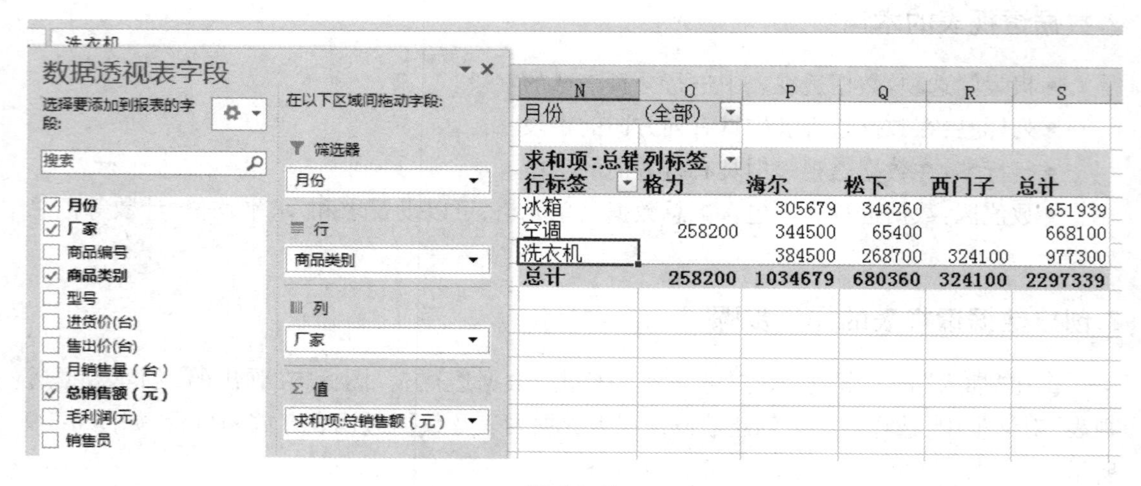

图 6-3-10

月份	三月份				
求和项:总销售	列标签				
行标签	格力	海尔	松下	西门子	总计
冰箱		49271	102660		151931
空调	163900	135900			299800
洗衣机		99900	82500	129500	311900
总计	163900	285071	185160	129500	763631

图 6-3-11

厂家	格力	
求和项:总销售额（元）	列标签	
行标签	空调	总计
二月份	50000	50000
三月份	163900	163900
总计	213900	213900

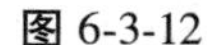

图 6-3-12

七、数据图表

1.图表特点

图表将数据图形化,数据的表达更清晰、直观、形象化。当数据表中的数据被修改时,图表会自动更新。

2.图表类型及使用

- 柱形图:适用于比较数值的大小。
- 折线图:适用于表示在随着时间推移时,数值发生的变化趋势。
- 饼图:适用于表示数值比例情况。
- 条形图:适用于突出各项的数值变化。

3.创建图表操作

选择要创建图表的数据区域,在“插入”选项卡“图表”组中选择合适的图表类型,如图 6-3-13 所示。

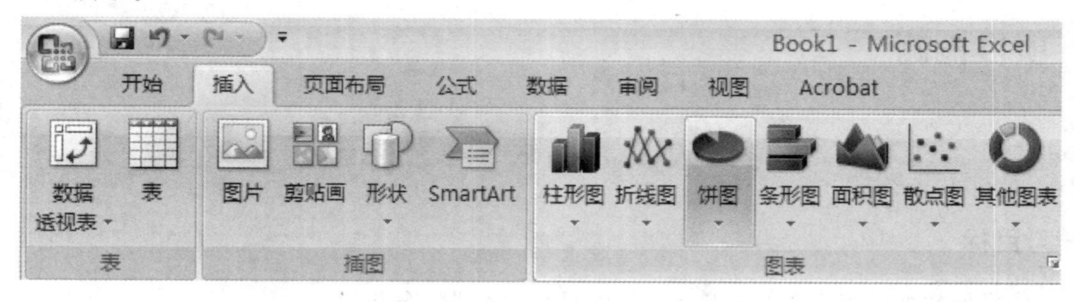

图 6-3-13

4.编辑修改图表

选中图表,在“设计”“布局”“格式”选项卡,可进行图表的类型更改、编辑及格式化,如图 6-3-14 所示。

5.图表创建的技巧

选中要创建图表的数据,再执行插入图表命令。

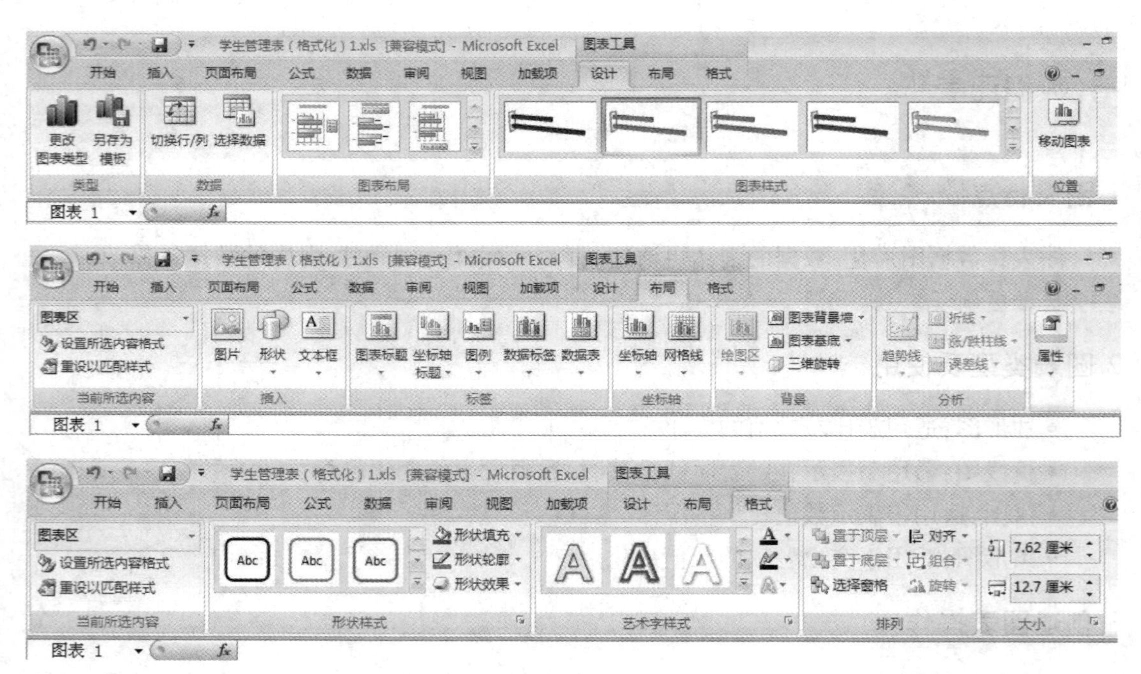

图 6-3-14

项目检测

任务一 “成绩表”的数据分析

学习目标

①掌握数据排序操作方法及通过排序对数据表进行分析；

②掌握自动筛选和高级筛选操作方法及通过筛选找出需要的数据；

③理解自动筛选和高级筛选不同的特点。

任务实施及要求

打开工作簿“学生期末成绩表.xlsx”，按要求进行下面的操作，完成后以原文件名存盘。

①在 Sheet1 工作表中，以“名次”为关键字，从小到大对数据表进行排序（升序）。

②在 Sheet2 工作表中，以“名次”为第一关键字（升序），以“操行成绩”为第二关键字（降序），以“体育”为第三关键字（降序），对数据表进行排序。

操作步骤提示：

• 执行“数据”选项卡→“排序和筛选”选项组→“排序”命令，在弹出的对话框中，进行如图 6-3-15 所示的参数设置。

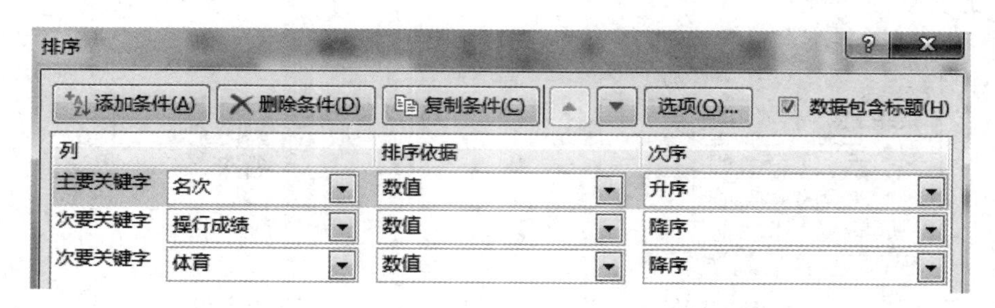

图 6-3-15

③在 Sheet3 工作表中，筛选出总分最高分的 5 位同学记录。

操作步骤提示：

●执行“数据”选项卡→“排序和筛选”选项组→“筛选”命令，单击“名次”字段右侧三角形按钮，在弹出的列表中选择“数字筛选”→“前 10 项”，如图 6-3-16 所示，在弹出的对话框中，进行如图 6-3-17 所示的参数设置。

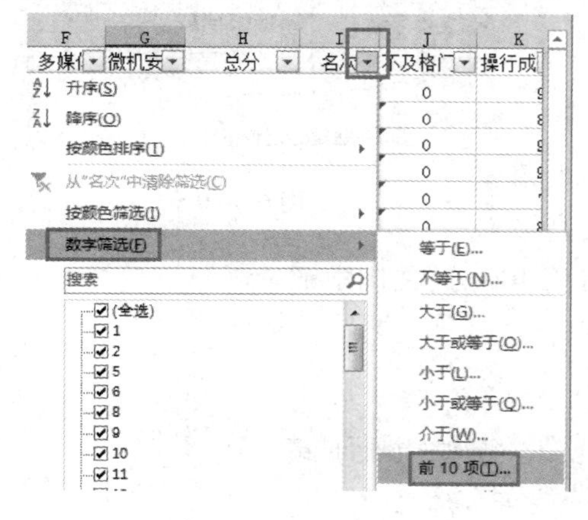

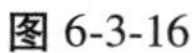

图 6-3-16

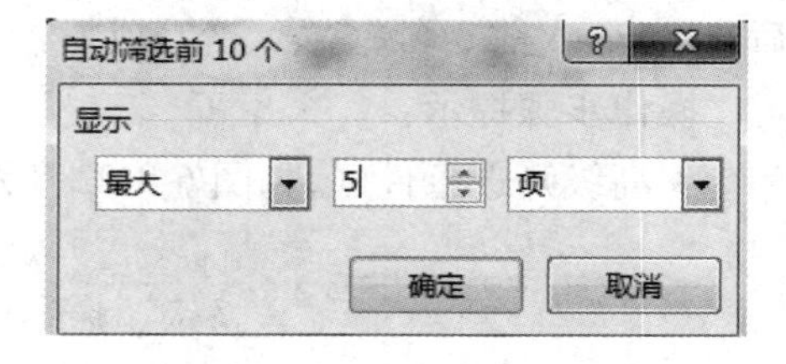

图 6-3-17

④在 Sheet4 工作表中，筛选出名次前 12 名(含第 12 名)的同学记录。

⑤在 Sheet5 工作表中，筛选出“计算机”“多媒体”“微机安装”三科分数都大于或等于 85 分的同学记录。

⑥在 Sheet6 工作表中，筛选出操行成绩介于 85~89 分的学生记录。

⑦在 Sheet7 工作表中，自动筛选出操行成绩小于 60 分或操行分大于 95 分的学生记录。

操作步骤提示：

●执行“筛选”命令，单击“操行成绩”字段右侧三角形按钮，在弹出的列表选择“数字筛选”→“自定义筛选”，在弹出的对话框中，进行如图 6-3-18 所示的参数设置。

⑧在 Sheet8 工作表中，高级筛选出名次前 12 名(含第 12 名)的同学记录。

操作步骤提示：

●创建条件区。创建如图 6-3-19 所示的条件区。

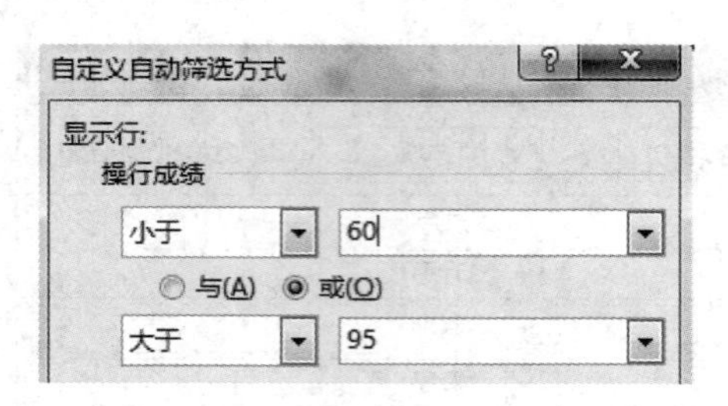

图 6-3-18

L	M	N
	名次	
	<=12	

图 6-3-19

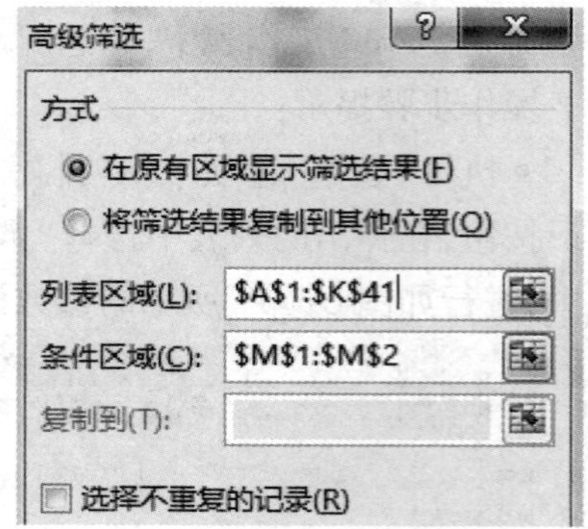

图 6-3-20

• 执行高级筛选。将光标定位于数据列表中某一个单元格,执行“数据”选项卡→“排序和筛选”选项组→“高级”命令。在弹出的对话框中,进行如图 6-3-20 所示参数设置。

⑨在 Sheet9 工作表中,高级筛选出名次前 12 名(含第 12 名)并且操行成绩大于 90 分的同学记录。

操作步骤提示:

• 高级筛选条件区,如图 6-3-21 所示。

⑩在 Sheet10 工作表中,以 A45 为条件区的左上角单元格,以单元格 A50 为输出区的左上角单元格,高级筛选出“名次前 3 名(含第 3 名)或操行分大于或等于 100 分”的同学记录。

操作步骤提示:

• 高级筛选条件区,如图 6-3-22 所示。

L	M	N
	名次	操行成绩
	<=12	>90

图 6-3-21

45	名次	操行成绩
46	<=3	
47		>=100
48		

图 6-3-22

⑪在 Sheet11 工作表中,以 A45 单元格为条件区的左上角单元格,以单元格 A50 为输出区的左上角单元格,高级筛选出操行成绩大于 98 或“计算机”“多媒体”“微机安装”三科分数都大于 90 分的同学记录。

操作步骤提示:

• 高级筛选条件区,如图 6-3-23 所示。

45	操行成绩	计算机	多媒体	微机安装
46	>98			
47		>90	>90	>90
48				

图 6-3-23

任务二　“成绩分析表”的数据分析

学习目标

运用函数和数据排序对数据列表进行复杂数据处理。

任务实施及要求

打开工作簿“成绩分析表.xlsx”,按要求进行下面的操作,完成后以原文件名存盘。

说明:

主科:语文、数学、英语,辅科:政治、物理、化学、生物。

①在 Sheet1 工作表,求出各位同学的“7 科平均分”“3 科主科总分”。

②复制 Sheet1 工作表中,进行下列操作。

a.将复制的工作表命名为“RANK 排名”。

b.在“L1”单元格录入文本“3 主科名次”,在“M1”单元格录入文本“7 科名次”。

c.使用 RANK 函数分别在 L 列和 M 列求出各位同学的“3 主科名次”“7 科名次”。

d.将数据列表按“3 主科名次”从小到大排序,查看是否有相同名次的记录。结果如图 6-3-24 所示。

	A	B	C	D	E	F	G	H	I	J	K	L	M
1	学号	姓名	语文	数学	英语	政治	物理	化学	生物	7科平均分	3科主科总分	3科主科名次	7科名次
2	082126	[illegible]	95	91	90	95	95	94	96	94	276	1	1
3	082111	[illegible]	84	91	94	70	99	96	98	90	269	2	2
4	082121	[illegible]	92	90	87	93	91	86	93	90	269	2	2
5	082124	[illegible]	90	90	89	85	97	89	92	90	269	2	2
6	082139	[illegible]	91	90	88	93	82	92	96	90	269	2	2
7	082129	[illegible]	92	84	86	90	66	87	90	85	262	6	8
8	082130	[illegible]	91	85	86	85	80	84	91	86	262	6	7
9	082131	[illegible]	91	90	80	93	75	90	93	87	261	8	6
10	082125	[illegible]	83	85	86	68	61	79	83	78	254	9	22
11	082128	[illegible]	89	81	83	76	60	81	87	80	253	10	21
12	082105	[illegible]	85	82	85	71	67	91	94	82	252	11	11

图 6-3-24

③复制 Sheet1 工作表中,进行下列操作。

a.将复制的工作表命名为“排名”。

b.在“L1”单元格录入文本“排名”。

c.为各位学生成绩进行排名,排名先后的规则要求:

- 不能有相同的排名名次(例如,不能有两个或两个以上的第二名)。
- 以“7 科平均分”为第一判断标准,最高分为第 1 名,如果“7 科平均分”相同,则“3 科主科总分”分数作为第二判断标准,其余判断标准顺序分别是:“语文”“数学”“英语”的分数,结果如图 6-3-25 所示。

	A	B	C	D	E	F	G	H	I	J	K	L
1	学号	姓名	语文	数学	英语	政治	物理	化学	生物	7科平均分	3科主科总分	排名
2	082126	[illegible]	95	91	90	95	95	94	96	94	276	1
3	082111	[illegible]	84	91	94	70	99	96	98	90	269	2
4	082121	[illegible]	92	90	87	93	91	86	93	90	269	3
5	082139	[illegible]	91	90	88	93	82	92	96	90	269	4
6	082124	[illegible]	90	90	89	85	97	89	92	90	269	5
7	082131	[illegible]	91	90	80	93	75	90	93	87	261	6
8	082130	[illegible]	91	85	86	85	80	84	91	86	262	7
9	082129	[illegible]	92	84	86	90	66	87	90	85	262	8
10	082116	[illegible]	81	77	84	74	79	93	97	84	242	9

图 6-3-25

操作步骤提示：

- 执行“排序”命令，在弹出的“排序”对话框中，进行如图 6-3-26 所示的设置。

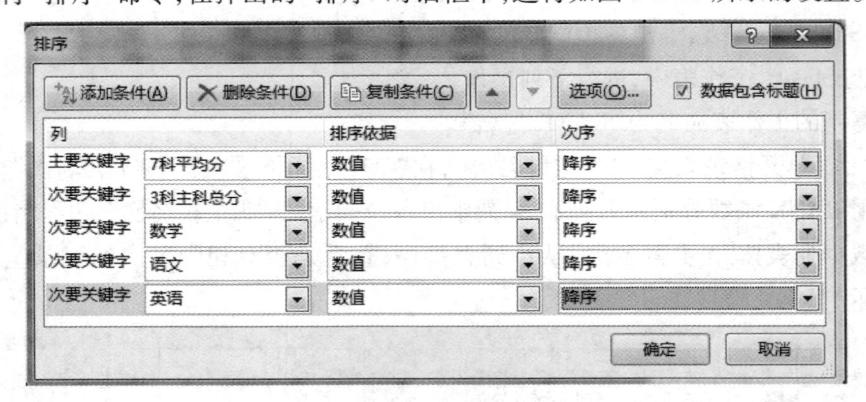

图 6-3-26

任务三　“商品销售表”的数据分析计算

学习目标

掌握分类汇总操作方法及通过分类汇总对数据进行分析和统计。

任务实施及要求

打开工作簿“商品销售表.xlsx”，按下面的要求完成各项操作，完成后以原文件名存盘。

①在 Sheet1 工作表中，以“月份”为分类字段，对“总销售额”“毛利润”进行求平均值汇总（先按“月份”排序，再执行“分类汇总”命令）。

②在 Sheet2 工作表中，以“销售员”为分类字段，对“总销售额”“毛利润”进行求和汇总（先按“销售员”排序，再执行“分类汇总”命令）。

③在 Sheet3 工作表中，以“厂家”为分类字段，对“总销售额”“月销售量”“毛利润”进行求和汇总（先按“厂家”排序，再执行“分类汇总”命令）。

④在 Sheet4 工作表中，以“商品类别”为分类字段，对“月销售量”进行求和汇总（先按“商品类别”排序，再执行“分类汇总”命令）。

⑤在 Sheet5 工作表中(选做题),先以“厂家”为分类字段,对“总销售额”进行求和汇总;再按“商品类别”为分类字段,对“总销售额”进行求和汇总,结果如图 6-3-27 所示。

	A	B	C	D	E	F	G	H	I
1	天天家电商场一季度销售情况表								
2	月份	厂家	商品编号	商品类别	型号	进货价	售出价(台)	月销售量(台)	总销售额(元)
8				空调 汇总					258200
9		格力 汇总							**258200**
17				冰箱 汇总					305679
25				空调 汇总					344500
35				洗衣机 汇总					384500
36		海尔 汇总							**1034679**
43				冰箱 汇总					346260
46				空调 汇总					65400
51				洗衣机 汇总					268700
52		松下 汇总							**680360**
60				洗衣机 汇总					324100
61		西门子 汇总							**324100**
62		总计							2297339

图 6-3-27

操作步骤提示:

- 执行“排序”命令,按“厂家”“商品类别”优先次序为关键字排序。
- 执行“分类汇总”命令,在弹出的分类汇总进行如图 6-3-28 所示的设置。
- 再执行一次“分类汇总”命令,在分类汇总对话框中不选择“替换当前分类汇总”复选项,如图 6-3-29 所示。

分类汇总
分类字段(A): 厂家
汇总方式(U): 求和
选定汇总项(D): 进货价(台) 售出价(台) 月销售量(台) ☑总销售额(元) 毛利润(元) 销售员
☑替换当前分类汇总(C)
每组数据分页(P)
☑汇总结果显示在数据下方(S)

图 6-3-28

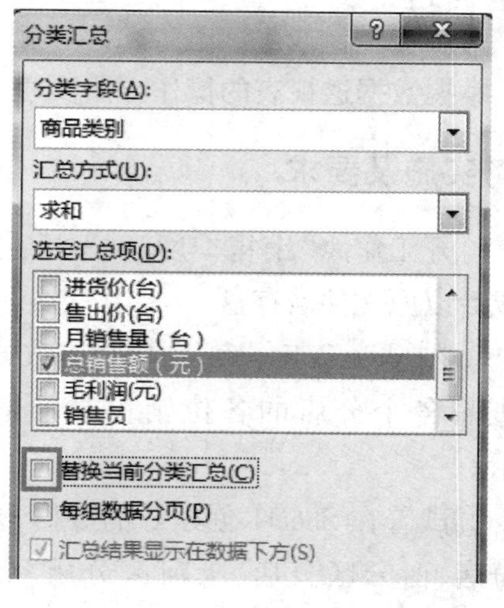

图 6-3-29

⑥在 Sheet6 工作表中,以“商品类别”为分类字段,对“成本”进行求平均值汇总(先按“商品类别”排序,再执行“分类汇总”命令)。

⑦在 Sheet7 工作表中,以“商品类别”为分类字段,对“销售额”“利润”进行求和汇总(先按“商品类别”排序,再执行“分类汇总”命令)。

⑧在 Sheet8 工作表中，使用分类汇总，求各商品类别"利润"最大值，结果如图 6-3-30 所示（先按"商品类别"排序，再执行"分类汇总"命令）。

	A	B	C	D	E
1	销售统计分析（万元）				
2	商品类别	商品名	销售额	成本	利润
3	服装	毛巾	720	500	220
4	服装	内衣	430	210	220
5	服装	拖鞋	80	30	50
6	服装 最大值				220
7	日用品	肥皂	110	60	50
8	日用品	洗衣粉	200	120	80
9	日用品	牙膏	100	32	68
10	日用品 最大值				80
11	食品	奶粉	800	500	300
12	食品	巧克力	350	200	150
13	食品	香肠	110	60	50
14	食品 最大值				300
15	总计最大值				300

图 6-3-30

任务四 "销售季度表"数据分析

学习目标

掌握数据透视表的操作方法及通过数据透视表对数据快速汇总并灵活筛选。

任务实施及要求

打开工作簿"销售季度表.xlsx"，按下列要求进行操作，完成后以原文件名存盘。

①在 Sheet1 工作表，利用相应数据，创建数据透视表，用来查看各个分店的各位销售员的销售总额，如图 6-3-31 所示。

分店名	(全部)
行标签	求和项:订单金额
黄述	180890
李小红	50582
李艳	190529
梁雨	402420
丘小裕	459317
宋艳	178582
唐明	985993
总计	**2448313**

图 6-3-31

②试着在 Sheet1 创建好的数据透视表，分别查看"越秀区分店、白云区分店、天河区分店"销售情况，如图 6-3-32 所示。

③在 Sheet2 工作表，利用相应数据，创建数据透视表，用来查看各个分店的各位销售员在"一、二、三"月份的销售总额，如图 6-3-33 所示。

④在 Sheet3 工作表，利用相应数据，创建数据透视表，以查看各位销售员分别在"一、二、三"月份共接了多少份订单，如图 6-3-34 所示。

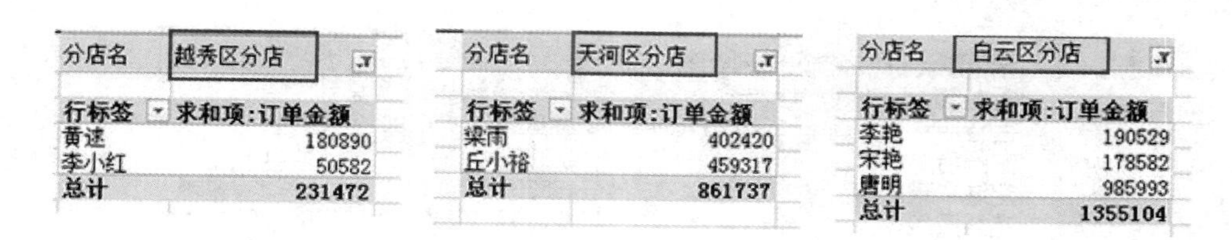

分店名	越秀区分店
行标签	求和项:订单金额
黄述	180890
李小红	50582
总计	231472

分店名	天河区分店
行标签	求和项:订单金额
梁雨	402420
丘小裕	459317
总计	861737

分店名	白云区分店
行标签	求和项:订单金额
李艳	190529
宋艳	178582
唐明	985993
总计	1355104

图 6-3-32

分店名	(全部)			
求和项:订单金额	列标签			
行标签	一	二	三	总计
黄述	16900	87090	76900	180890
李小红	11600	21482	17500	50582
李艳	30000	79009	81520	190529
梁雨	112000	232190	58230	402420
丘小裕	134329	195599	129389	459317
宋艳	7800	74573	96209	178582
唐明		118000	867993	985993
总计	312629	807943	1327741	2448313

图 6-3-33

计数项:订单编号	列标签			
行标签	一	二	三	总计
黄述	2	2	1	5
李小红	2	2	2	6
李艳	1	2	1	4
梁雨	1	2	2	5
丘小裕	2	4	2	8
宋艳	1	3	1	5
唐明		2	4	6
总计	9	17	13	39

图 6-3-34

⑤在 Sheet4 工作表,利用相应数据,创建数据透视表,以查看“一、二、三”月份销售总额,如图 6-3-35 所示。

行标签	求和项:订单金额
一	312629
二	807943
三	1327741
总计	2448313

图 6-3-35

⑥在 Sheet5 工作表,利用相应数据,创建数据透视表,以查看各分店的“一、二、三”月份销售总额,如图 6-3-36 所示。

求和项:订单金额	列标签			
行标签	一	二	三	总计
白云区分店	37800	271582	1045722	1355104
天河区分店	246329	427789	187619	861737
越秀区分店	28500	108572	94400	231472
总计	312629	807943	1327741	2448313

图 6-3-36

⑦在 Sheet6 工作表,利用相应数据,创建数据透视表,以查看销售商在“一、二、三”月份订货总金额,如图 6-3-37 所示。

求和项:订单金额	列标签			
行标签	一	二	三	总计
百佳店	112000	124282	8200	244482
方圆店		148310		148310
宏城华景店		45339	13900	59239
花好圆店		2190	203890	206080
马连道店		176243	131889	308132
时代店	30000			30000
五月花店	54329	41289	136820	232438
新里城店	3000	32900	68519	104419
徐州店	16900			16900
中怡店	96400	237390	764523	1098313
总计	312629	807943	1327741	2448313

图 6-3-37

任务五 “销售图表”的数据分析

学习目标

①掌握数据图表的创建；

②掌握复杂图表的创建及编辑；

③掌握图表的格式化。

任务实施及要求

打开工作簿“销售图表.xlsx”，按下列要求进行操作，完成后以原文件名存盘。

①利用 Sheet1 工作表中的数据，在 Sheet1 工作表中创建一个图 6-3-38 所示的三维簇状柱形图，图表的标题：“第 1—2 季度空调销售表”，横坐标标题是“厂家”，纵坐标标题是“销售量”。

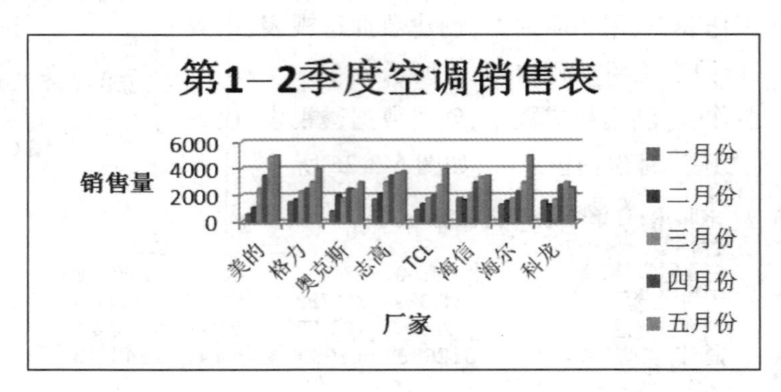

图 6-3-38

②利用 Sheet1 工作表中的数据，在 Sheet1 工作表创建一个图 6-3-39 所示的三维簇状柱形图，图表的标题：“空调销售对比表”，横坐标标题是“厂家”，纵坐标标题是“销售量”。

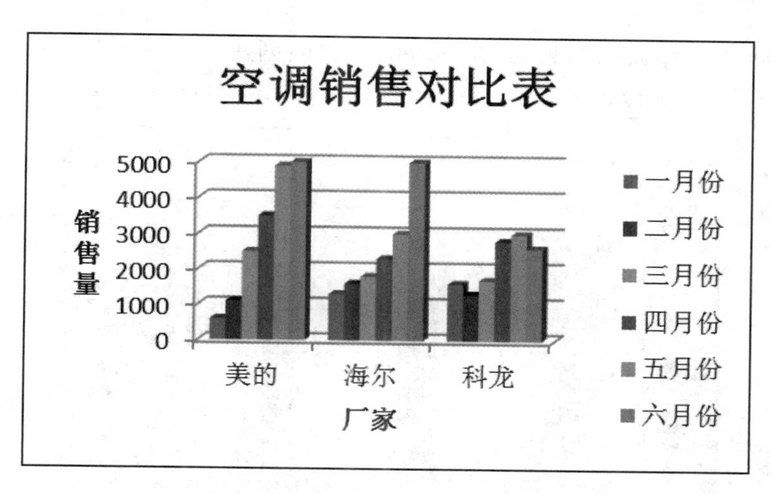

图 6-3-39

③利用 Sheet1 工作表中的数据，创建一个“带数据标记的折线图”独立图表，如图 6-3-40 所示，图表名为“对比图”，对图表进行下列格式设置。

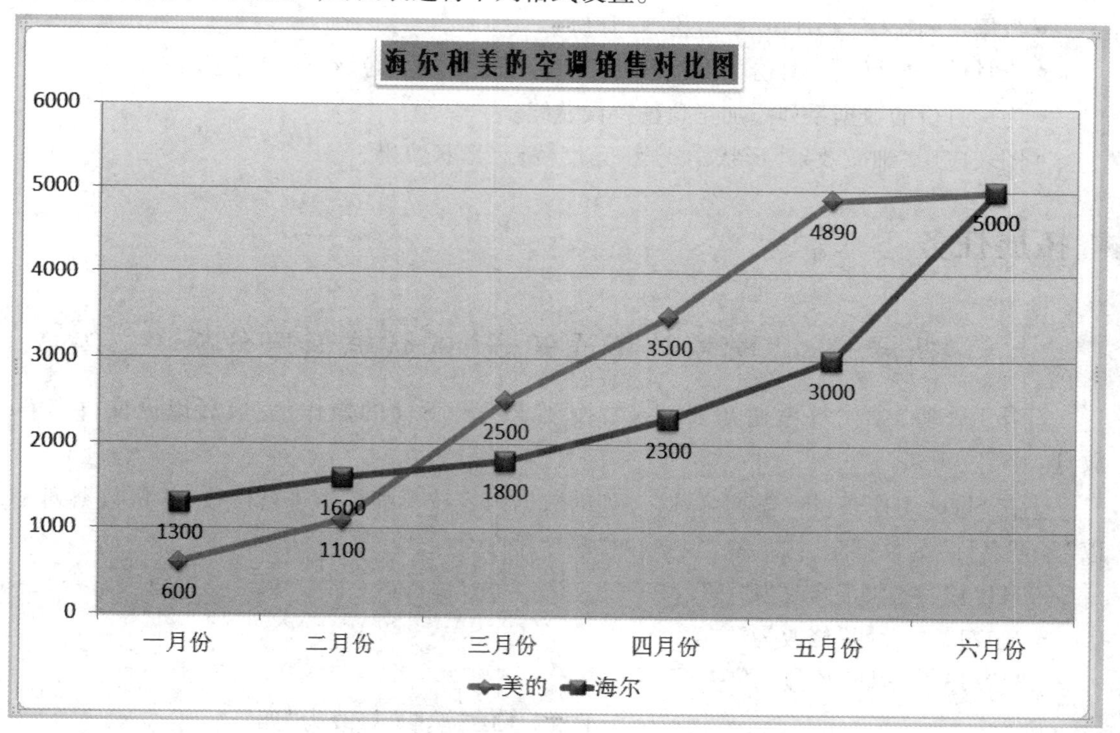

图 6-3-40

- 图表标题：方正姚体、20 号，应用“浅色 1 轮廓”的形状样式。
- 显示数据标志、图例放置在底部。
- 除图表标题外，其他字体格式：16 号、宋体。
- 绘图区应用“细微效果”的形状样式。

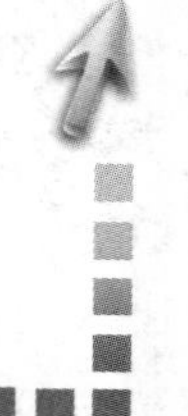

④利用 Sheet1 工作表中的数据，在 Sheet2 工作表创建一个图 6-3-41 所示的簇状柱形图，对图表进行下列格式设置。

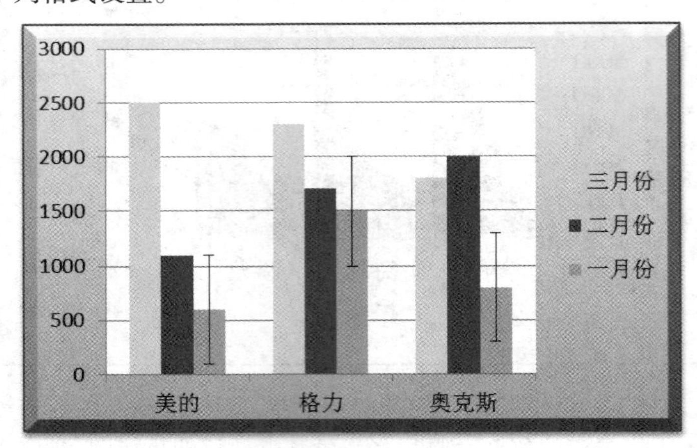

图 6-3-41

- 数据系列排序：三月份、二月份、一月份。
- 三月份、二月份、一月份数据系列的颜色分别设置为黄色、红色和蓝色。
- 为一月份的数据系列添加正负偏差误差线。
- 图表应用“细微效果”形状样式及“角度棱台”形状效果。

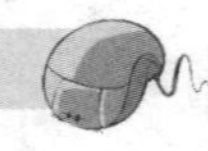

拓展任务

拓展一 “学生补考通知表”的数据信息分析

打开工作簿“学生补考通知表.xlsx”，按要求进行下面的操作，完成后以原文件名存放盘。

①在 Sheet 工作表，将“学期名称”一列的数据内容按下列要求进行修改，并将数据列表以“学期名称”为关键字，按“一、二、三、四”顺序排序。

a.“11/12 一学期”修改为“一”。

b.“11/12 二学期”修改为“二”。

c.“12/13 一学期”修改为“三”。

d.“12/13 二学期”修改为“四”。

搜索
(全选)
11/12二学期
11/12一学期
12/13二学期
12/13一学期

图 6-3-42

操作步骤提示：

- 执行“筛选”命令，单击“学期名称”字段右侧三角形，在弹出的下拉列表中，选中“11/12 一学期”，如图 6-3-42 所示，将筛选出记录中“学期名称”字段内容全部修改为“一”，如图 6-3-43 所示。

	A	B	C	D
1	学号	姓名	补考科目	学期名称
10	114106		德育	一
11	114106		社团活动	一
27	114127		数学	一
28	114127		素描与色彩	一
43	114135		多媒体应用技术	一
44	114135		素描与色彩	一
45	114135		体育与健康	一
47	114302		基础英语	一
52	114302		素描与色彩	一
58	114304		社团活动	一
62	114305		德育	一
76	114321		多媒体应用技术	一

图 6-3-43

• 采用同样的方法，将“11/12 二学期”修改为“二”，“12/13 一学期”修改为“三”，“12/13 二学期”修改为“四”。

• 取消筛选，执行“排序”命令，在弹出的“排序”对话框中，如图 6-3-44 所示设置参数。

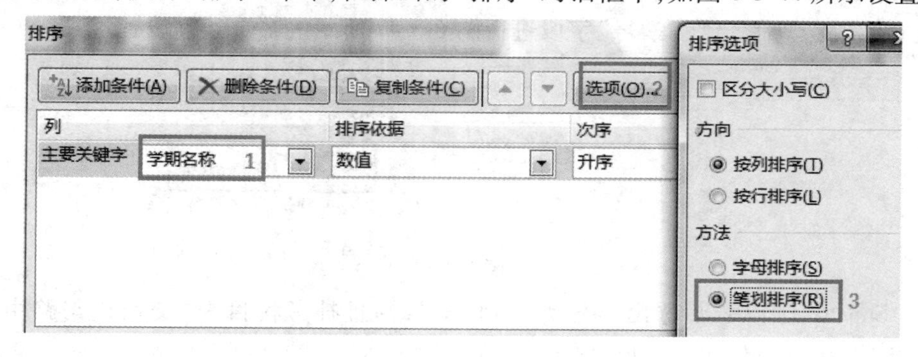

图 6-3-44

②在 Sheet2 工作表，将“社团活动”补考科目记录全部删除。

③在 Sheet3 工作表，求出各科目补考人数，结果如图 6-3-45 所示。

	A	B	C	D
1	学号	姓名	补考科目	补考人数
2	114113		Linux应用技术	5
3	114122		Linux应用技术	
4	114131		Linux应用技术	
5	114302		Linux应用技术	
6	114315		Linux应用技术	
7	114102		德育	4
8	114106		德育	
9	114129		德育	
10	114305		德育	
11	114135		多媒体应用技术	2
12	114321		多媒体应用技术	
13	114302		基础英语	2
14	114411		基础英语	
15	114101		计算机网络	3
16	114129		计算机网络	
17	114315		计算机网络	

图 6-3-45

操作步骤提示：

- 先按“补考科目”排序。
- 用函数 COUNTA 或目测统计人数。

④在 Sheet4 工作表，按“姓名”为关键字排序，查阅各位学生补考科目。

⑤在 Sheet5 工作表，筛选出学号为“1144 *”学生记录，结果如图 6-3-46 所示（*表示任意个任意字符）。

	A	B	C	D
1	学号	姓名	补考科目	学期名称
33	114411	[illegible]	基础英语	11/12一学期
74	114426	[illegible]	社团活动	12/13一学期
82				

图 6-3-46

操作步骤提示：

- 执行“筛选”命令，在“学号”字段进行图 6-3-47 所示的筛选条件设置。

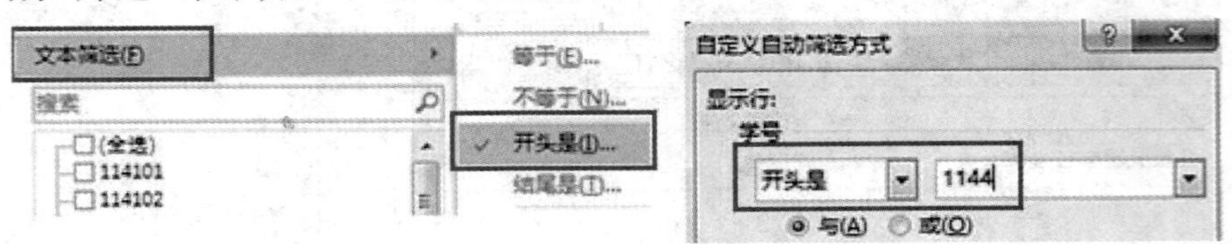

图 6-3-47

⑥在 Sheet6 工作表，筛选出学号为“1141 *”，并且补考科目为“交换机与路由器的应用”的学生记录，结果如图 6-3-48 所示。

	A	B	C	D
1	学号	姓名	补考科目	学期名称
28	114101	[illegible]	交换机与路由器的应用	12/13一学期
36	114122	[illegible]	交换机与路由器的应用	12/13一学期
42	114102	[illegible]	交换机与路由器的应用	12/13一学期
45	114131	[illegible]	交换机与路由器的应用	12/13一学期

图 6-3-48

⑦在 Sheet7 工作表，筛选出学期名称为“11/12 二学期”，或者补考科目为“素描与色彩”的记录，如图 6-3-49 所示（操作提示：高级筛选）。

⑧在 Sheet8 工作表（选做题），将“补考科目”一列的重复记录隐藏，如图 6-3-50 所示。

	A	B	C	D	E	F	G	H
1	学号	姓名	补考科目	学期名称			学期名称	补考科目
2	114127		素描与色彩	11/12一学期			11/12二学期	
3	114135		素描与色彩	11/12一学期				素描与色彩
10	114302		素描与色彩	11/12一学期				
11	114102		德育	11/12二学期				
14	114129		德育	11/12二学期				
15	114315		计算机网络	11/12二学期				
24	114101		计算机网络	11/12二学期				
27	114129		计算机网络	11/12二学期				
31	114122		计算机应用基础	11/12二学期				
41	114129		体育与健康	11/12二学期				
47	114315		网页制作	11/12二学期				
53	114127		网页制作	11/12二学期				
54	114306		网页制作	11/12二学期				
55	114126		网页制作	11/12二学期				
56	114129		网页制作	11/12二学期				
57	114302		网页制作	11/12二学期				
59	114128		语文与艺术欣赏	11/12二学期				
60	114106		语文与艺术欣赏	11/12二学期				
75	114306		专业项目实训	11/12二学期				
77	114129		专业项目实训	11/12二学期				

图 6-3-49

	A	B	C	D
1	学号	姓名	补考科目	学期名称
2	114315		计算机网络	11/12二学期
3	114315		网页制作	11/12二学期
4	114315		Linux应用技术	12/13二学期
5	114315		网络服务器架构	12/13二学期
6	114315		交换机与路由器的应用	12/13一学期
7	114315		社团活动	12/13一学期
8	114315		网络操作系统	12/13一学期
11	114127		素描与色彩	11/12一学期
12	114127		数学	11/12一学期
15	114306		专业项目实训	11/12二学期
16	114306		体育与健康	12/13一学期
25	114135		多媒体应用技术	11/12一学期
31	114122		计算机应用基础	11/12二学期
33	114122		商务网站建设	12/13二学期
35	114122		语文与艺术欣赏	12/13二学期
41	114102		德育	11/12二学期
49	114411		基础英语	11/12一学期
67	114302		平面动画设计	12/13一学期
82				

图 6-3-50

操作步骤提示：

• 执行"数据"选项卡→"排序和筛选"选项组→"高级"命令，在弹出的"高级筛选"对话框中，按图 6-3-51 所示进行设置。

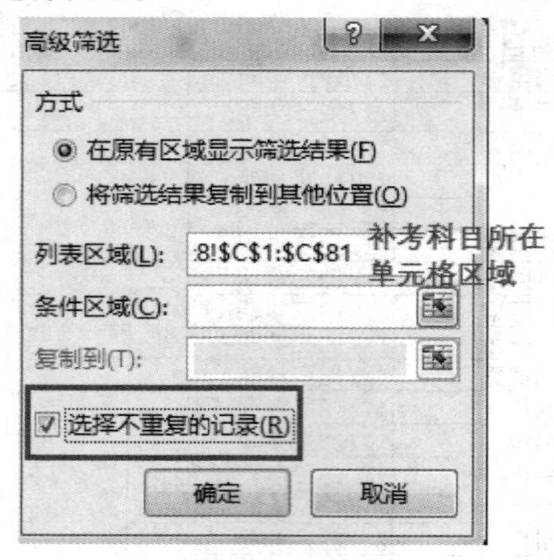

图 6-3-51

拓展二 "月销售表"的数据分析

打开工作簿"月销售表.xlsx"，进行下列操作，完成后以原文件名存盘。

①在 Sheet1 工作表，查看销售量排在前三名和排在后三名的员工记录，将销售量排在前三名的记录用玫瑰红底标志，排在后三名的记录用黄色底纹标志（排序）。

②在 Sheet2 工作表，查看"黄惠光""黄国柱"两位员工的销售量情况（先以"销售员"为关键字排序，再筛选出"黄惠光""黄国柱"两位员工的记录）。

③在 Sheet3 工作表，查看"黄"姓和"李"姓员工销售情况，结果如图 6-3-52 所示。

	A	B	C	D	E	F
1	员工编号	销售员	性别	入职时间	所属区域	销售量(箱
2	A031	[illegible]	女	2011/7/12	白云区	356
5	A036	[illegible]	女	2011/11/20	越秀区	659
8	A028	[illegible]	男	2009/2/3	越秀区	783
13	A012	[illegible]	男	2009/2/3	天河区	657
14	A034	[illegible]	男	2011/8/13	海珠区	20
15	A004	[illegible]	男	2007/2/15	天河区	359
17	A014	[illegible]	男	2008/12/3	越秀区	2560
18	A023	[illegible]	女	2009/2/3	白云区	896
24	A007	[illegible]	女	2005/6/1	天河区	750
26	A001	[illegible]	男	2007/2/15	白云区	800
29	A025	[illegible]	女	2011/11/22	白云区	10
32	A016	[illegible]	女	2005/8/1	海珠区	3100
35	A017	[illegible]	男	2011/7/17	天河区	689
37	A013	[illegible]	男	2008/3/5	白云区	32
38						

图 6-3-52

操作步骤提示：

• 执行"筛选"命令，在"销售员"字段进行图 6-3-53 所示的筛选条件设置。

• 以“销售员”为关键字，对数据列表进行排序。

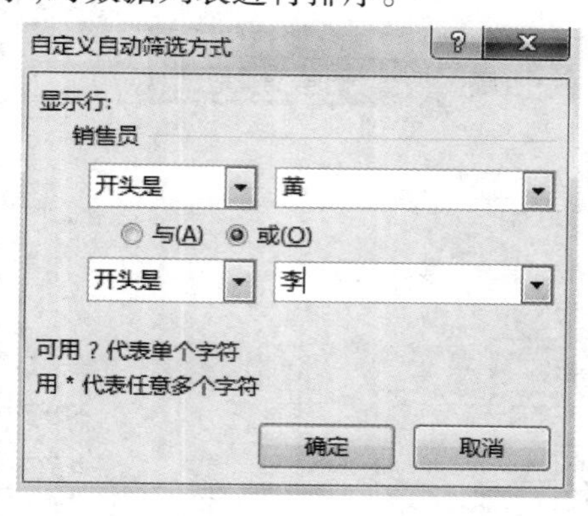

图 6-3-53

④在 Sheet4 工作表，查看各区域（越秀区、天河区、白云区、海珠区）中，销售量排在区域前两名的员工记录，并将记录用黄色底纹标志（按“所属区域”“销售量(箱)”关键字排序）。

⑤在 Sheet5 工作表，查看 2009 年入职员工，并将销售量排前三名的员工记录用黄色底纹标志，结果如图 6-3-54 所示。

	A	B	C	D	E	F
1	员工编号	销售员	性别	入职时间	所属区域	销售量(箱)
8	A027	[illegible]	女	2009/2/3	白云区	3500
12	A015	[illegible]	男	2009/2/3	白云区	2890
13	A029	[illegible]	男	2009/8/12	海珠区	989
16	A030	[illegible]	男	2009/8/12	越秀区	986
18	A023	[illegible]	女	2009/2/3	白云区	896
19	A028	[illegible]	男	2009/2/3	越秀区	783
21	A011	[illegible]	男	2009/2/3	天河区	761
22	A018	[illegible]	女	2009/8/12	越秀区	667
27	A012	[illegible]	男	2009/2/3	天河区	657
28	A026	[illegible]	女	2009/2/3	天河区	569
30	A020	[illegible]	男	2009/8/12	海珠区	567
31	A021	[illegible]	女	2009/8/12	白云区	213

图 6-3-54

操作步骤提示：

• 执行“筛选”命令，在“入职时间”字段进行如图 6-3-55 所示的筛选条件设置。

• 以“销售量(箱)”为关键字，对数据列表进行降序排序，将前三条记录设置黄色底纹填充。

⑥在 Sheet6 工作表，查找出 2011 年入职，所属区域是白云区的员工记录（筛选）。

⑦在 Sheet7 工作表，查找出销售量高于平均销售量的员工记录。

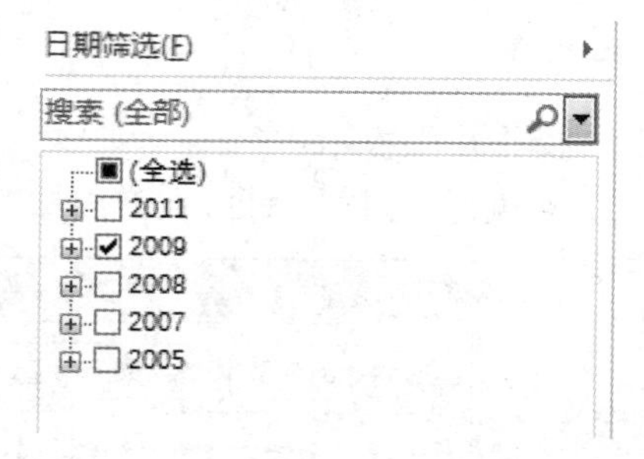

图 6-3-55

操作步骤提示：

• 执行“筛选”命令，在“销售量(箱)”字段进行如图 6-3-56 所示的筛选条件设置。

图 6-3-56

⑧在 Sheet8 工作表，将“销售员”字段中，用黄色底纹作标志的记录排在一起，结果如图 6-3-57 所示。

	A	B	C	D	E	F
1	员工编号	销售员	性别	入职时间	所属区域	销售量(箱)
2	A001	[illegible]	男	2007/2/15	白云区	800
3	A005	[illegible]	女	2005/8/1	海珠区	1210
4	A009	[illegible]	女	2007/9/3	天河区	732
5	A021	[illegible]	女	2009/8/12	白云区	213
6	A030	[illegible]	男	2009/8/12	越秀区	986
7	A002	[illegible]	男	2005/6/8	越秀区	1200
8	A003	[illegible]	女	2005/8/1	越秀区	600
9	A004	[illegible]	男	2007/2/15	天河区	359
10	A006	[illegible]	男	2005/6/1	白云区	1690
11	A007	[illegible]	女	2005/6/1	天河区	750

图 6-3-57

操作步骤提示：

- 执行“排序”命令，在弹出的“排序”对话框中，进行如图 6-3-58 所示的设置。

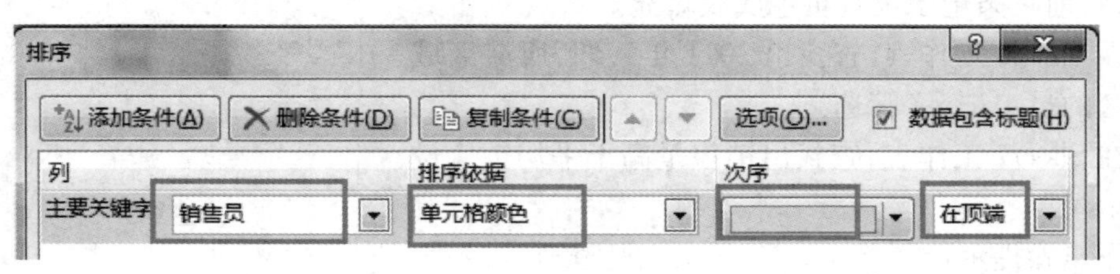

图 6-3-58

⑨在 Sheet9 工作表，筛选出用黄底底纹作标志的记录，并将筛选好的记录按“销售量（箱）”从高到低排序，如图 6-3-59 所示。

	A	B	C	D	E	F
1	员工编号	销售员	性别	入职时间	所属区域	销售量(箱)
12	A027		女	2009/2/3	白云区	3500
15	A016		女	2005/8/1	海珠区	3100
17	A014		男	2008/12/3	越秀区	2560
28	A011		男	2009/2/3	天河区	761

图 6-3-59

操作步骤提示：

- 执行“筛选”命令，在任一字段进行如图 6-3-60 所示的筛选条件设置。
- 以“销售量（箱）”为关键字，对数据列表进行降序排序。

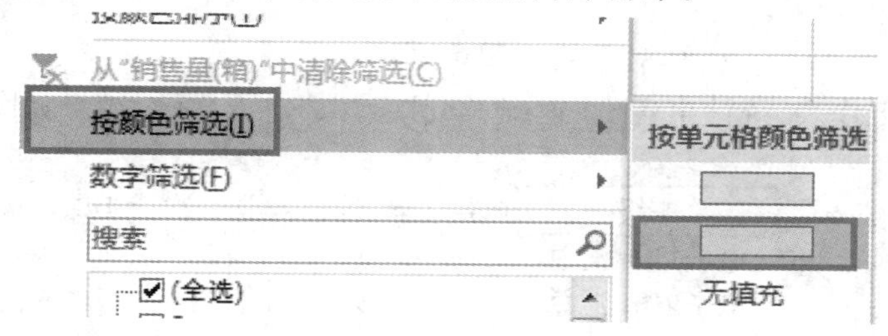

图 6-3-60

拓展三　“学生成绩表”的数据处理

打开工作簿“学生成绩表.xlsx”，进行下列操作，完成后以原文件名存盘。

①在 Sheet1 工作表，筛选出有不及格科目的学生记录。

②在 Sheet2 工作表，使用排序功能，依据操行成绩，评定各位学生的操行等级，评定等级规则见表 6-3-1。

表 6-3-1

操行成绩	操行等级
>=90	优秀
75~90（含 75）	优良
60~75（含 60）	及格
<60	不及格

③在 Sheet3 工作表，筛选符合评选奖学金的学生记录。评选规则：考试科目名次排名前 9 名，考查科（体育、英语）成绩要大于或等于 80 分，操行等级为“优秀”（操行分大于或等于 90）。

拓展四 “学生考勤统计表”的数据处理

打开工作簿“学生考勤统计表.xlsx”,进行下列操作,完成后以原文件名存盘。

①在Sheet1工作表,统计出各系部本周“迟到、早退、旷课”总人次数,结果如图6-3-61所示。

	B	C	D	E	F	G
1	姓名	班级	所属系部	迟到(次)	早退(次)	旷课(次)
14			电子技术 汇总	6	1	15
26			工商管理 汇总	6	4	7
40			计算机应用 汇总	8	4	10
41			总计	20	9	32

图6-3-61

②在Sheet2工作表,统计出各班“迟到、早退、旷课”总人次数,结果如图6-3-62所示。

	C	D	E	F	G
1	班级	属系	迟到(次)	早退(次)	旷课(次)
5	电子1班 汇总		2	0	1
12	电子2班 汇总		3	1	6
16	电子3班 汇总		1	0	8
20	计机1班 汇总		3	0	2
23	计机2班 汇总		0	1	2
27	计机3班 汇总		2	0	4
33	计机4班 汇总		3	3	2
37	商务1班 汇总		2	1	3
43	商务2班 汇总		2	1	3
47	商务3班 汇总		2	2	1
48	总计		20	9	32

图6-3-62

③在Sheet3工作表,统计出“6、7、8、9、10”5天“迟到、早退、旷课”总人次数,结果如图6-3-63所示。

	A	B	C	D	E	F	G
1	日期	姓名	班级	属系	迟到(次)	早退(次)	旷课(次)
19	2011/6/6 汇总				7	7	21
27	2011/6/7 汇总				4	0	4
32	2011/6/8 汇总				5	0	1
36	2011/6/9 汇总				0	0	3
42	2011/6/10 汇总				4	2	3
43	总计				20	9	32

图6-3-63

④在 Sheet4 工作表，统计出“6、7、8、9、10”5 天“迟到、早退、旷课”人次（计数），结果如图 6-3-64 所示。

	A	B	C	D	E	F	G
1	日期	姓名	班级	所属系部	迟到（次）	早退（次）	旷课（次）
19	2011/6/6 计数	17					
27	2011/6/7 计数	7					
32	2011/6/8 计数	4					
36	2011/6/9 计数	3					
42	2011/6/10 计数	5					
43	总计数	36					

图 6-3-64

拓展五　“图表”的数据分析

打开工作簿“图表.xlsx”，进行下列操作，完成后以原文件名存盘。

①在 Sheet1 工作表，利用相应数据，创建如图 6-3-65 所示的股票走势图。

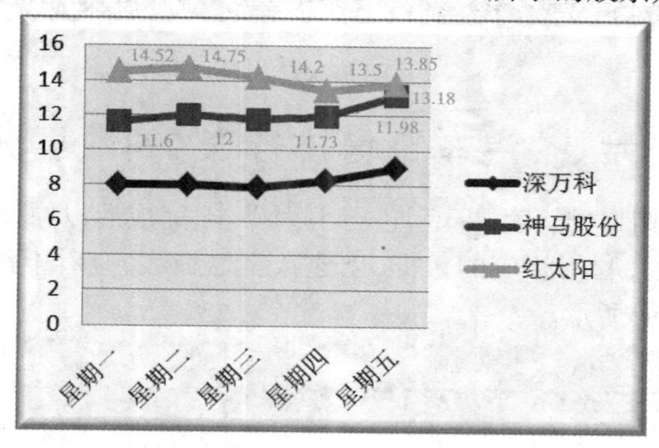

图 6-3-65

②在 Sheet2 工作表，利用相应数据，创建如图 6-3-66 所示的 2009～2010 年 CPI&PPI 走势图。

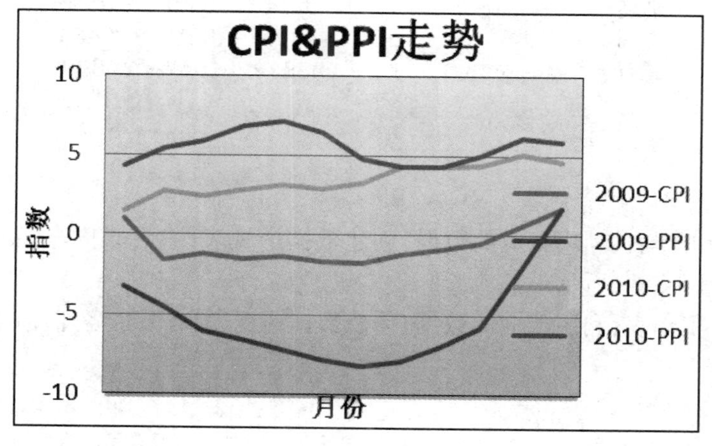

图 6-3-66

③在 Sheet3 工作表，利用相应数据，创建如图 6-3-67 所示的三维饼图。

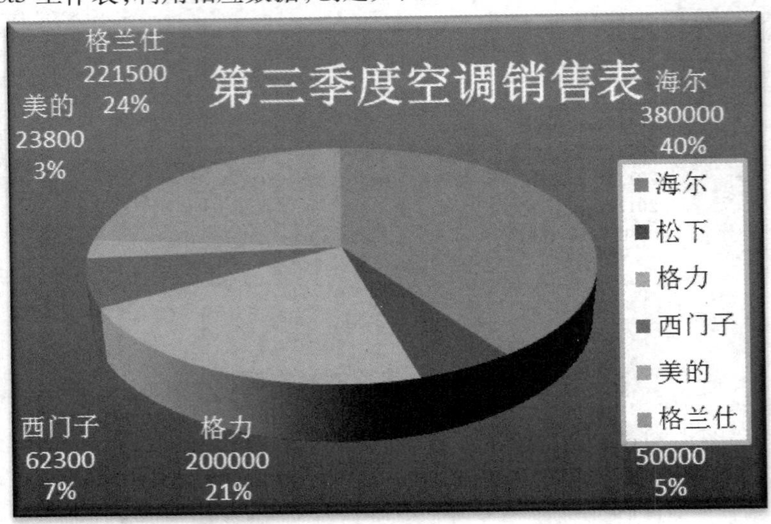

图 6-3-67

拓展六 “汽车销售排行表”的数据分析

打开工作簿“汽车销售排行表.xlsx”，进行下列操作，完成后以原文件名存盘。

①在 Sheet1 工作表，利用相应的数据，创建数据透视表，查看上海“二、三月份”各车型销售量，结果如图 6-3-68 所示。

H	I	J	K
地区	上海		
求和项:销售量(辆)	列标签		
行标签	二月	三月	总计
捷达	5920	4013	9933
凯越	3214	5321	8535
雅阁	4217	5213	9430
总计	**13351**	**14547**	**27898**

图 6-3-68

②在 Sheet2 工作表，利用相应的数据，创建数据透视表，查看雅阁车型在北京和上海的销售量，结果如图 6-3-69 所示。

③在 Sheet3 工作表，利用相应的数据，创建数据透视表，各月份各车型的销售量，结果如图 6-3-70 所示。

H	I	J	K	L
车型	雅阁			
求和项:销售量(辆)	**列标签**			
行标签	**一月**	**二月**	**三月**	**总计**
北京	2314	3218	2168	7700
上海	3589	4217	5213	13019
总计	**5903**	**7435**	**7381**	**20719**

图 6-3-69

求和项:销售量(辆)	**列标签**			
行标签	**捷达**	**凯越**	**雅阁**	**总计**
一月	9890	10521	5903	26314
二月	12655	10334	7435	30424
三月	10903	10534	7381	28818
总计	**33448**	**31389**	**20719**	**85556**

图 6-3-70

项目小结

数据分析是 Excel 的核心功能,对数据表中大量数据进行快速精确分析,为用户提供决策和科学依据。通过“成绩表”和“成绩分析表”两个任务的数据分析练习,掌握了 Excel 的排序、筛选和高级筛选的使用方法。通过“商品销售表”“销售季度表”“销售图表”3 个任务的练习,掌握了使用分类汇总、数据透视表和数据图表进行数据分析的方法和技巧。通过 6 个项目拓展任务的练习,能较好地训练学生的数据分析综合应用能力。